普通高等教育“十三五”规划教材

土木工程制图习题集

（第二版）

西安建筑科技大学　北京建筑大学　西安理工大学　合编

科 学 出 版 社

北　京

内 容 简 介

本习题集是与教材《土木工程制图(含习题集)》(第二版)(杨谆、雷光明、杨水成主编,科学出版社2017年出版)配套使用。《土木工程制图》(第二版)及配套习题集是普通高等教育"十三五"规划教材,是根据教育部高等学校工程图学课程教学指导委员会最新制订的"高等学校工科本科工程图学课程教学基本要求",贯彻执行住房和城乡建设部、国家质量检验检疫总局联合发布的新的有关建筑制图国家标准和专业设计规范,总结多年的教学经验,完成了北京市教委项目"北京市高校特色资源库建设"以及陕西省教改项目"应用型本科土木工程制图教学的改革与实践"的基础上编写而成。本习题集以加强学生投影能力的培养、作图技能的训练和土木工程图的阅读与绘制,以及用计算机绘制专业图的方法与技巧为主。

主要内容有:制图基本知识,点、线、面、体的投影,截交线,相贯线,组合体,轴测图,建筑形体的表达方法、建筑施工图,结构施工图,室内外给水、排水施工图,道路桥梁工程图,计算机绘图等。

本习题集适用于高等学校本科教育,也可供土木类设计与施工人员参考。

图书在版编目(CIP)数据

土木工程制图:含习题集/杨谆,雷光明,杨水成主编.—2版.
—北京:科学出版社,2017.8
(普通高等教育"十三五"规划教材)
ISBN 978-7-03-053453-8

Ⅰ.①土… Ⅱ.①杨… ②雷… ③杨… Ⅲ.①土木工程-建筑制图-高等学校-教材 Ⅳ.①TU204.2

中国版本图书馆CIP数据核字(2017)第134480号

责任编辑:于海云/责任校对:桂伟利
责任印制:霍 兵/封面设计:迷底书装

科学出版社 出版
北京东黄城根北街16号
邮政编码:100717
http://www.sciencep.com

三河市宏图印务有限公司印刷
科学出版社发行 各地新华书店经销
*
2015年8月第 一 版 开本:787×1092 1/8
2017年8月第 二 版 印张:12 1/2
2021年7月第十一次印刷 字数:290 000

定价:89.80元(含习题集)

(如有印装质量问题,我社负责调换)

前　　言

本习题集与《土木工程制图（含习题集)》(第二版）教材配套使用。

1. 做题前必须复习教材中的有关内容，特别是弄清楚例题中的作图原理和作图方法后再去做题。

2. 所有的练习题均在习题集上进行，要求用铅笔、三角板、圆规等绘图工具准确作图，作图线保留，作图结果按规定线型加深。

3. 所有的制图大作业都给出了图样和作业指示，绘图前必须认真阅读，弄清楚作业的目的要求和绘图时应当注意的问题。

4. 制图大作业必须在图板上进行，完成的作业必须达到布图均衡、图形正确、尺寸齐全、线条美观、字体工整且符合国家制图标准等各项要求。

由于编者水平所限，书中不足在所难免，敬请读者批评指正。

编　者

2017 年 2 月

目　　录

0-1 填空。

(1)在画法几何中投影可分为________投影和________投影。其中________投影分为正投影和斜投影。工程中应用最广泛的是________投影。三面投影图属于________投影。

(2)平行投影的基本性质有:________、________、________、________、________。

0-2 根据形体的立体图,在三面投影图中标出形体的空间方位关系(上下、左右、前后)。

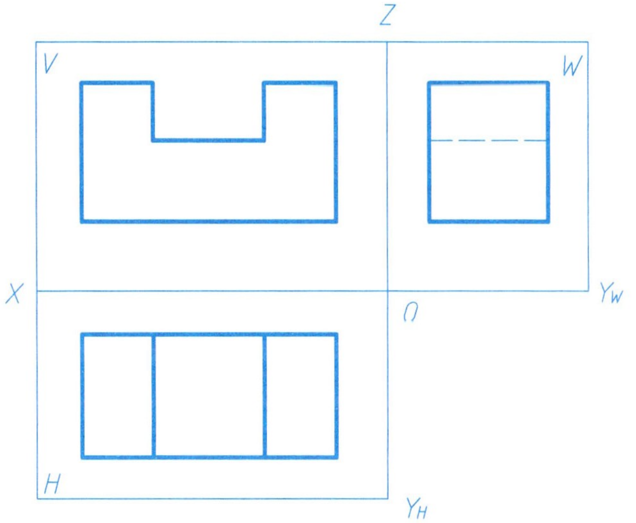

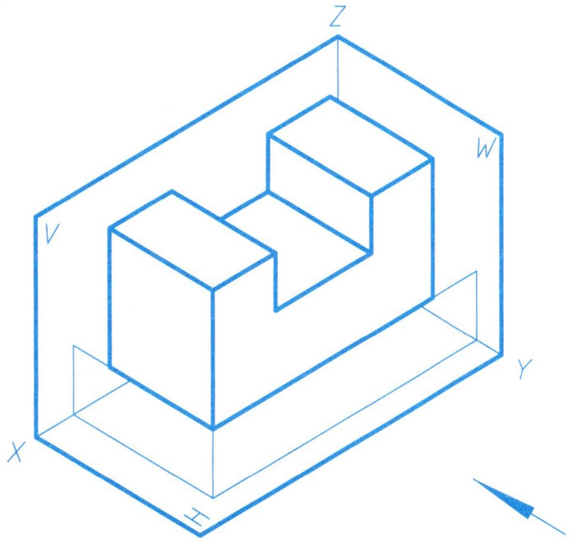

0-3 找出与立体图对应的三面投影图,将其编号填入圆圈内。

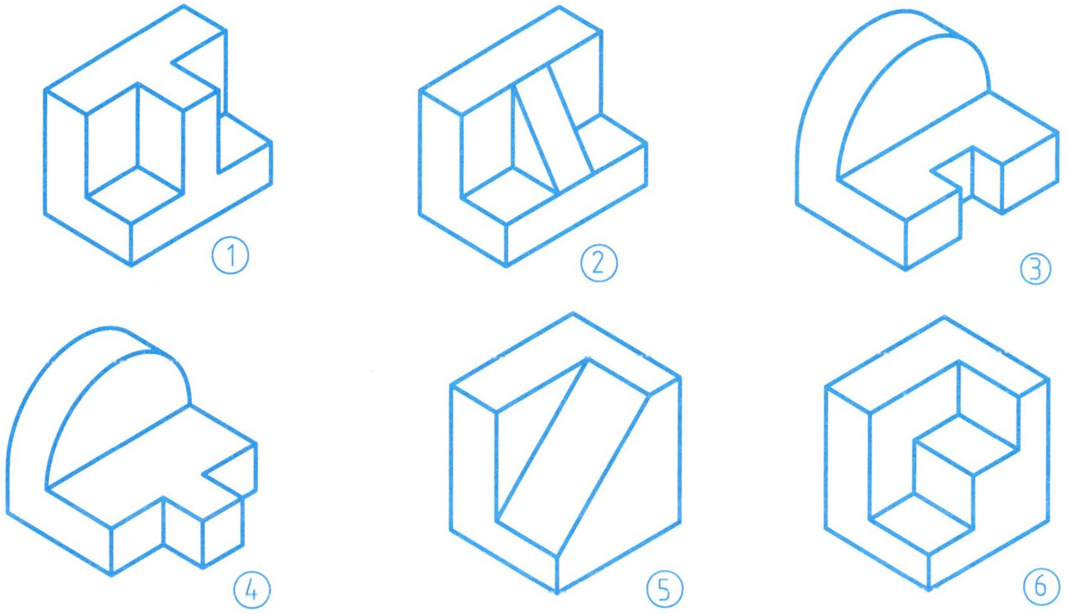

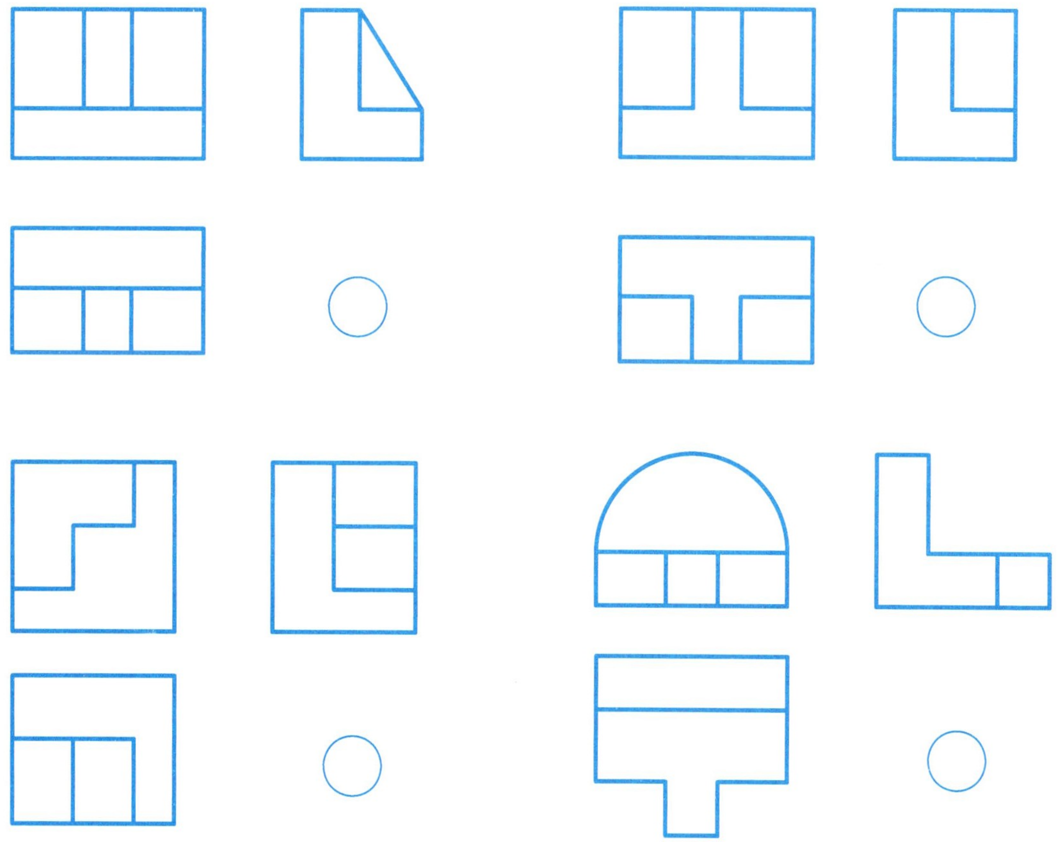

绪论		班级		学号		姓名		审核	

1-1 按国家标准(GB/T14691—1993)的规定抄写数字、字母。

1234567890 1234567890

ABCDEFGHIJKLMNOP

QRSTUVWXYZabcdeø

1-2 按国家标准(GB/T14691—1993)的规定练写汉字(长仿宋体)。

线型练习几何作图圆弧连接剖切断面

房屋楼梯梁板柱墙体钢筋混凝土结构

建筑工程门窗阳台栏杆散水勒脚基础标高尺寸标注

住宅卧室卫生间书房办公客厅专业班级姓名比例审核设计学号日期

班级		学号		姓名		审核	

1-3　给下列圆标注直径，圆弧标注半径（尺寸按1∶1）。

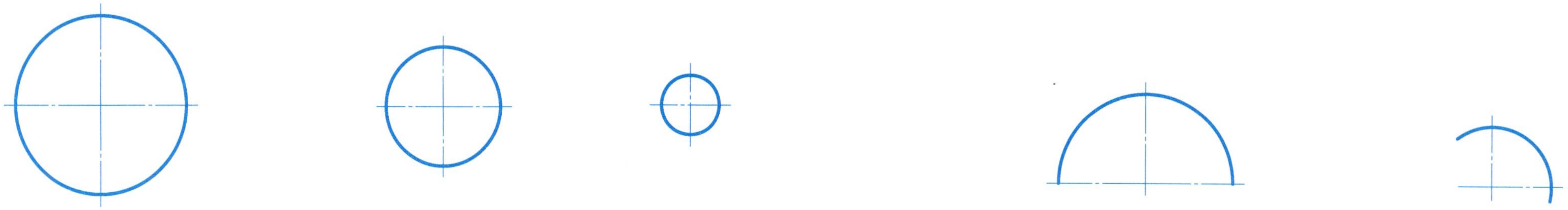

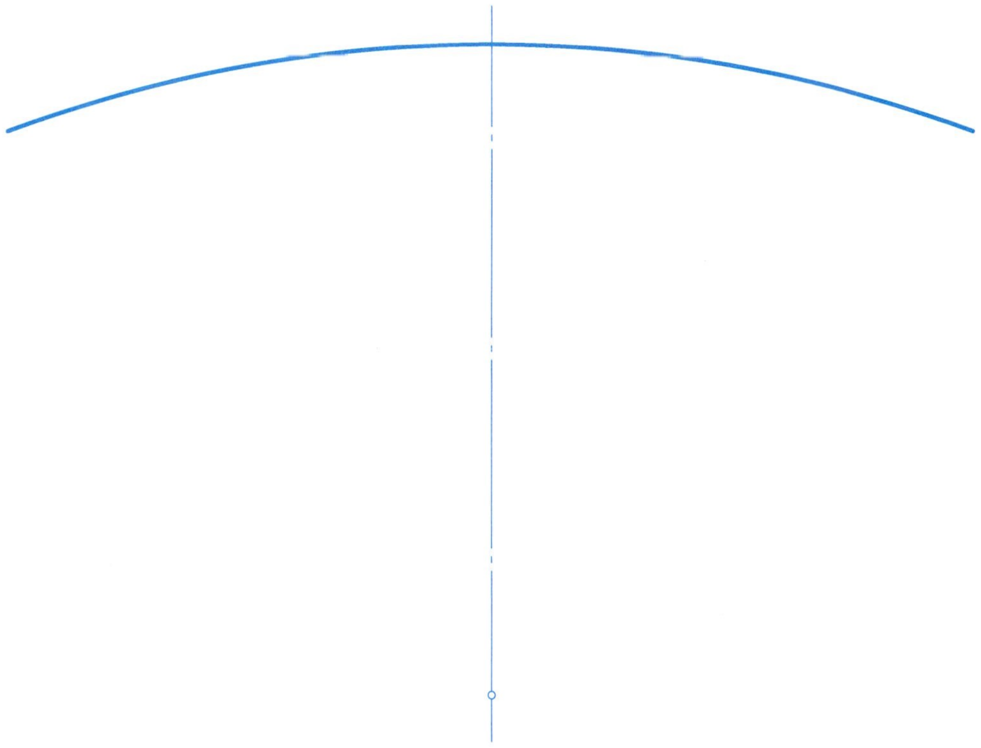

注：该圆弧的半径值是200mm。

1-4　补画圆的对称中心线。

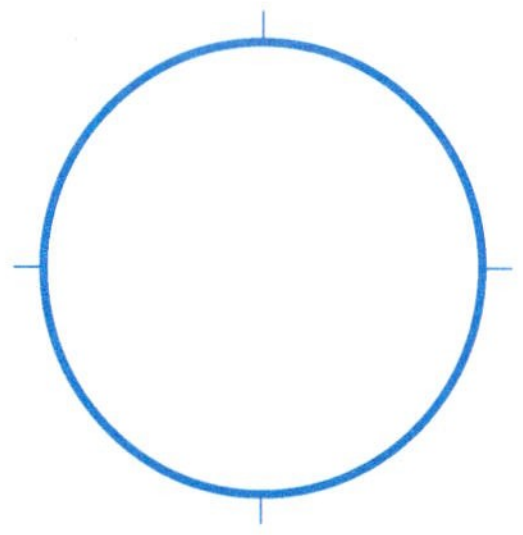

1-5　将虚线矩形补画完整。

1-6　给下列图形标注角度。

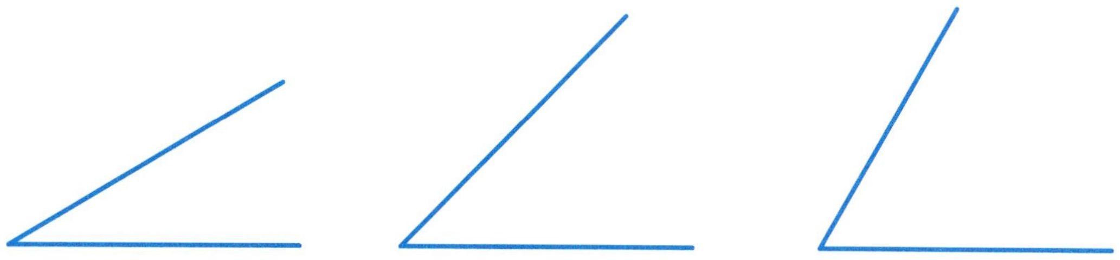

第1章　制图基本知识	班级		学号		姓名		审核	

1-7 徒手画出对称形体的另一半。

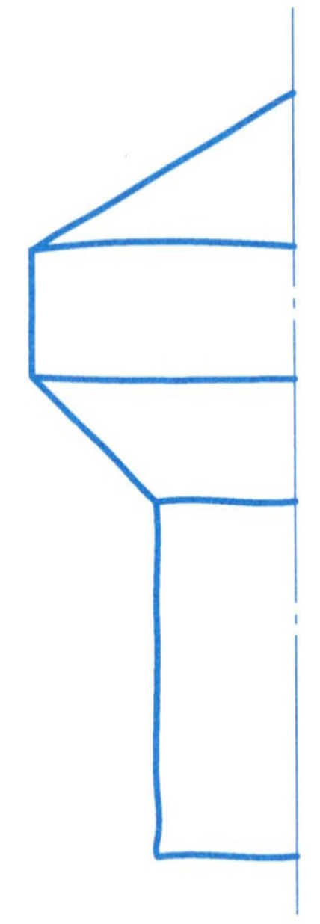

1-8 徒手画出对称形体的另外四分之三部分。

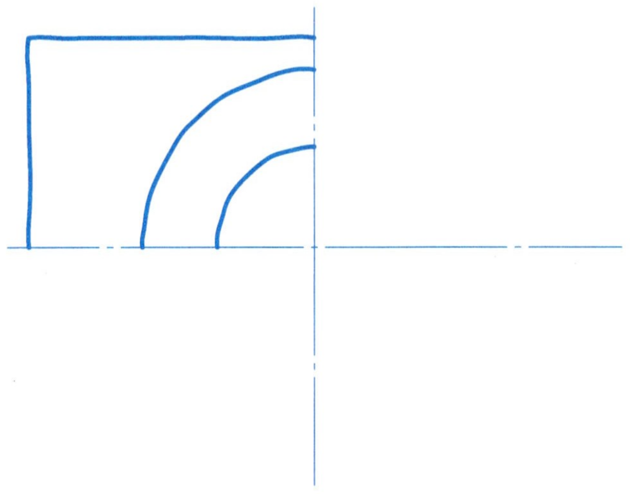

1-9 徒手补全椭圆的另一半。

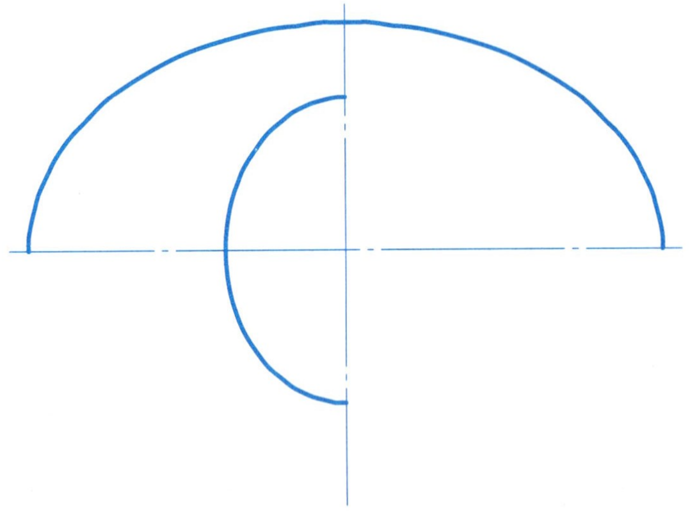

1-10 徒手补全图形的另一半。

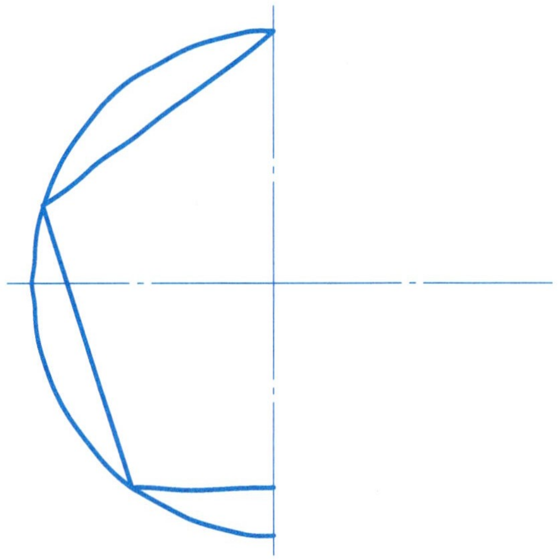

第1章 制图基本知识	班级		学号		姓名		审核	

绘图作业 1-1　线型练习

1. 目的

(1)学习并掌握国标中关于图线的分类、用途和画法。

(2)学习国标关于尺寸标注的基本规则、标注方法。

(3)练习字体、字母、数字的书写。

2. 作业内容

(1)在 A3 号图纸上抄绘题 1-11 图示内容。

(2)抄注图中尺寸(带括弧的尺寸用于布图定位,不要标注)。

3. 要求

(1)线型规范,光顺、流畅、清晰。

(2)尺寸标注要符合国标规定,尺寸线、尺寸界线绘制正确,尺寸箭头大小统一,尺寸数字注写方向正确。

(3)图线规范、字体工整、图面整洁。

4. 画图步骤

(1)做好准备工作,削好铅笔、备好三角板等绘图工具、仪器、固定好图纸。

(2)进行图面布置(右图中带括弧的尺寸为画图定位尺寸——不许画出)。

(3)轻打底稿(绘图前应对图形进行认真分析,确定图形绘制顺序)。

(4)加深所有细图线(如细实线、点画线、虚线),加粗全部粗实线(底稿检查无误后,即可开始加深加粗图线,加粗描深应采取从上到下、从左到右的顺序进行)。

(5)画尺寸界线、尺寸线,标注尺寸,画剖面线。

(6)填写标题拦。

5. 作业说明

(1)应合理布图,使图形、尺寸分布匀称(可根据右图中给出的定位尺寸布置图形,布图时应画出定位用的中心线、边线等)。

(2)各种线型应按规定绘制,做到粗细分明、光顺流畅、深浅一致。剖面线要求方向、间隔一致。粗实线的宽度可取 0.8mm,细图线(点画线、细实线、虚线等)取 0.25mm;虚线线段长取 4mm,间隙 1mm;点画线线段长取 15~25mm,间隙和作为点的短划共取 3mm 长。剖面线间距不可过大或过小,可取 5~6mm。

(3)尺寸起止符号应该用尺规认真绘制。与尺寸界线成顺时针 45°角,长取 2~3mm,线宽取 0.4mm,所有起止符号大小一致。

(4)字体书写要工整。应根据字号大小先打好方格,再写字体。尺寸数字用 3.5 号字,汉字用长仿宋体。

(5)标题栏中内容。图名:线型练习;图号:1 号;并填写绘图比例、班级、姓名、学号等内容。图名用 10 号字,其余用 5 号字。

(6)完成作业时间:共 5 学时。

绘图作业 1-2　圆弧连接及尺寸标注

1. 目的

(1)进一步熟练绘图工具和仪器的使用方法。

(2)学习平面图形分析、圆弧连接作图方法。

(3)继续熟悉尺寸标注方法。

2. 作业内容

(1)将题 1-16 中的两图抄绘在 A3 号图纸上。

(2)抄注平面图形的尺寸。

3. 要求

(1)图形绘制正确,圆弧连接光顺。

(2)布图适中。

(3)尺寸标注符合国标规则。

(4)图线规范、字体工整、图面整洁。

4. 画图步骤

(1)做好准备工作,削好铅笔,备好三角板等绘图工具、仪器,固定好图纸。

(2)进行图面布置(自行确定布图位置)。

(3)画图形底稿(画底稿前应进行图形分析,确定已知、中间、连接等各类线段,从而确定图线绘制顺序,正确确定圆心、切点位置,然后画连接圆弧)。

(4)加深所有细图线(如细实线、点画线、虚线),加粗全部粗实线(底稿检查无误后,即可开始加深加粗图线,加粗描深应采取从上到下、从左到右、先圆弧后直线的顺序进行)。

(5)画尺寸界线、尺寸线,标注尺寸。

(6)填写标题拦。

5. 作业说明

(1)应根据图形尺寸、尺寸标注等因素进行图面布置,使图形、尺寸分布匀称、合理。

(2)各种线型应按规定绘制,做到粗细分明、光顺流畅、深浅一致。粗实线的宽度可取 0.7mm,细图线(点画线、细实线、虚线等)取 0.25mm;虚线线段长取 3~4mm,间隙约 1mm;点画线线段长取 15~20mm,间隙和作为点的短划共取 3mm 长。

(3)箭头应该用尺规认真绘制。箭头长取 3~4mm,粗端宽度取 0.7mm。所有箭头大小要保持一致。

(4)字符书写要工整。应根据字号大小先打好方格,再写字符。尺寸数字用 3.5 号字,汉字用长仿宋体。

(5)标题栏中内容。图名:几何作图;图号:2 号;并填写绘图比例、班级、姓名、学号等内容。图名用 10 号字,其余用 5 号字。

(6)完成作业时间:共 5 学时。

班级		学号		姓名		审核	

1-11　在 A3 图幅上抄绘平面图形，作线型练习（比例 1：1）。

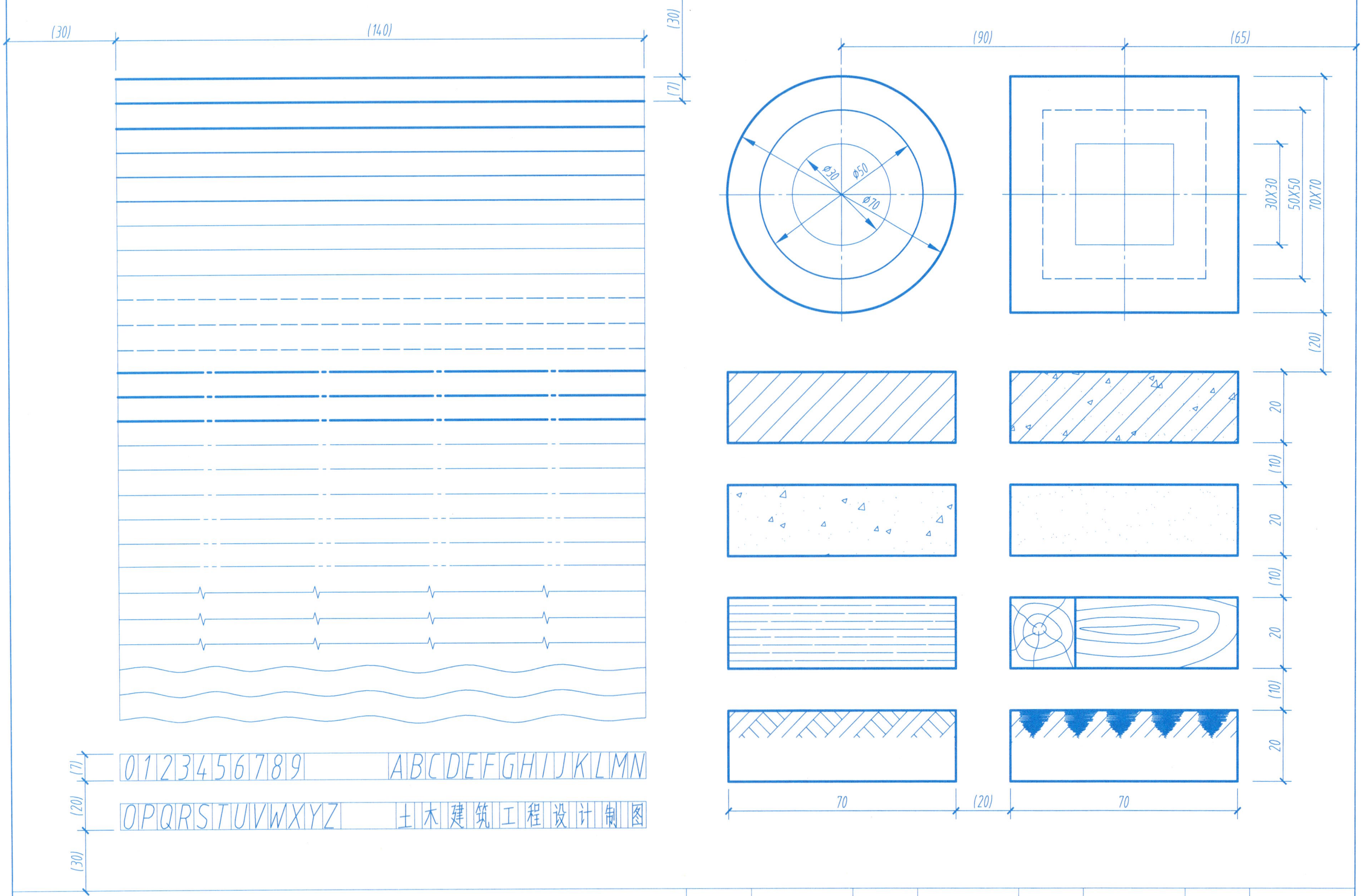

第1章　制图基本知识	班级		学号		姓名		审核	

1-12　分别作直径为 50 的圆内接正五边形和正六边形。

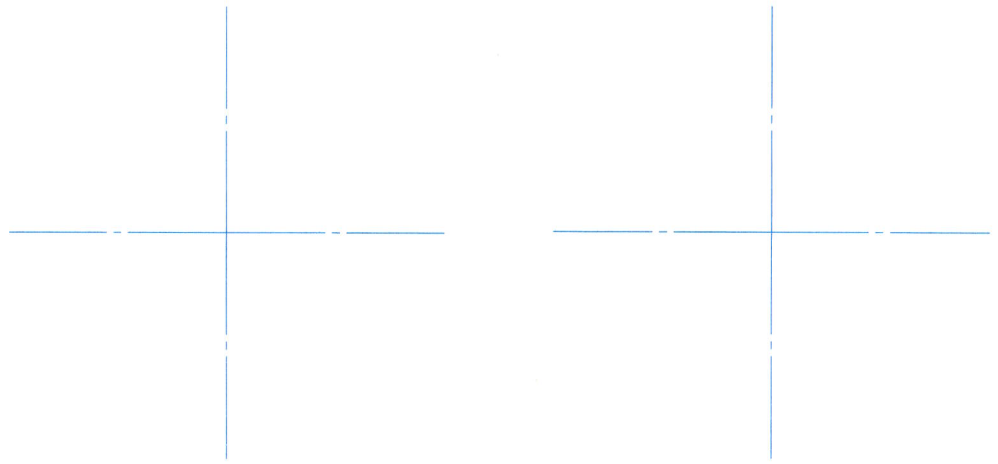

1-13　根据右下角样图尺寸，按 1∶1 的比例画全未完成的平面图形。

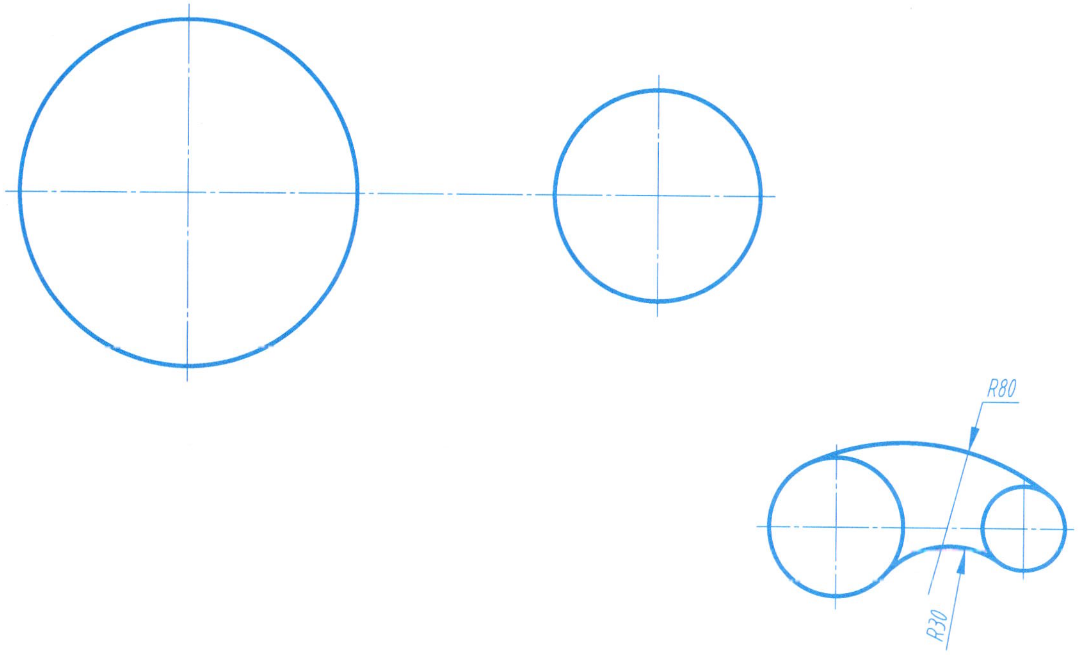

1-14　用四心法画椭圆（椭圆的长轴为 *AB*，短轴为 *CD*）。

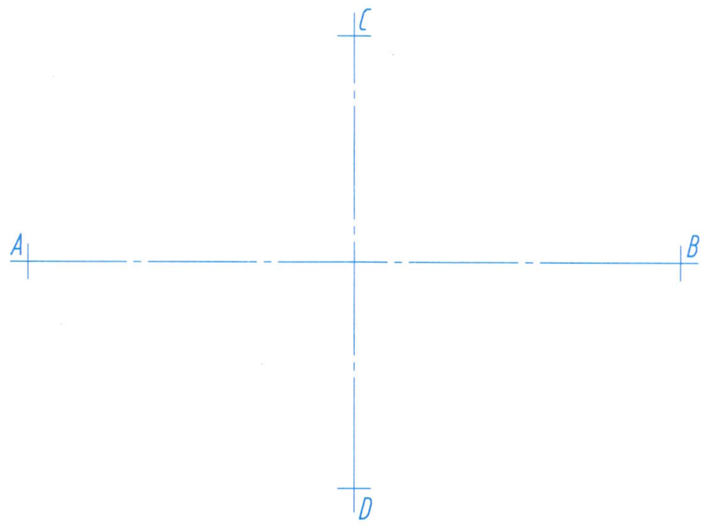

1-15　根据左下角样图尺寸，按 1∶1 画全未完成的平面图形。

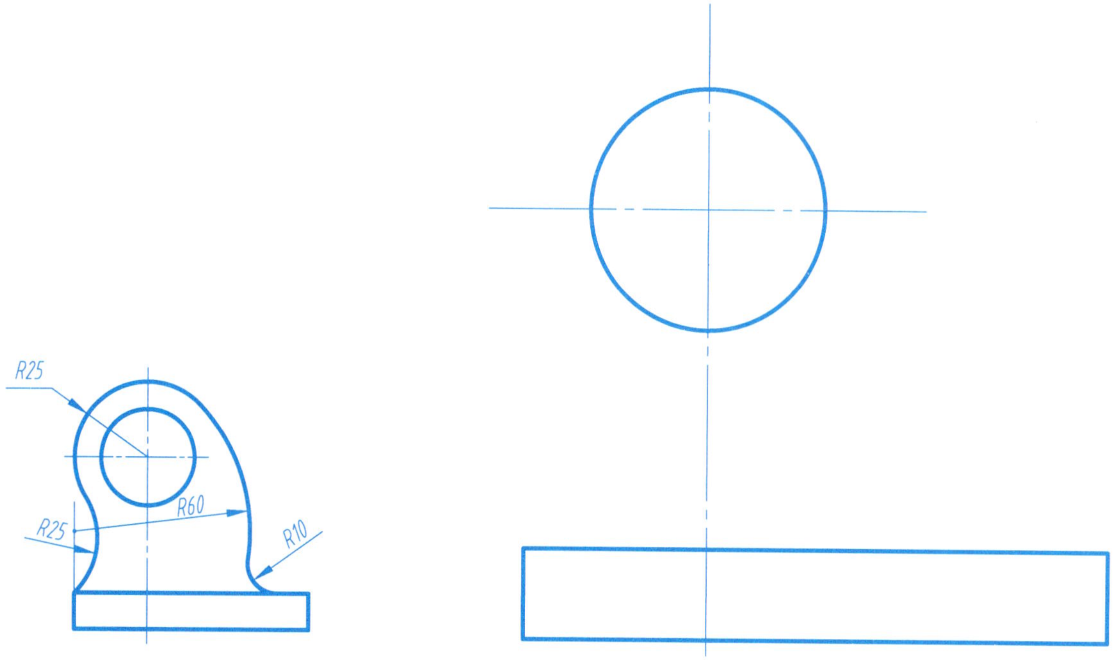

班 级		学 号		姓 名		审 核	

1-16 按1：1的比例在A3图幅上抄绘下面图形并标注尺寸。

（1）

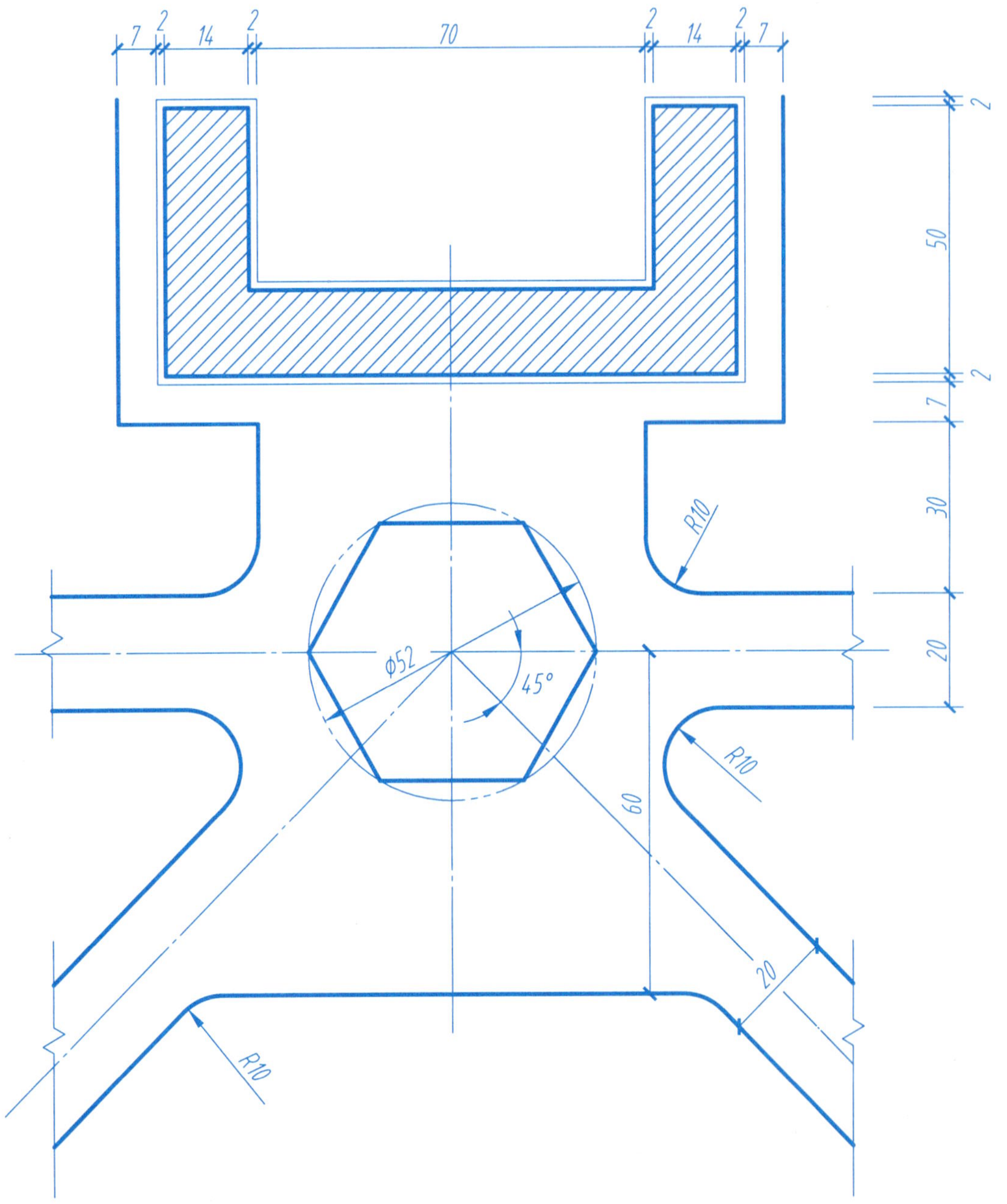

（2）

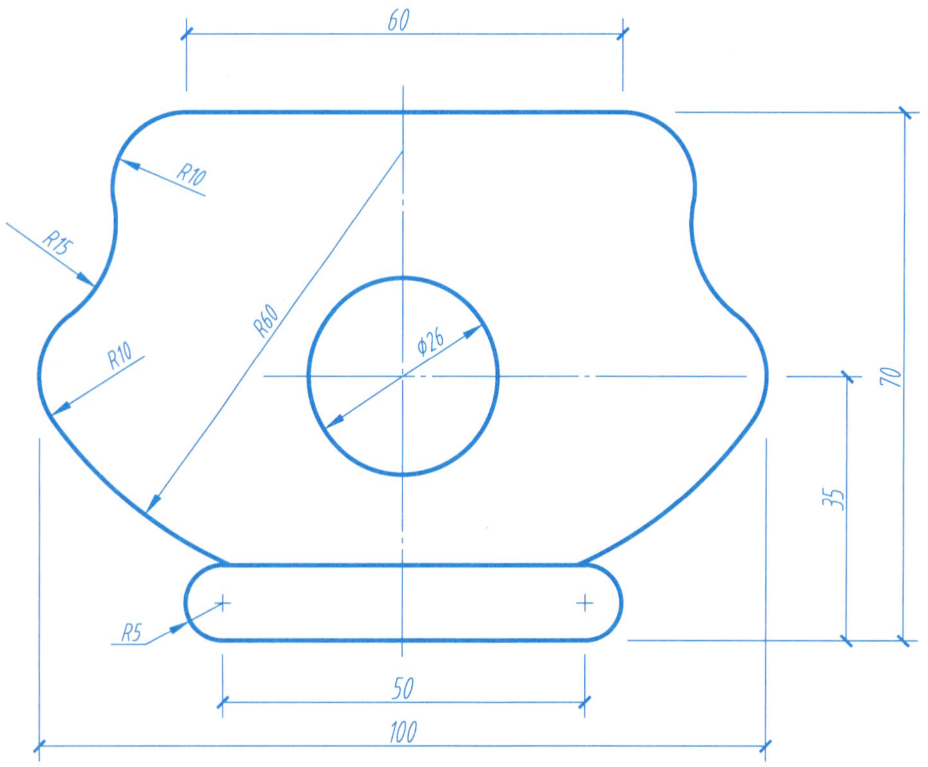

第1章 制图基本知识

班级		学号		姓名		审核	

2-1 根据所给立体图，求作各点的两面投影。

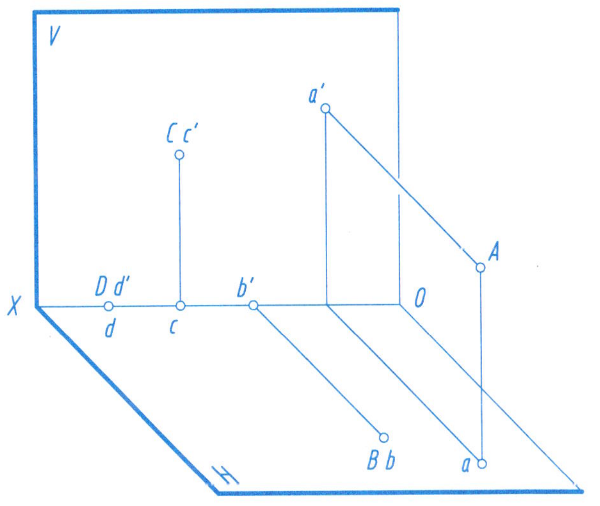

2-2 已知点 A 在 V 面之前 20，点 B 在 H 面之上 30，点 C 在 H 面上，点 D 在 V 面上，点 E 在 X 轴上，求作各点的另一投影。

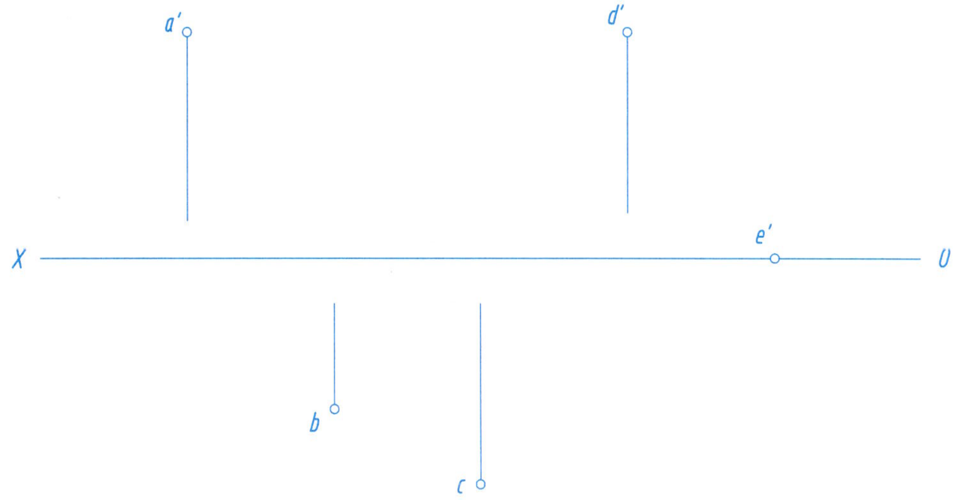

2-3 根据所给立体图，求作各点的三面投影。

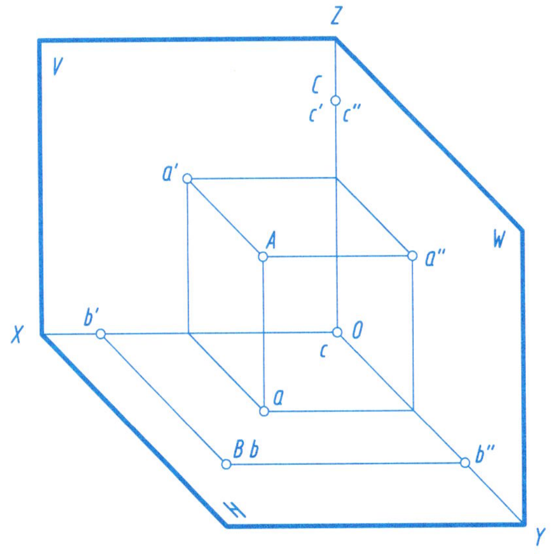

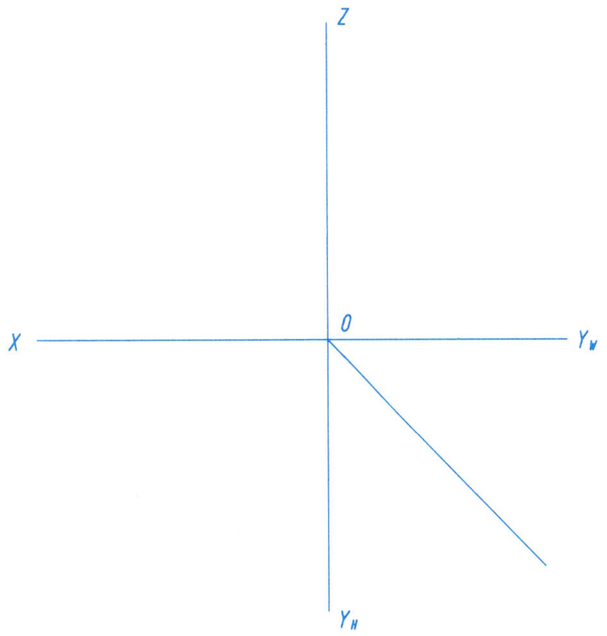

2-4 已知点 A 的坐标为(40,20,30)，点 B 距 H 面、V 面、W 面的距离为 20、10、30，求作 A、B 两点的三面投影。

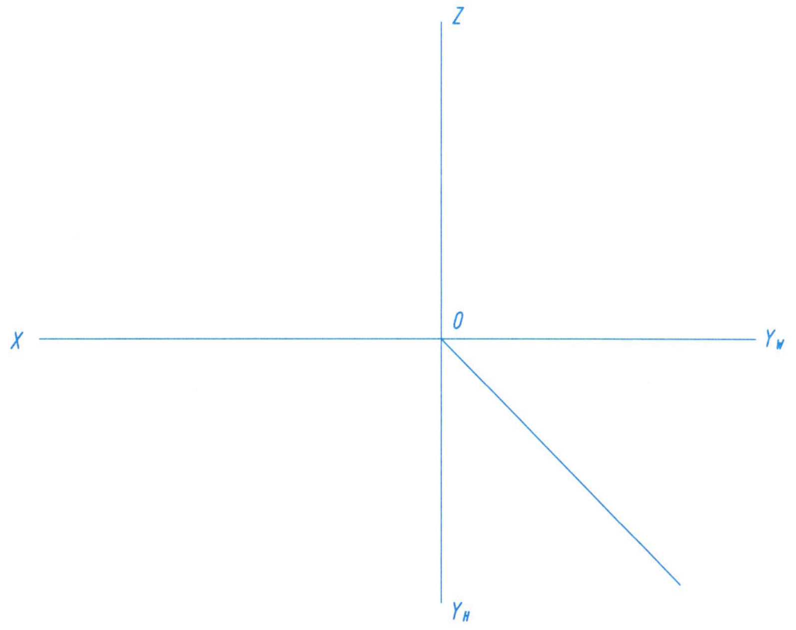

班级		学号		姓名		审核	

2-5 根据点 A、B、C 的两面投影，求作其第三面投影。

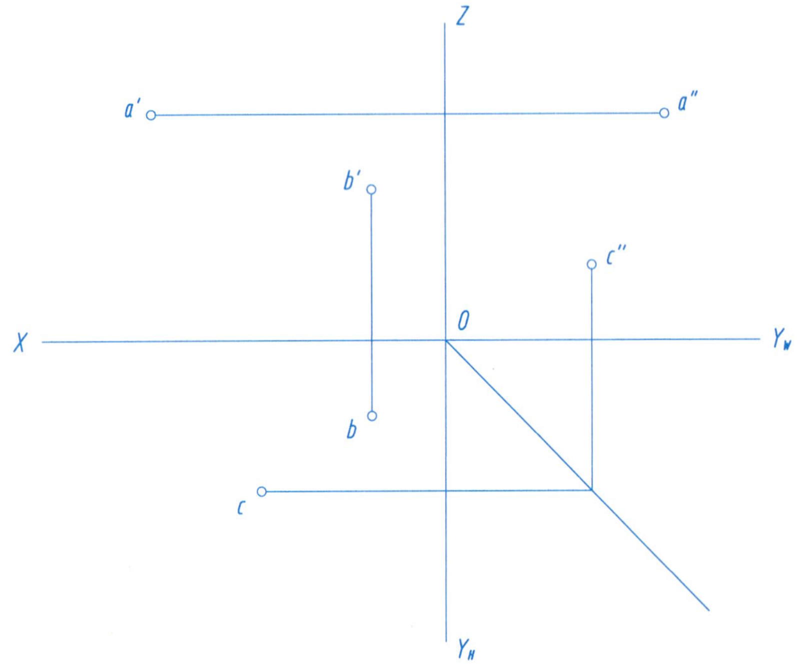

2-6 已知点 A 的投影，求作点 B、C 的三面投影。

(1)点 B 在点 A 的左方 10、下方 20、前方 5。

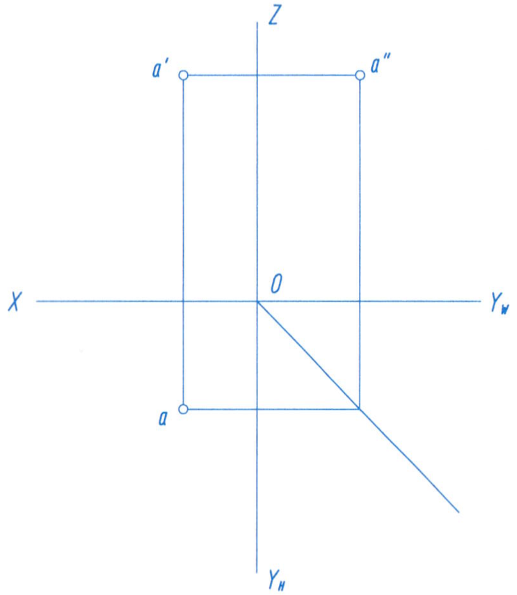

(2)点 C 在点 A 的正下方 20。

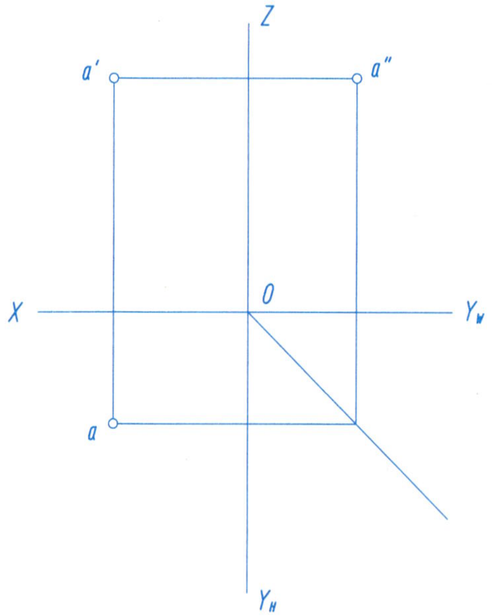

2-7 已知点 A 的投影及距 V 面的距离为 25，试作出坐标轴，再作点 B(20,10,15)的三面投影，并比较 A、B 两点的相对位置。点 B 在点 A 的(上、下)方，(左、右)方，(前、后)方。

2-8 已知点 B 距点 A 为 25；点 C 与点 A 是对 V 面投影的重影点；点 D 在点 A 的正下方 20。补全各点的三面投影，并表明可见性。

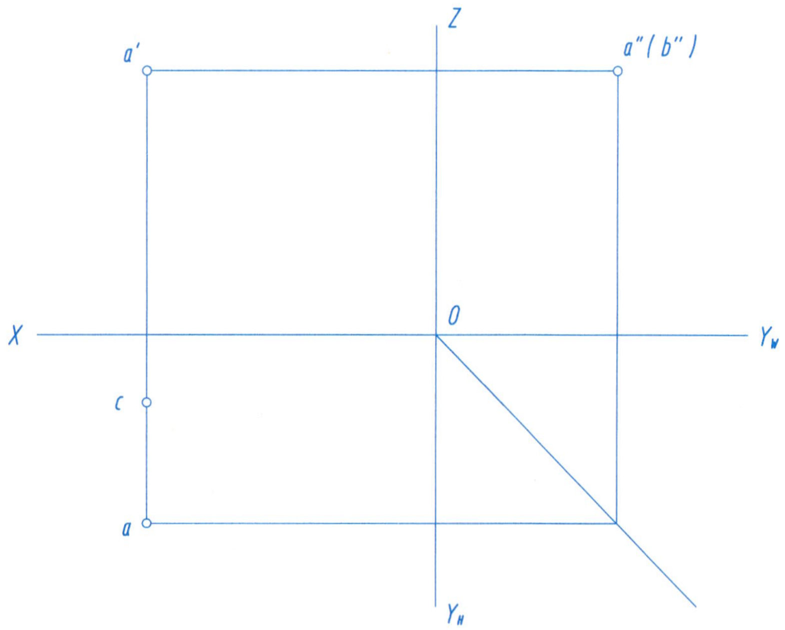

班级		学号		姓名		审核	

2-9 判断下列直线对投影面的相对位置，并填写名称。

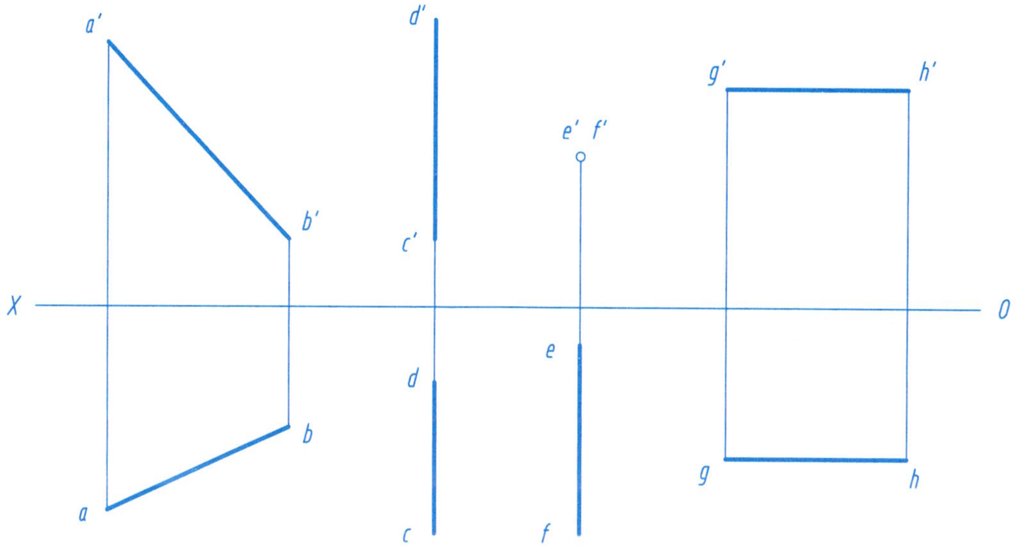

AB 是________线；CD 是________线；EF 是________线；GH 是________线。

2-10 求作下列直线的三面投影：

(1)正平线 AB，长 25，$\alpha=60°$，点 B 在点 A 的左下方。(2)水平线 CD，长 20，$\beta=30°$，点 D 在点 C 的右后方。

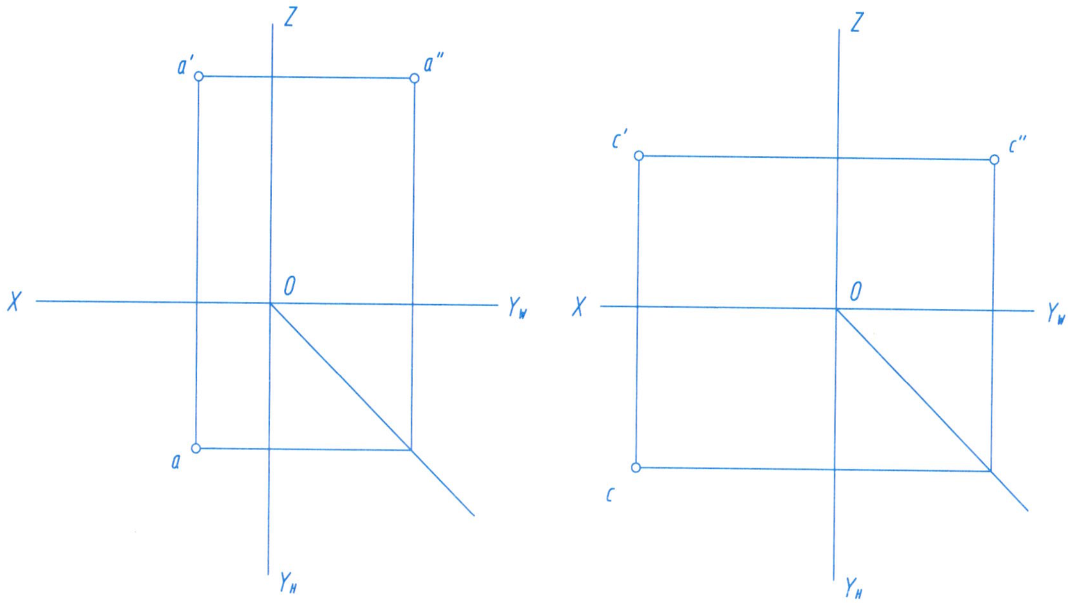

2-11 用直角三角形法求直线 AB 的实长。

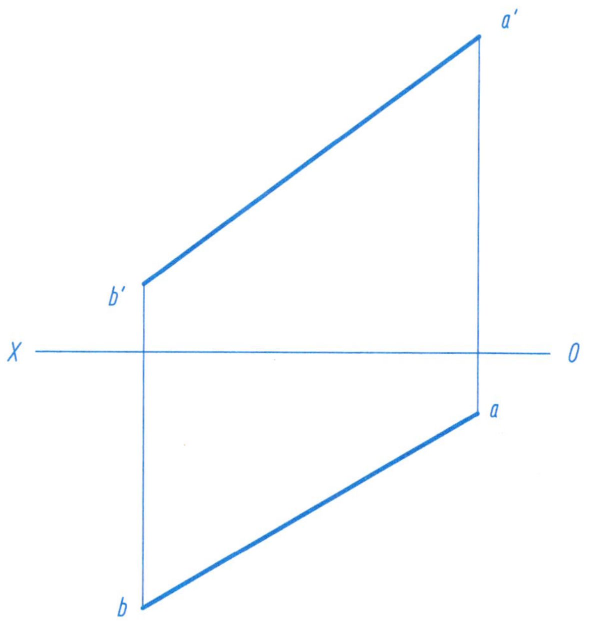

2-12 用直角三角形法求直线 AB 对 H 面的倾角 α。

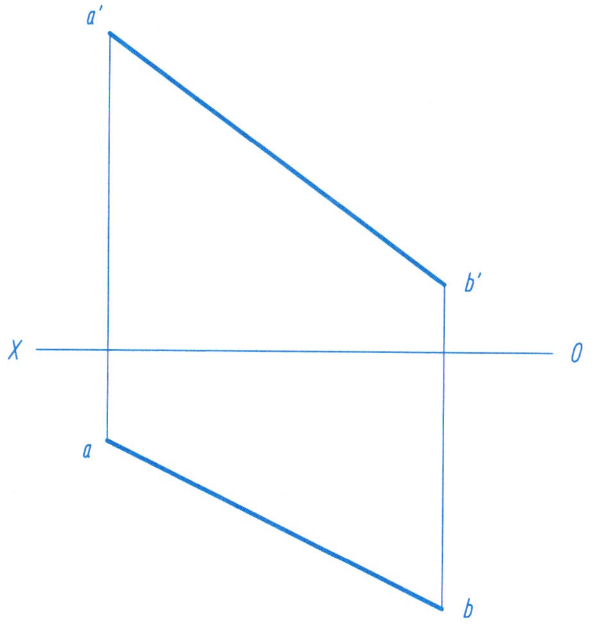

2-13 用直角三角形法求直线 AB 对 V 面的倾角 β。

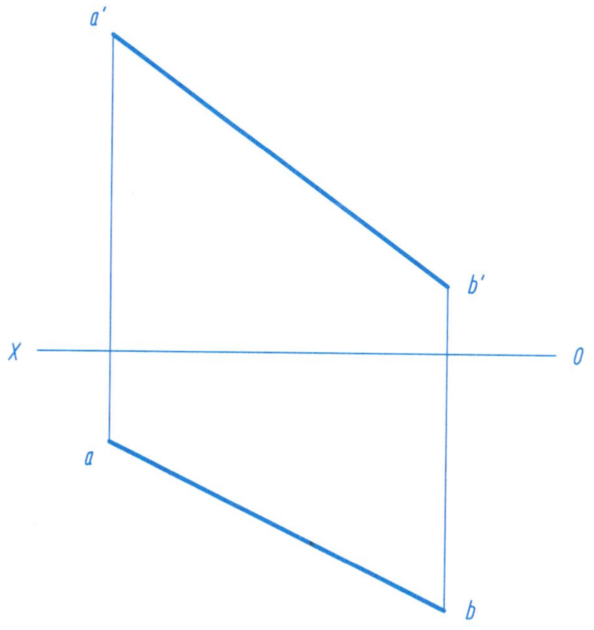

班级		学号		姓名		审核	

2-14　已知直线 AB 的实长为65，完成其正面投影。

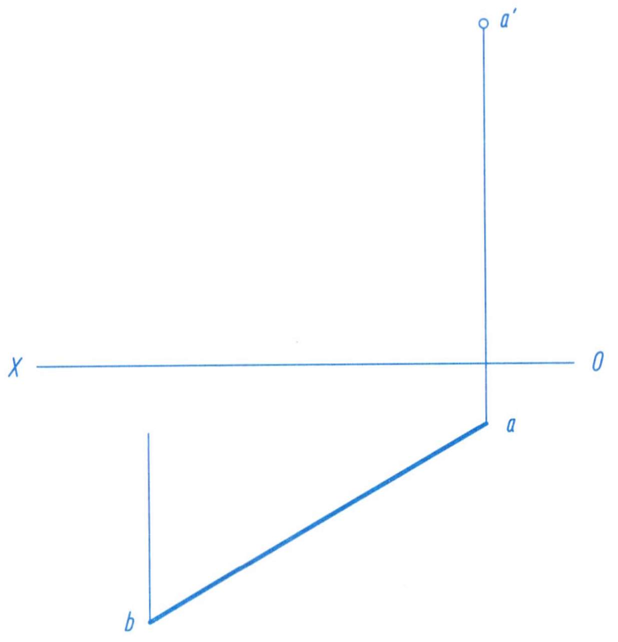

2-15　已知直线 AB 的对 H 面的倾角 $\alpha=30°$，完成其正面投影。

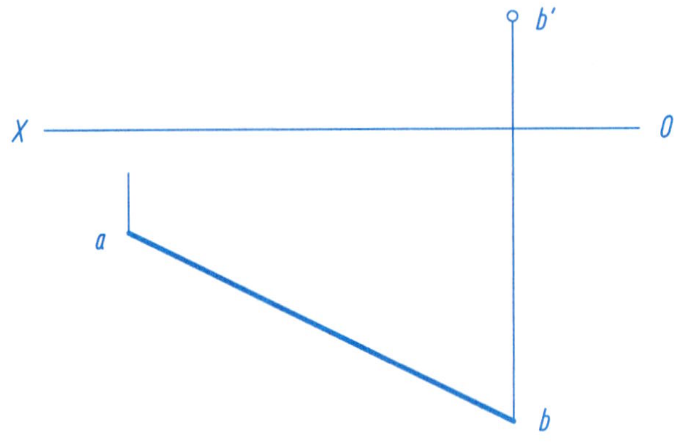

2-16　已知直线 AB 的对 V 面的倾角 $\beta=30°$，完成其正面投影。

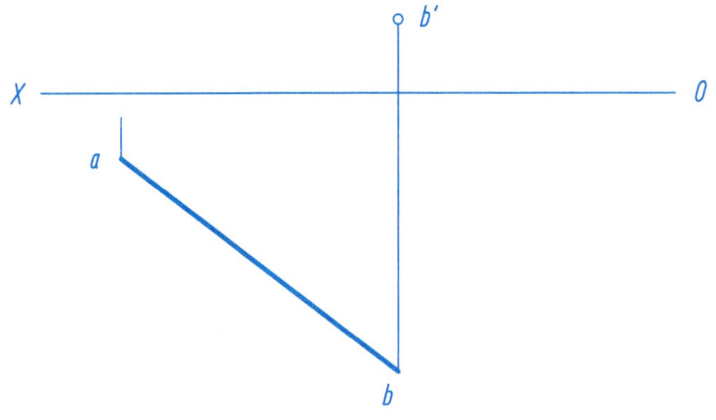

2-17　在线段 AB 上找一点 C，使 $AC:CB=1:2$。

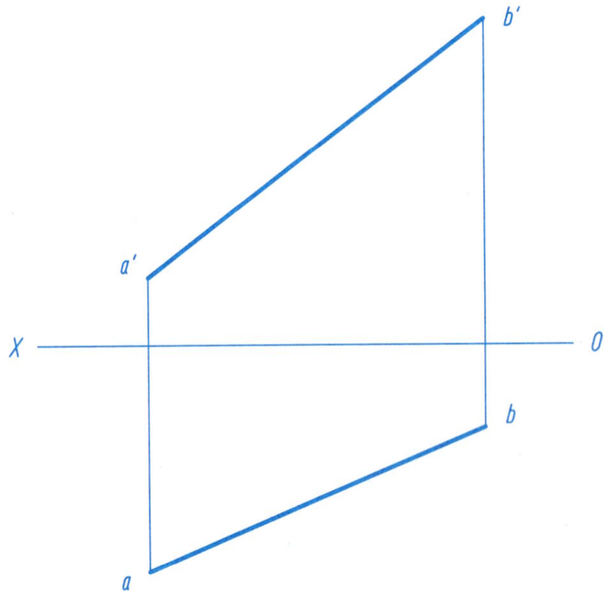

2-18　在直线 AB 上找一点 C，使 $AC=40$。

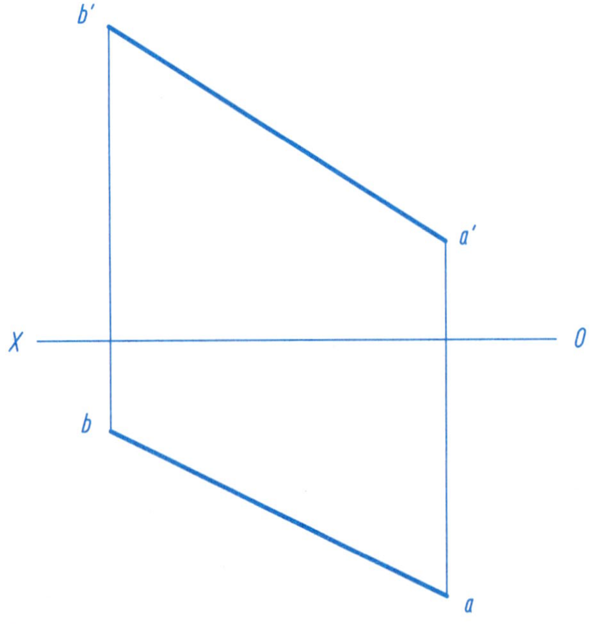

2-19　在直线 AB、CD 上作对 H 面的重影点 M、N 和对 V 面的重影点 E、F 的两面投影。

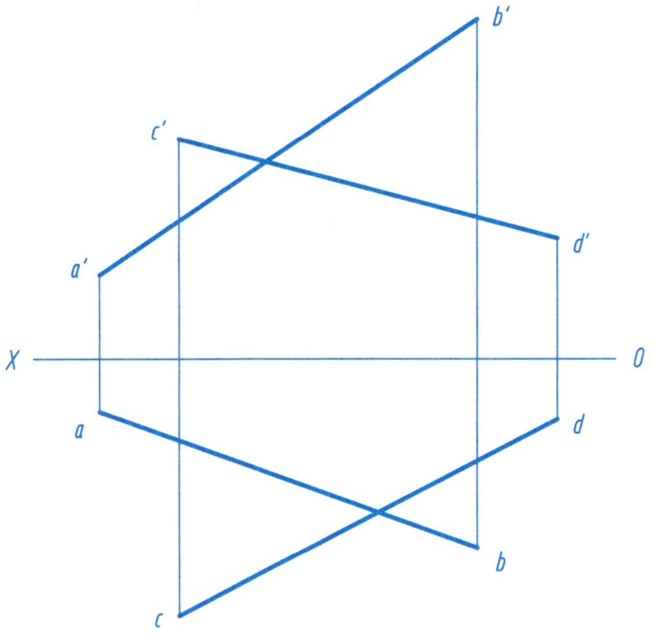

2-20　判断下列两直线间的相对位置，并填写名称。

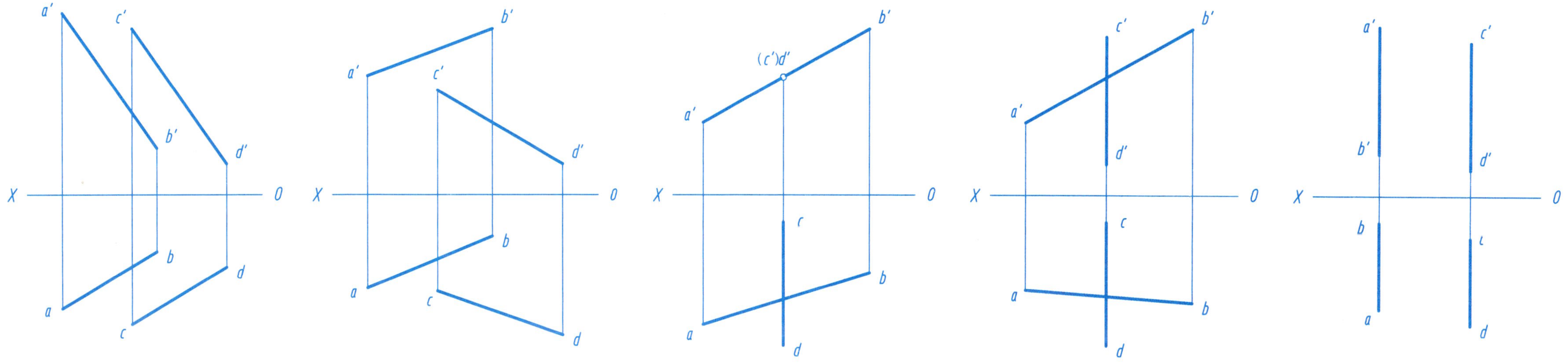

AB、CD是________两直线　　AB、CD是________两直线　　AB、CD是________两直线　　AB、CD是________两直线　　AB、CD是________两直线

2-21　分别在下列三图中，过点 *M* 作直线 *MN* 与 *AB* 相交，交点 *N* 距离 *V* 面 25。

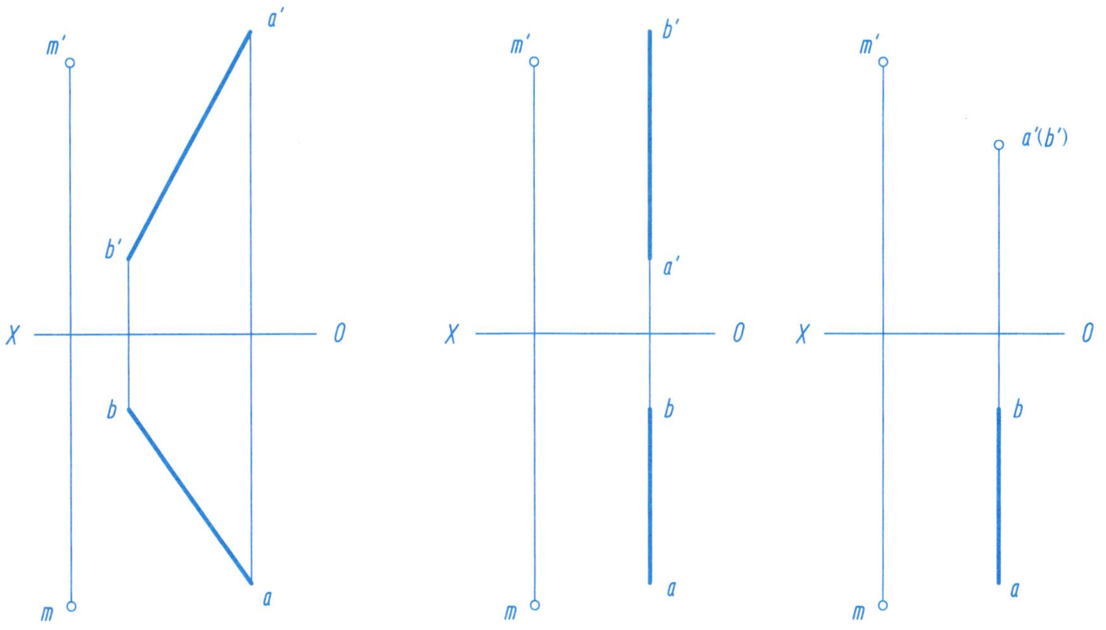

2-22　作直线 *MN* 与 *AB* 平行，且分别与 *CD*、*EF* 交于点 *M*、*N*。

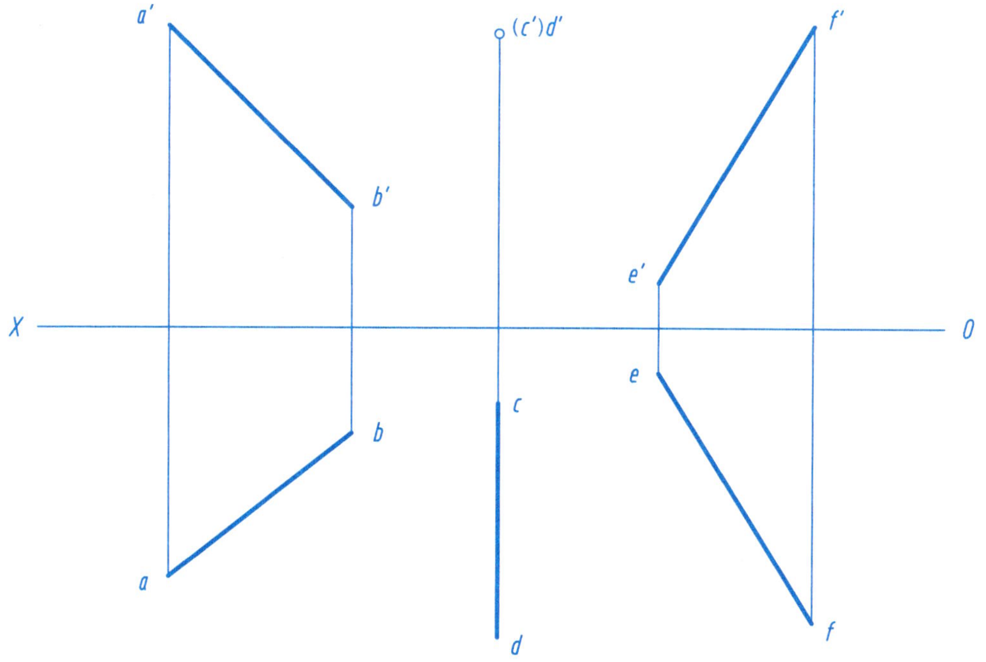

班级		学号		姓名		审核	

2-23 作一水平线与直线 AB、CD、EF 均相交，交点分别为 L、M、N。

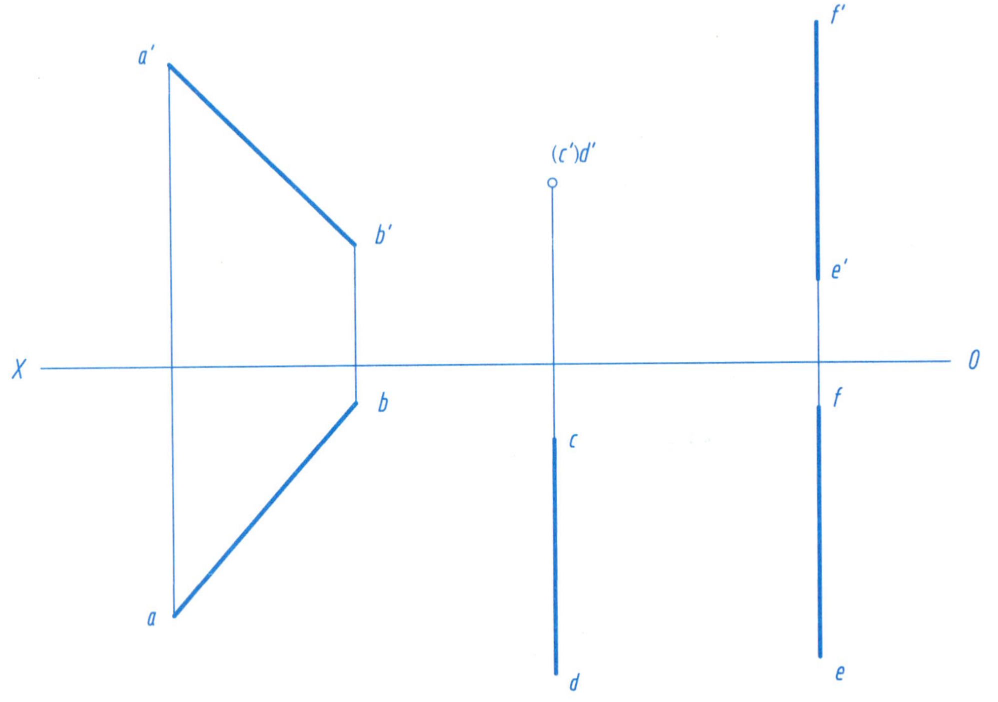

2-24 过点 M 向直线 AB 作垂线 MN 与 AB 交于点 N，并求出 MN 的实长。

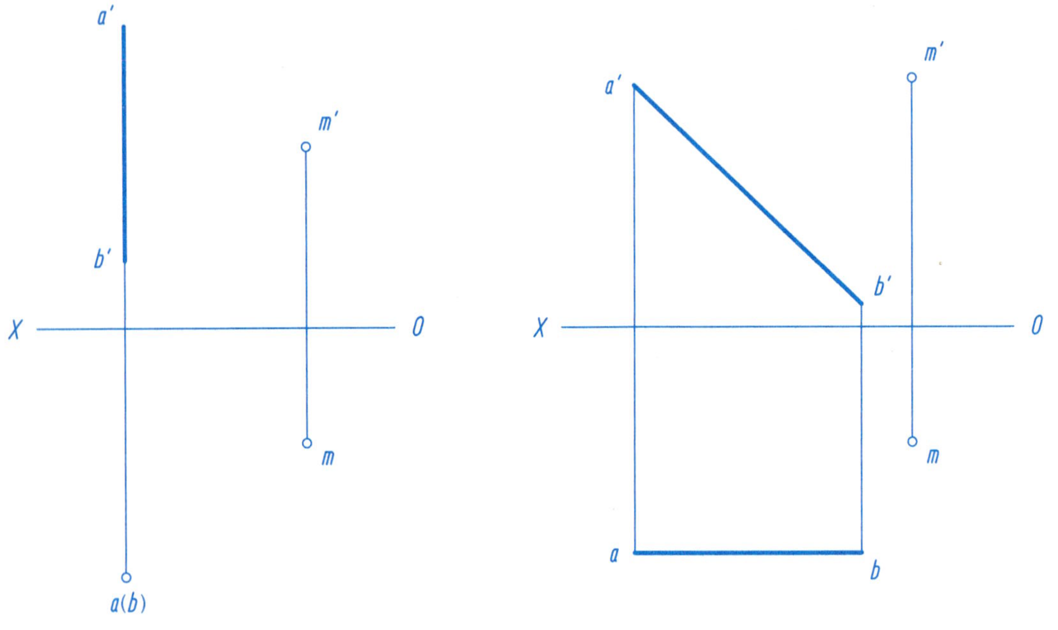

2-25 正平线 AB 为矩形 ABCD 的一边，点 D 在直线 EF 上，求作该矩形的两面投影。

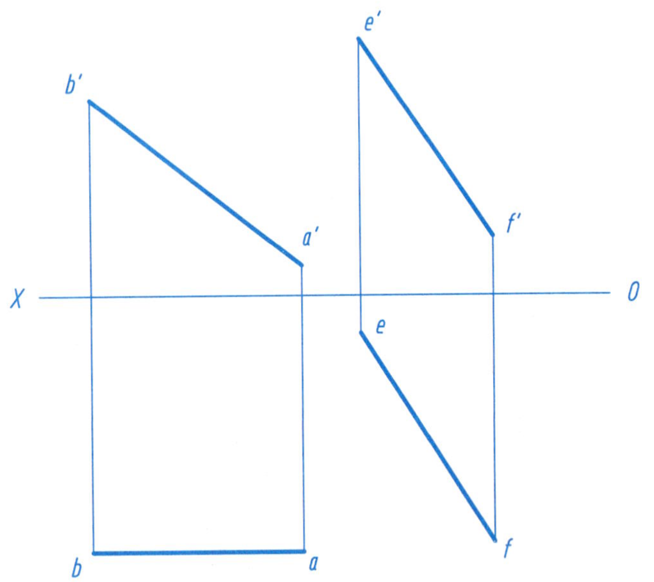

2-26 正平线 AC 为正方形 ABCD 的对角线，点 B 距 V 面的距离为 35，求作该正方形的两面投影。

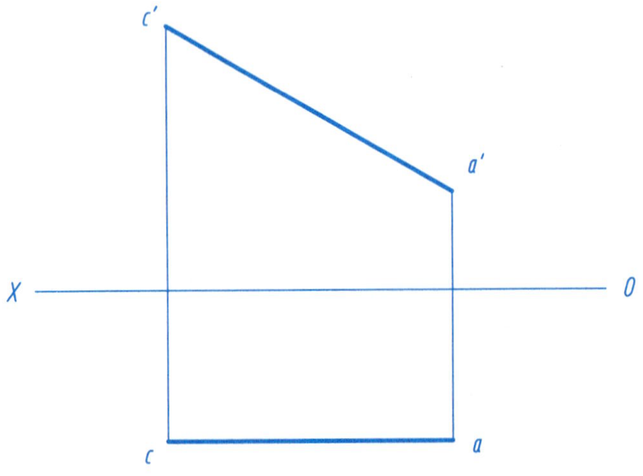

2-27 已知直线 AB 的实长为 30，$\alpha=30°$，$\beta=45°$，由 A 至 B 的方向为向右、向后、向下，求作 AB 的两面投影。

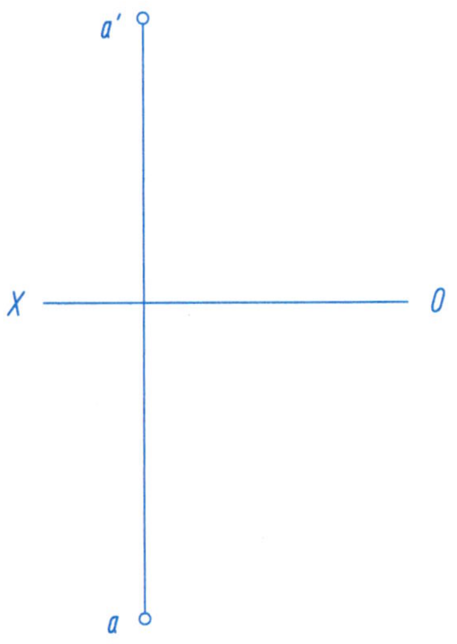

班级		学号		姓名		审核	

2-28 按所给条件，求作△ABC 的三面投影。

(1) △ABC 处于从左前到右后的铅垂面，$\beta=30°$。　(2) △ABC 为正平面。

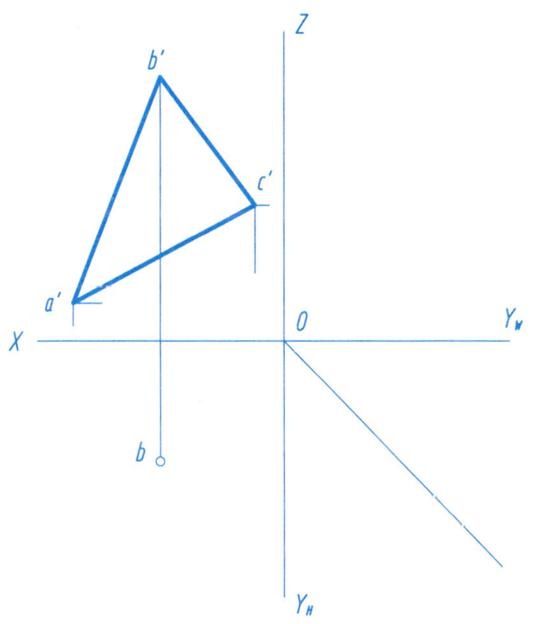

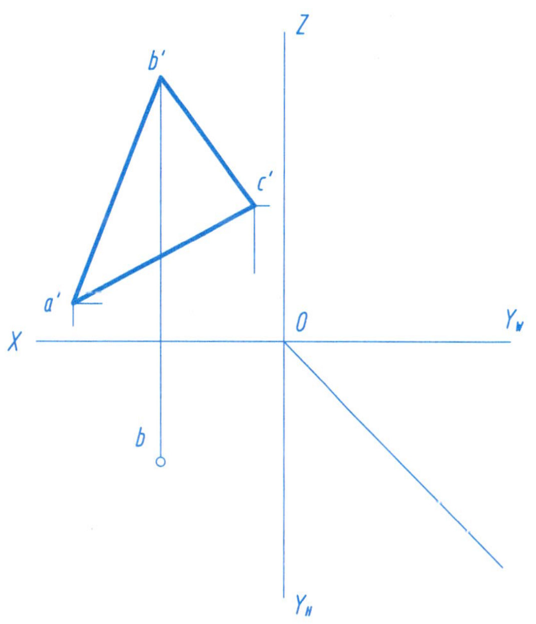

2-29 已知正方形 ABCD 的正面投影及 AB 的侧面投影，完成该正方形的 H、W 面投影。

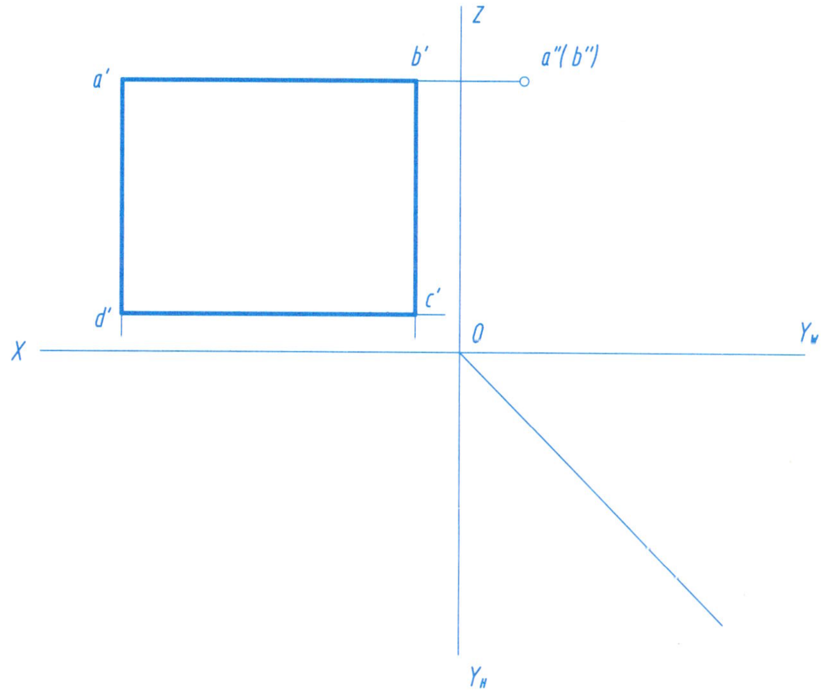

2-30 用有积聚性的迹线表示下列平面。

(1) 过直线 AB 的正垂面 P。　(2) 过直线 AB 的铅垂面 QP。　(3) 过点 A 的水平面 R。

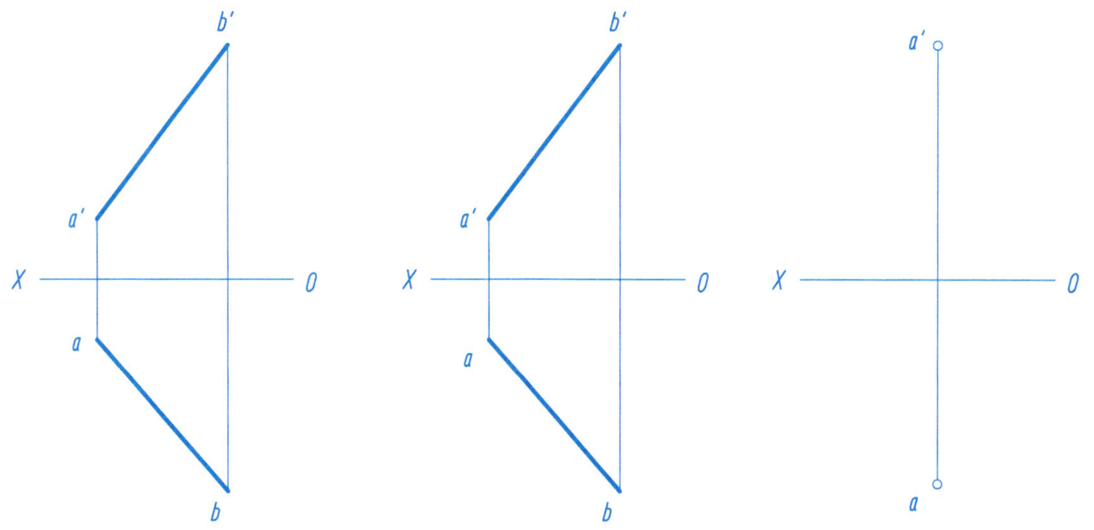

2-31 在△ABC 内找一点 K，设点 K 距 H、V 面的距离分别为 20、30。

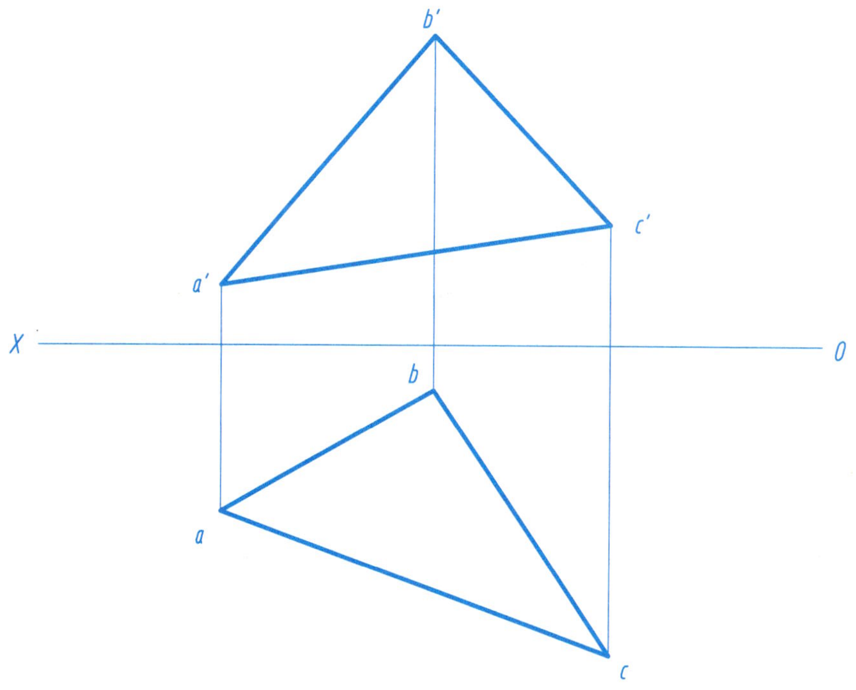

班级		学号		姓名		审核	

2-32 完成五边形 *ABCDE* 平面的两面投影。

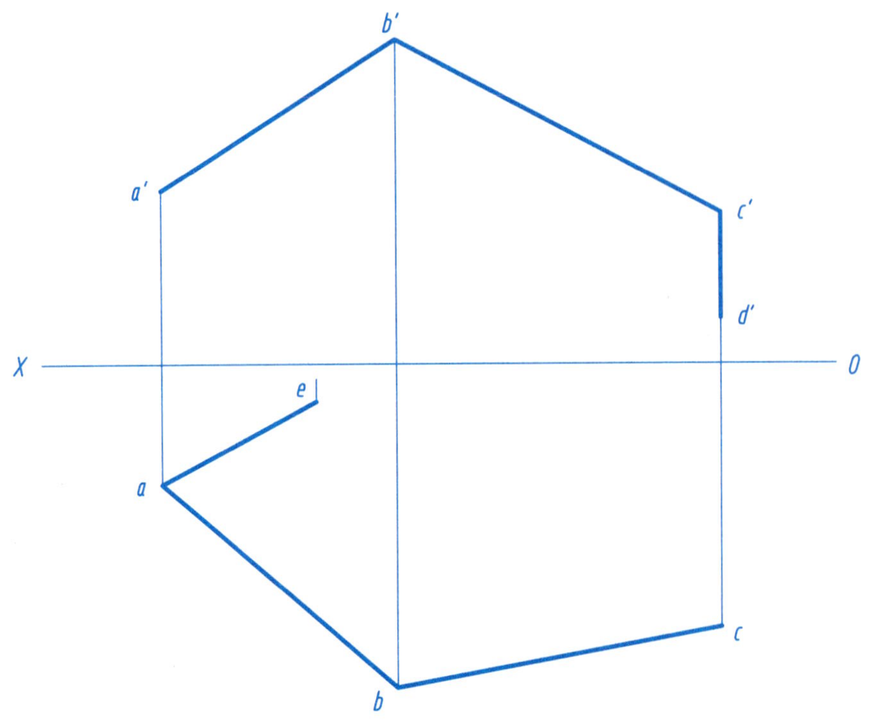

2-33 直线 *CD* 是△*ABC* 平面内的水平线，完成该三角形的正面投影。

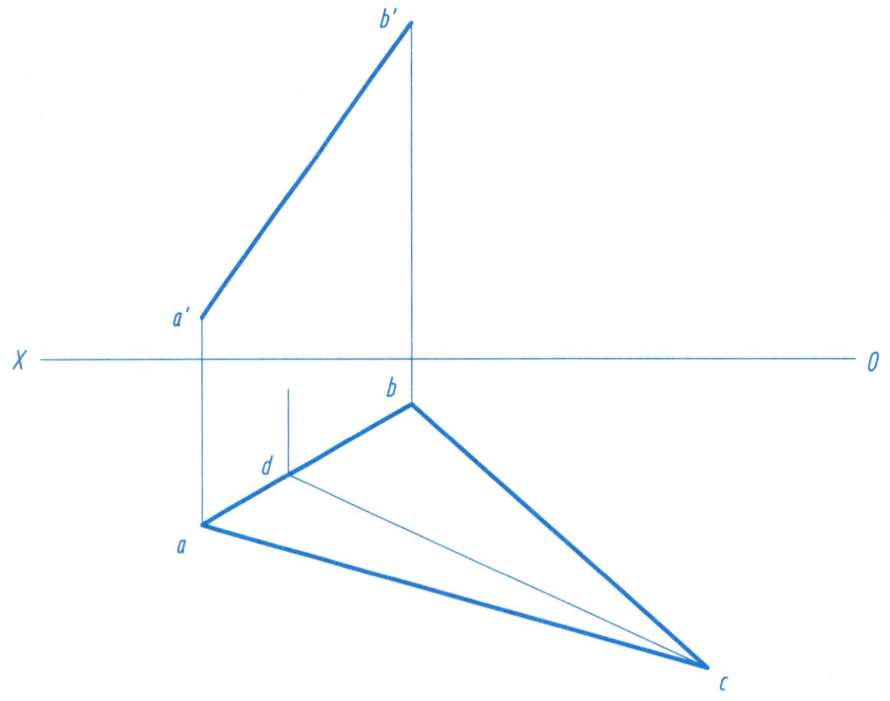

2-34 直线 *AD* 是△*ABC* 平面内的侧垂线，完成该三角形的水平投影。

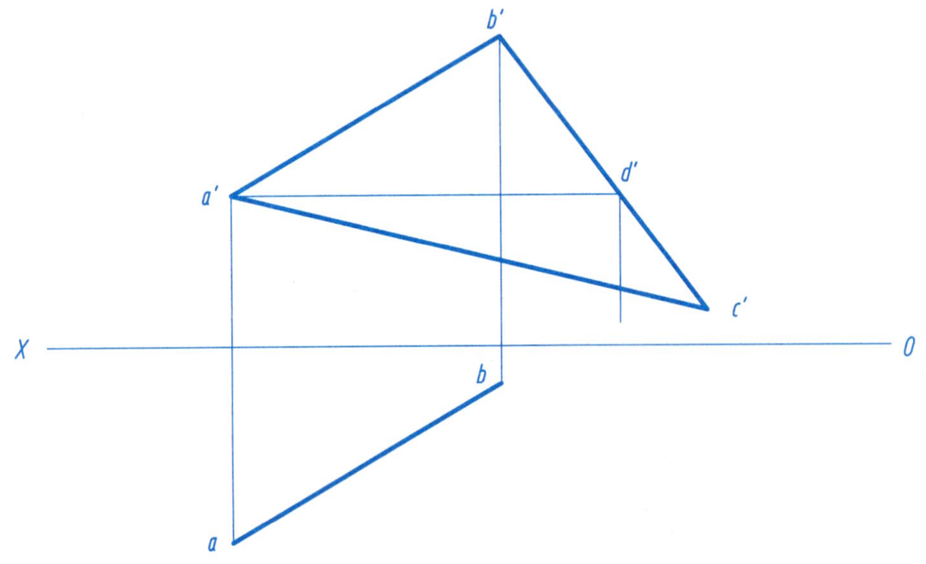

2-35 过点 *C* 作一直线 *CD* 与 *AB* 相交于点 *D*，使∠*CDB* = 60°。

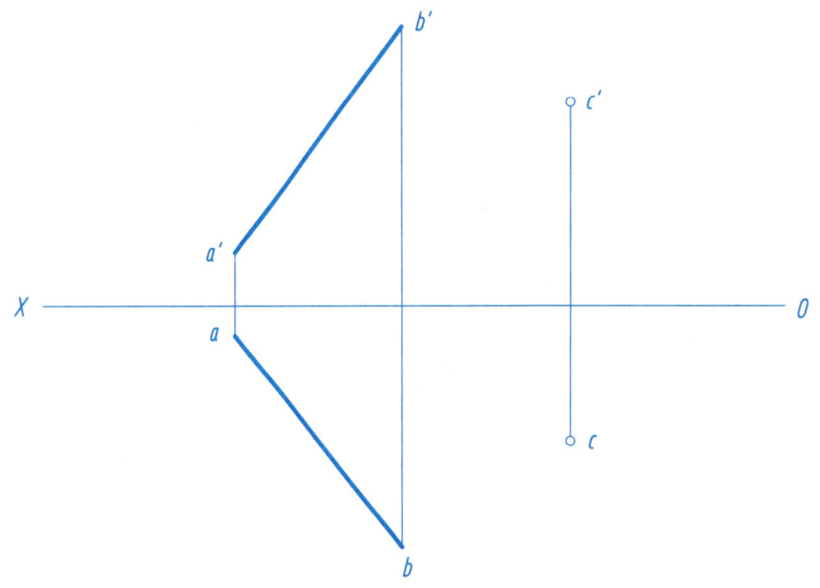

班 级		学 号		姓 名		审 核	

3-1　过点 *A* 作长度为 20 的正平线与已知△*CDE* 平面平行。

(1)

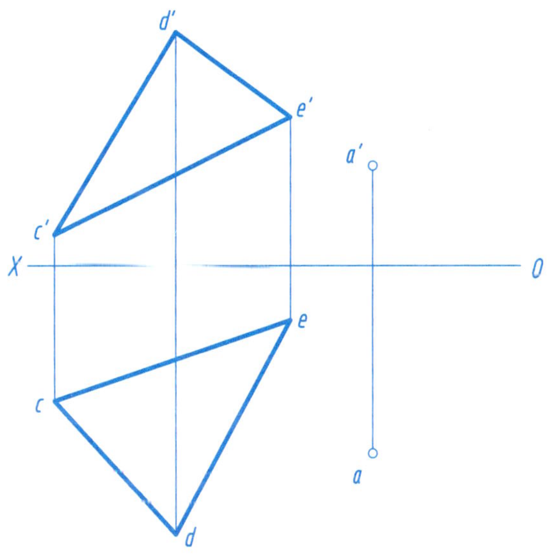

(2)

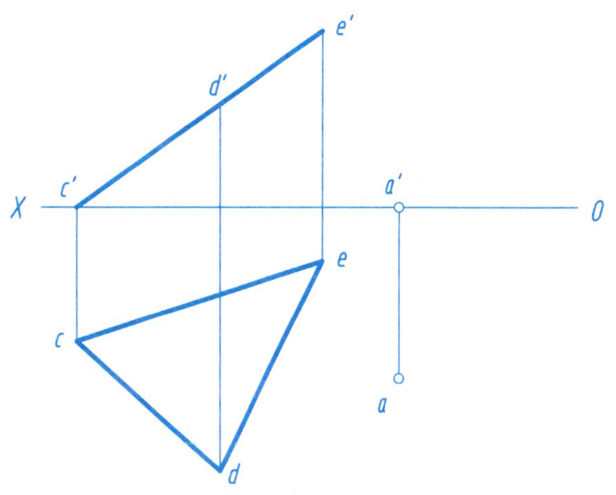

3-2　过点 *A* 作平面与已知直线 *CD*、*EF* 均平行。

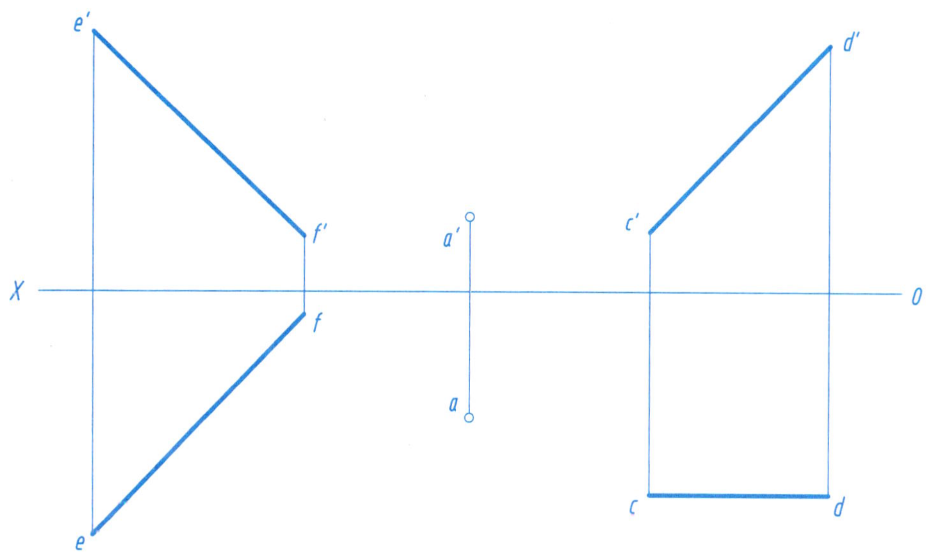

3-3　判别直线 *AB* 是否平行于已知平面。

(1)

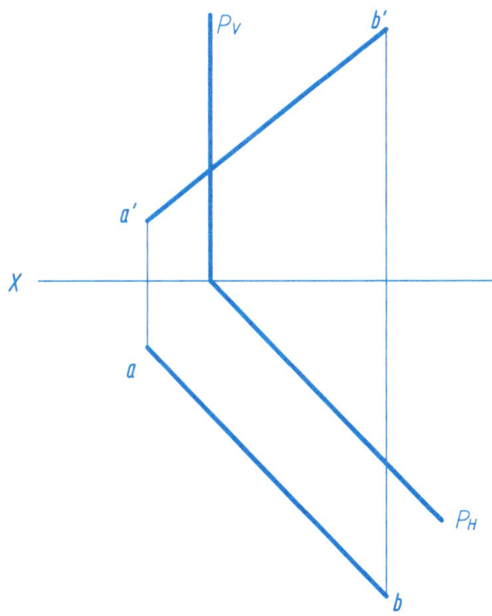

答：________

(2)

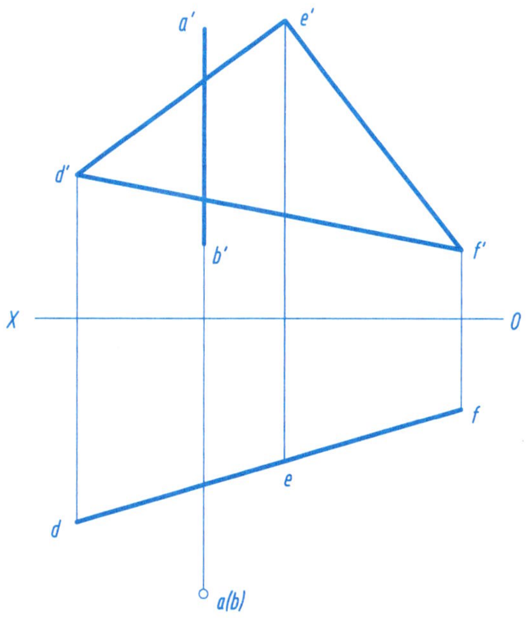

答：________

3-4　判别两平面是否平行。

(1)

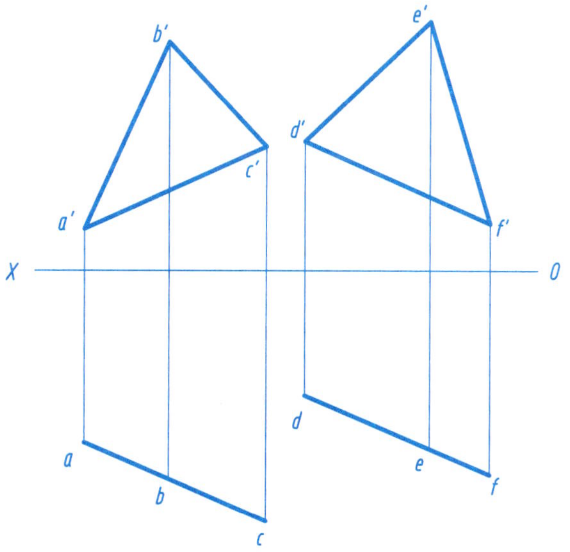

答：________

(2)

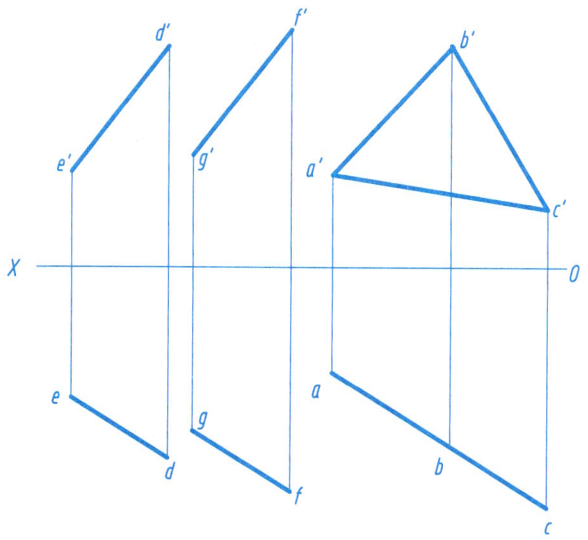

答：________

班级 | 学号 | 姓名 | 审核

3-5　已知直线 AB 平行于平面（$CD//EF$），完成 AB 的 V 面投影。

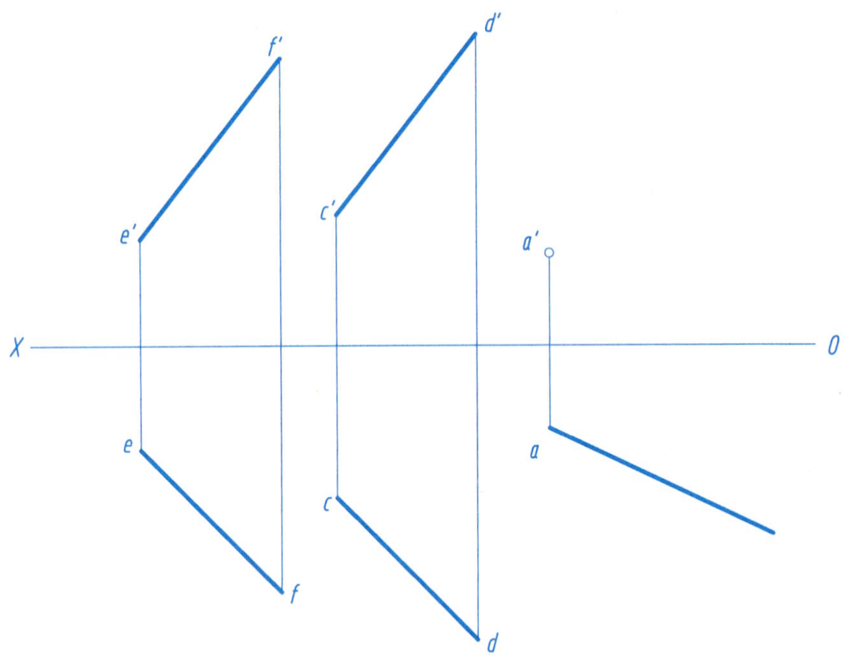

3-6　已知△DEF 平面平行于△ABC 平面，完成△DEF 平面的 V 面投影。

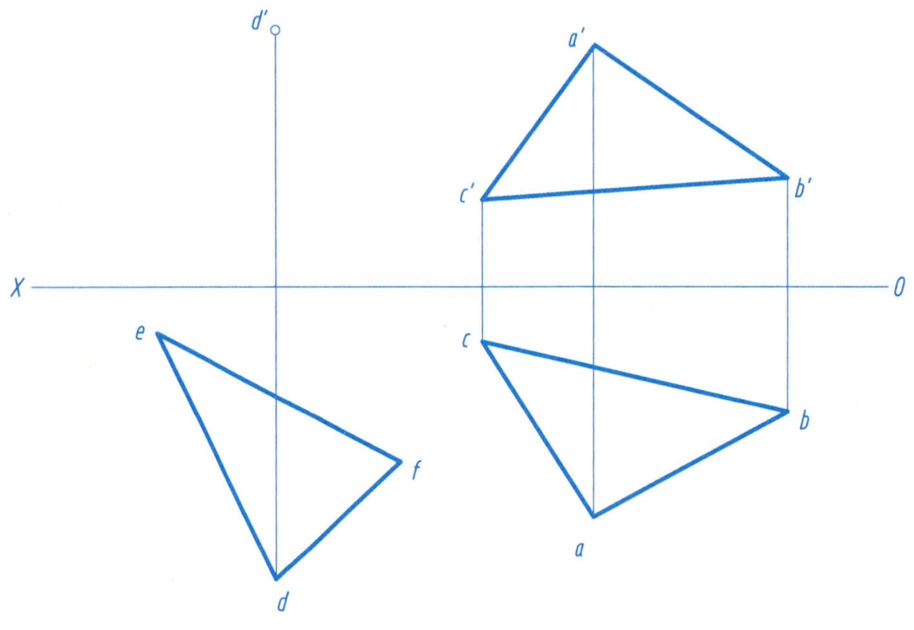

3-7　过点 A 作铅垂面平行于已知直线 EF。

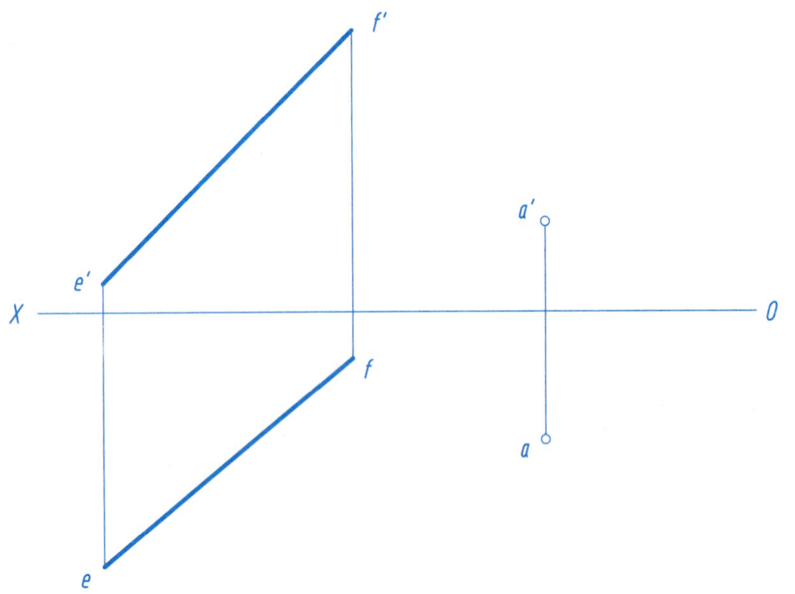

3-8　过点 K 作一平面，使其平行于已知直线 AB 和 CD。

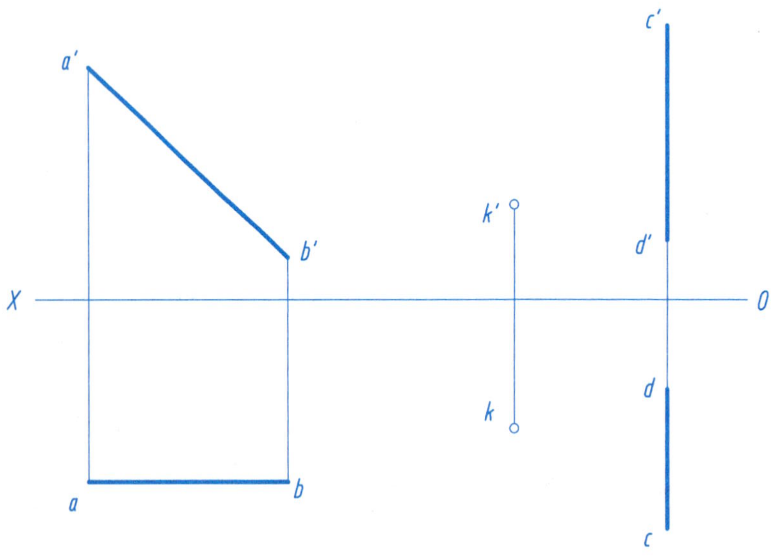

班 级		学 号		姓 名		审 核	

3-9 求特殊情况下直线与平面、平面与平面相交的交点与交线，并区分可见性。

(1)

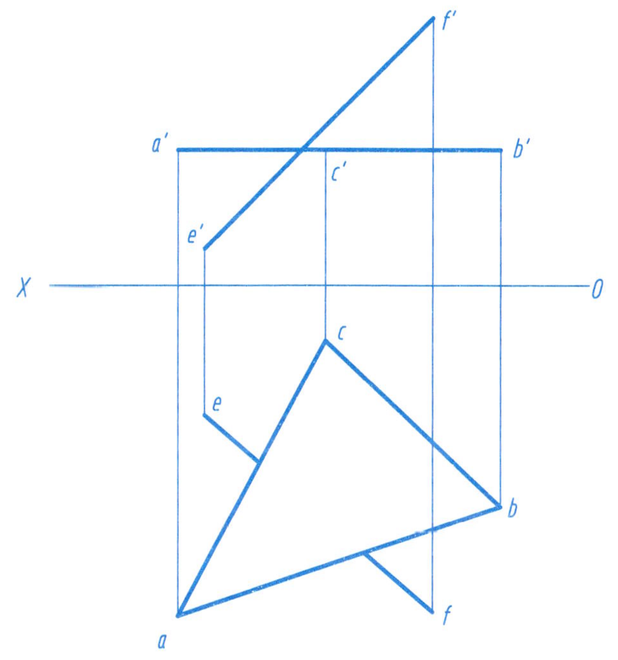

(2)

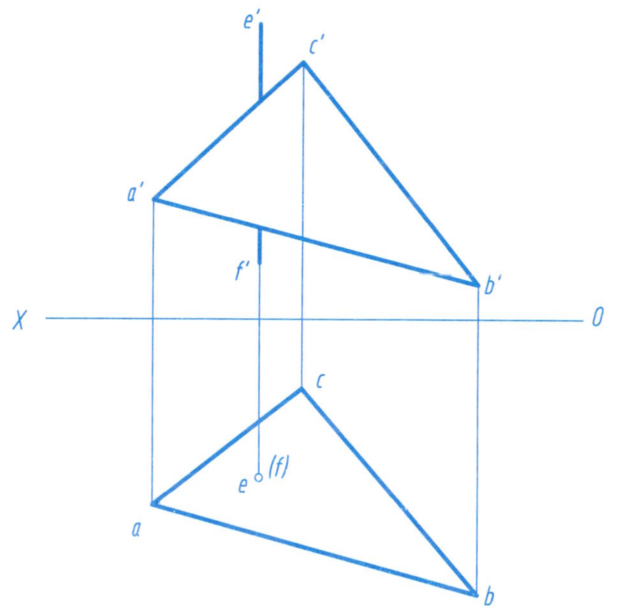

(3)

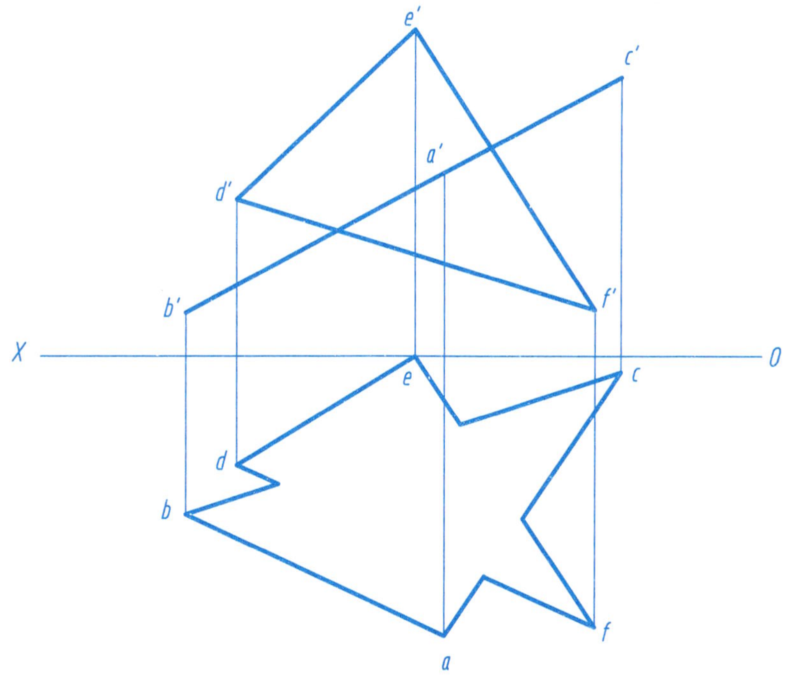

(4)

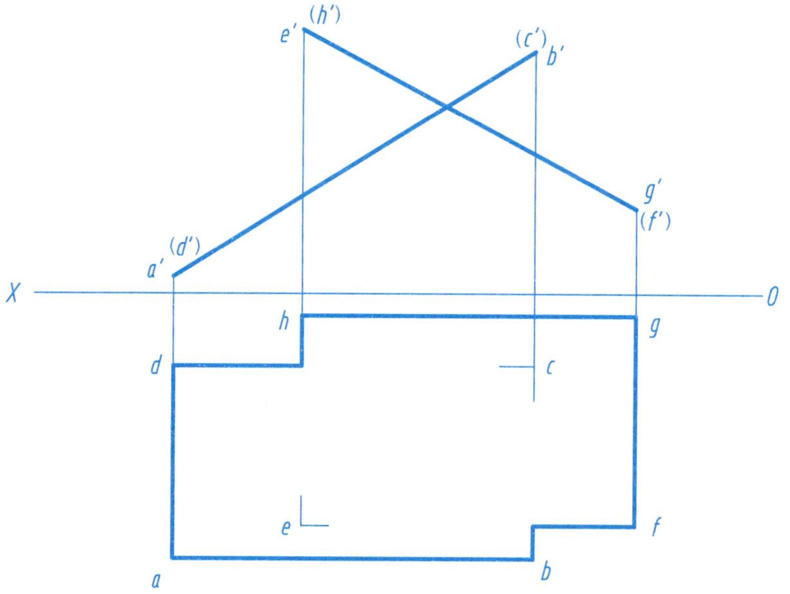

班级		学号		姓名		审核	

3-10 求一般情况下直线与平面、平面与平面相交的交点与交线，并区分可见性。

(1)

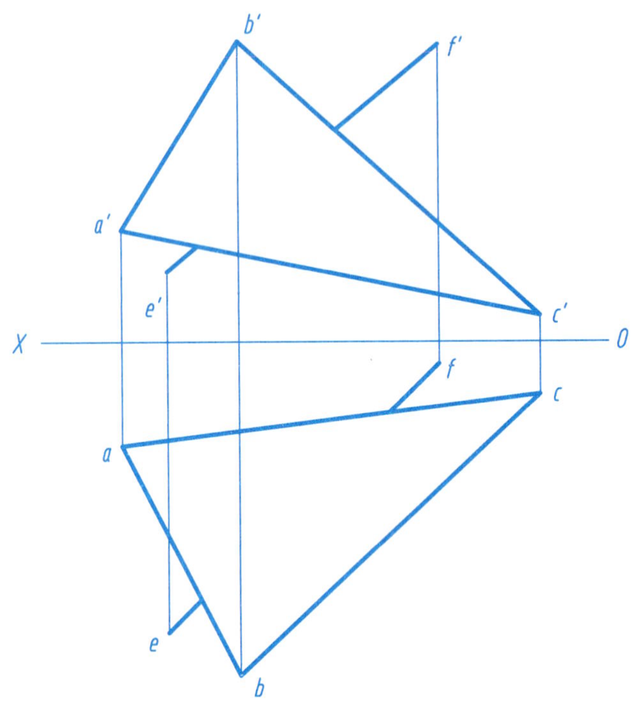

(2)

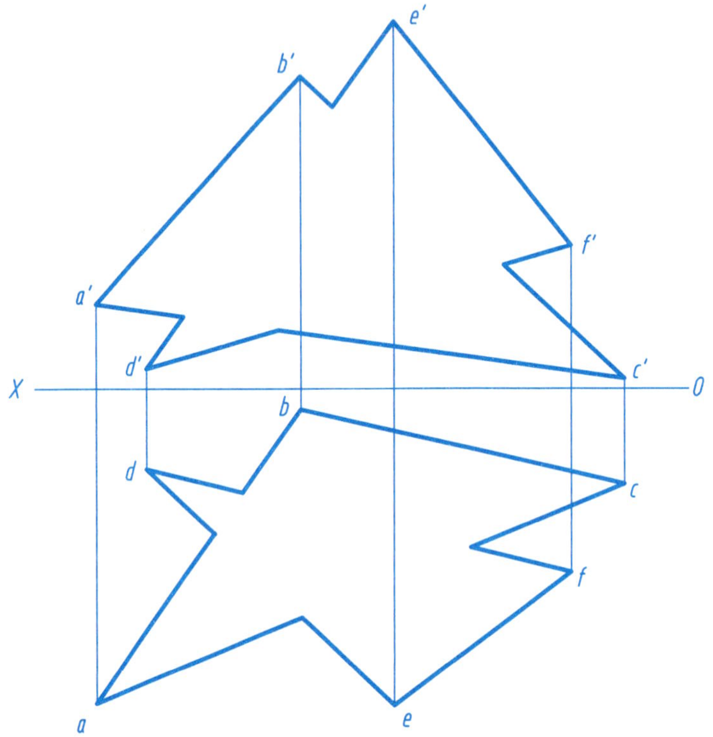

(3)

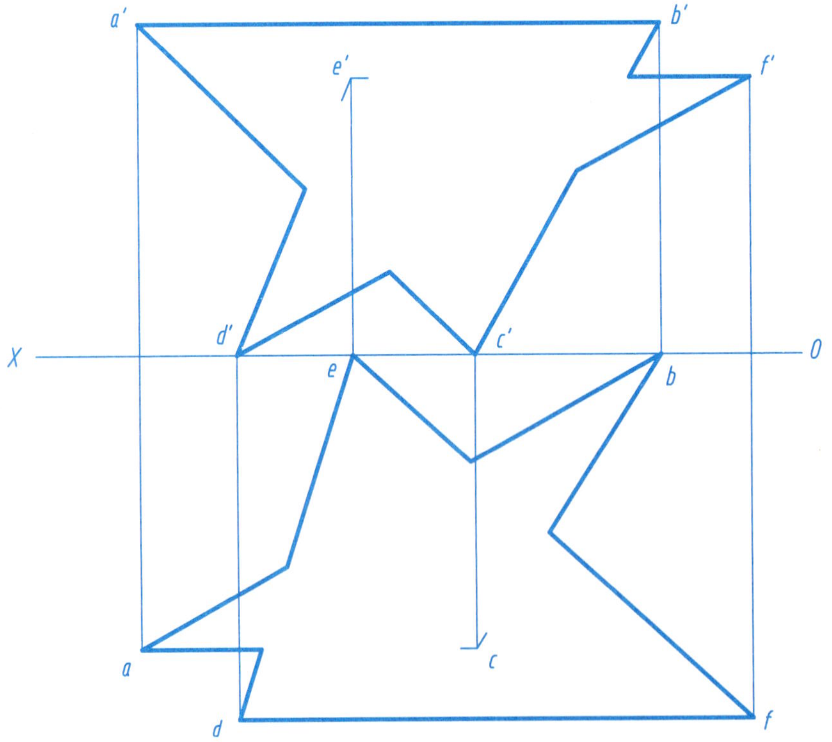

3-11 过点 M 做一直线 MN 平行于已知直线 EF，且与平面 ABC 相交。

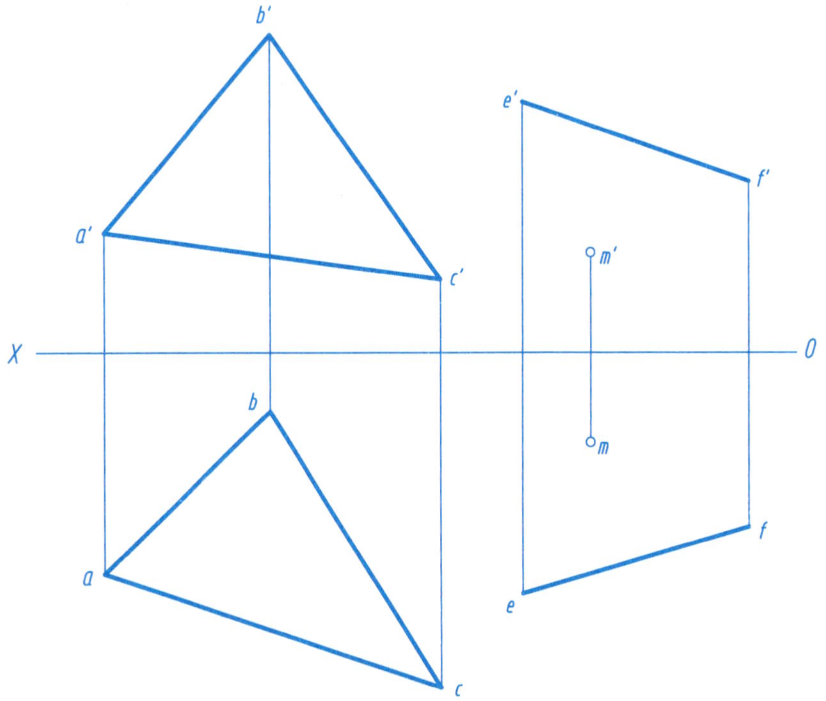

班级		学号		姓名		审核	

3-12　判别下列直线与平面是否垂直，将结论写在横线上。

(1)

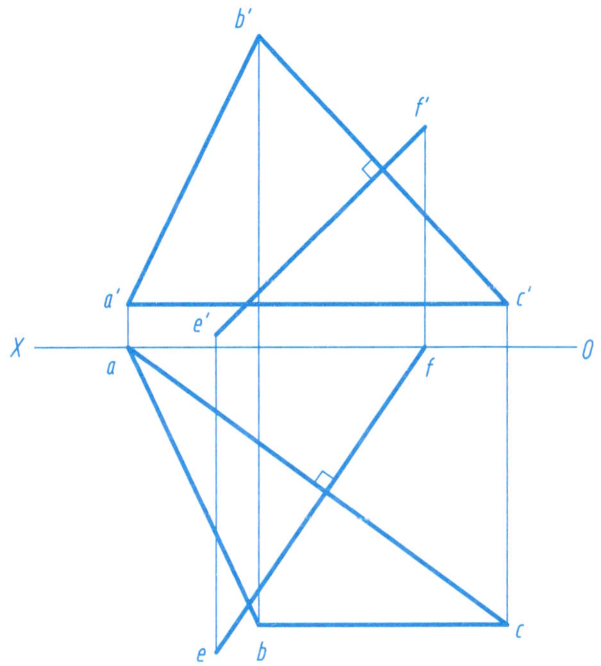

(2)

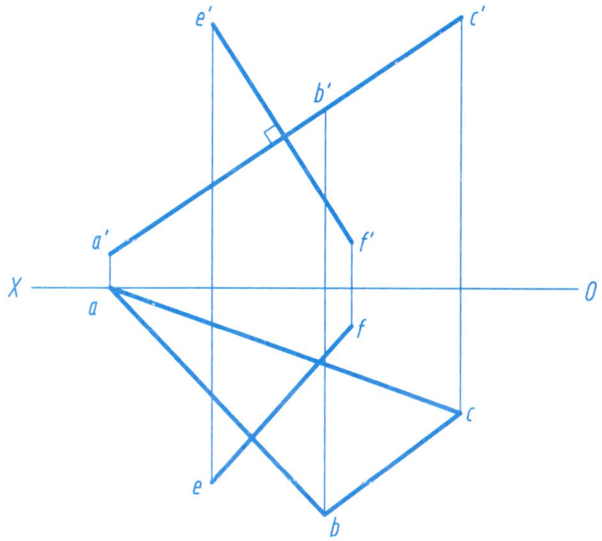

(3)

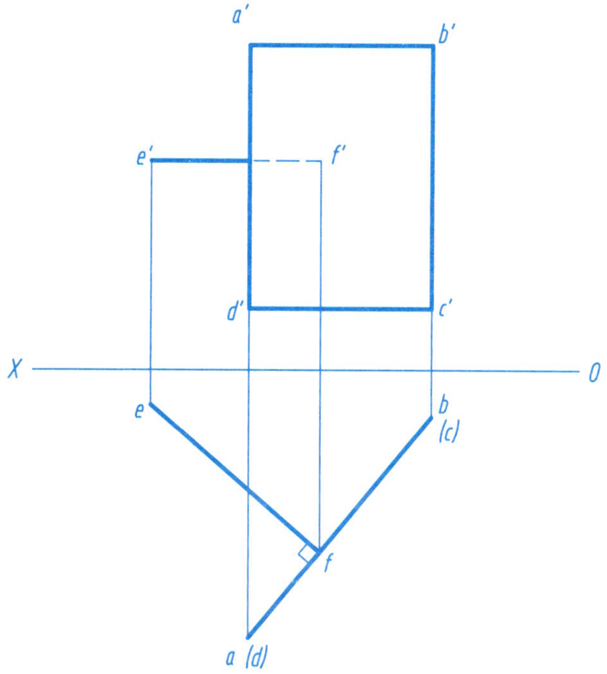

3-13　判别下列平面与平面是否垂直，将结论写在横线上。

(1)

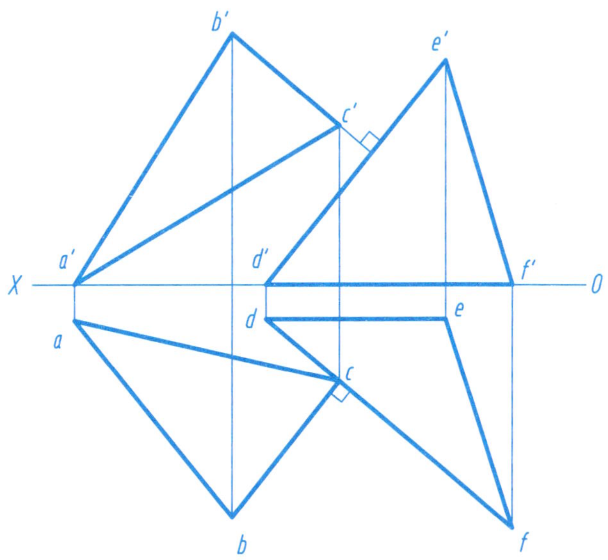

(2)

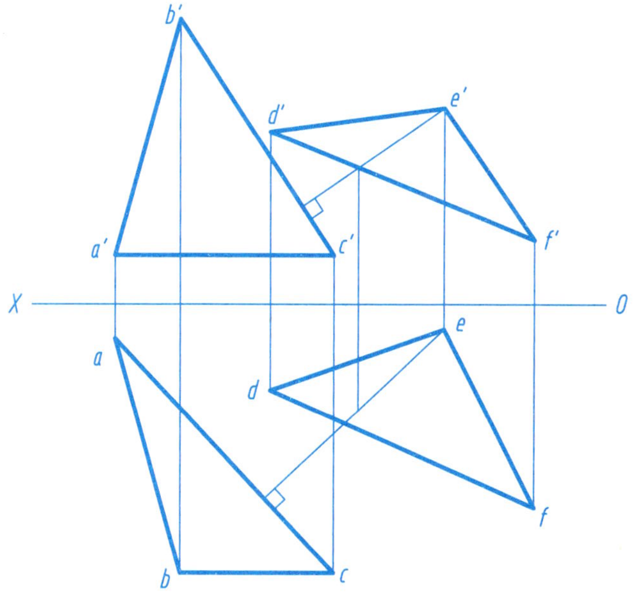

(3)

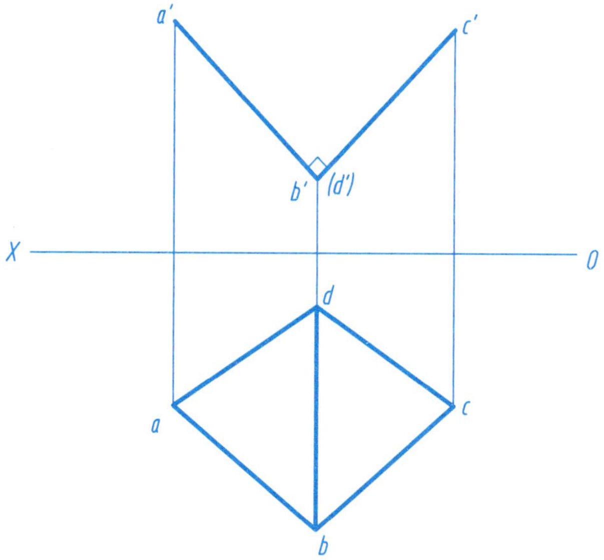

班级		学号		姓名		审核	

3-14　过点 M 做一直线 MN 平行于已知直线 EF，且与平面 ABC 相交。

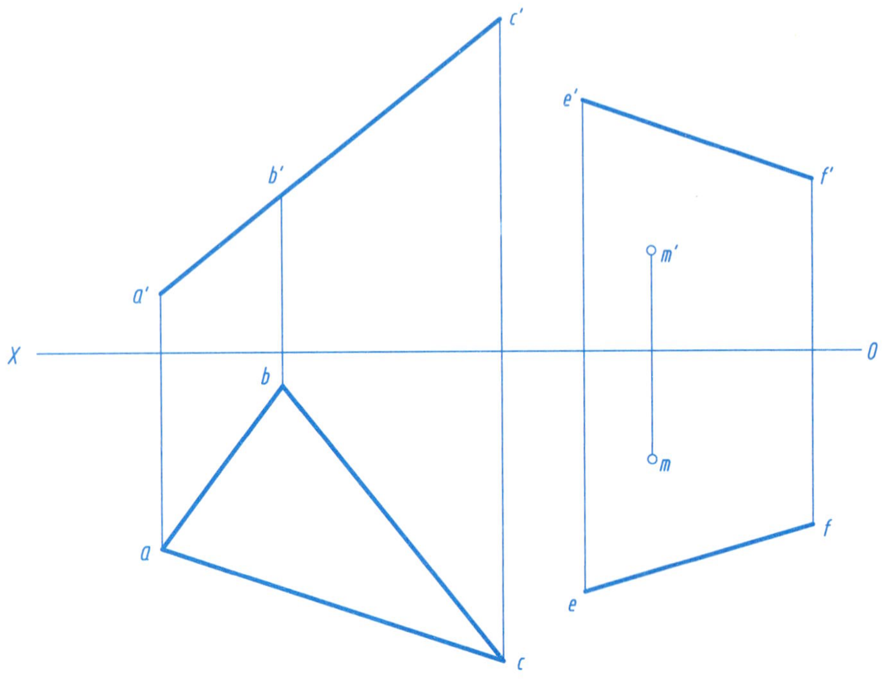

3-15　过点 M 作平面垂直于已知直线 AB。

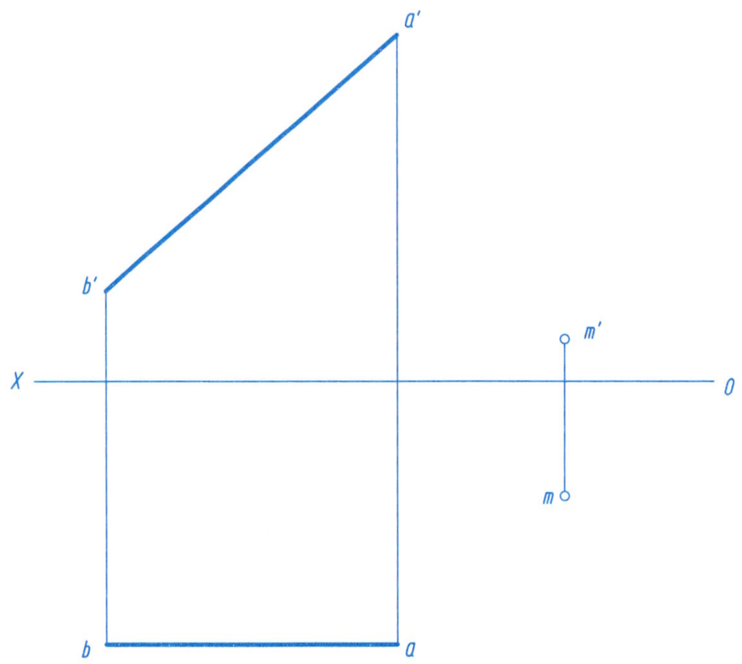

3-16　过点 M 作直线垂直于已知平面，并求垂足 K 的投影。

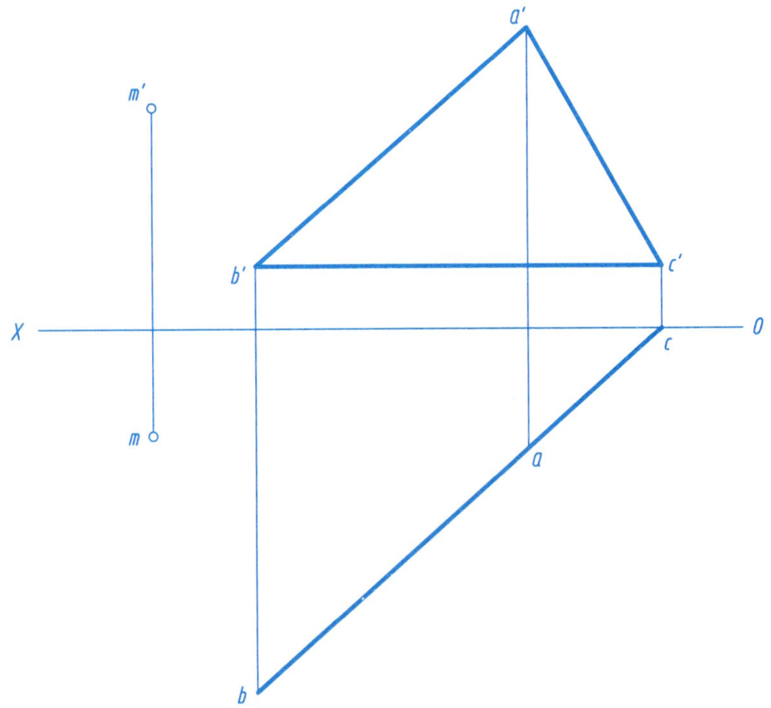

3-17　过点 M 作一平面与已知平面 ABC 和平面 P 均垂直。

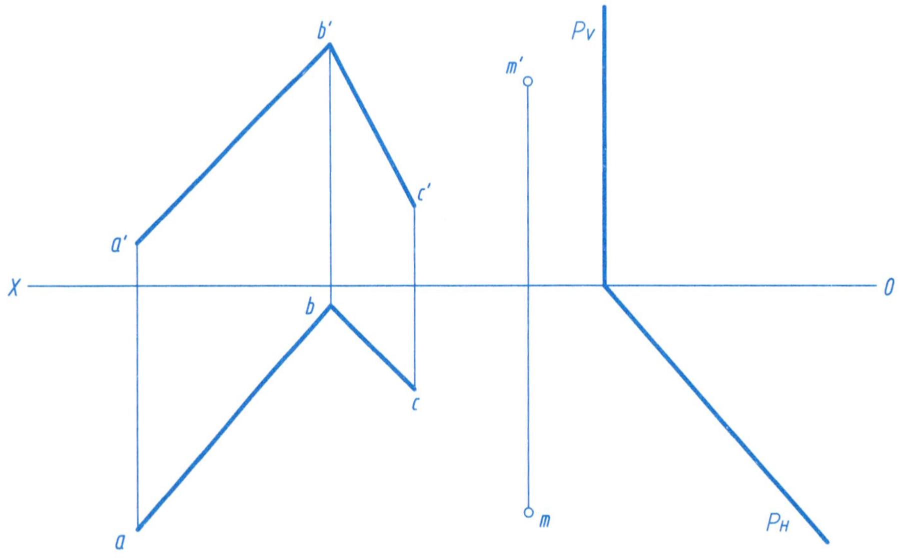

班 级		学 号		姓 名		审 核	

3-18 判断下列叙述是否正确(正确的在括号内打"√"、错误的打"×")。

(1)点的一个投影不能确定点的空间位置。 ( )

(2)点的正面投影是由点的 x、y 坐标确定的。 ( )

(3)点的水平投影到 OX 轴的距离反映点到 V 面的距离;点的水平投影到 OY 轴的距离反映点到 W 面的距离。 ( )

(4)若点 A 位于 H 面内,则 a 与 A 重合,a'、a''分别位于相应的投影轴上。 ( )

(5)若点 B 位于 OX 轴上,则 b、b'、B 重合,b''与坐标原点重合。 ( )

(6)若空间两点是对正面投影面的重影点,则 Y 坐标小的点可见。 ( )

(7)投影面平行线只平行于一个投影面,而投影面垂直线同时平行于两个投影面。 ( )

(8)一般位置直线的水平投影与 OX 轴的夹角反映直线与 V 面夹角的实际大小。 ( )

3-19 单项选择题(在每小题列出的四个备选项目中,只有一个是符合题目要求的正确答案。请将其代码填写在题后的括号内)。

(1)水平线的水平投影特征是: ( )

A. 平行于 OZ 轴　　B. 平行于 OX 轴　　C. 平行于 OY 轴　　D. 反映实长

(2)哪一组投影是交叉二直线的正确投影? ( )

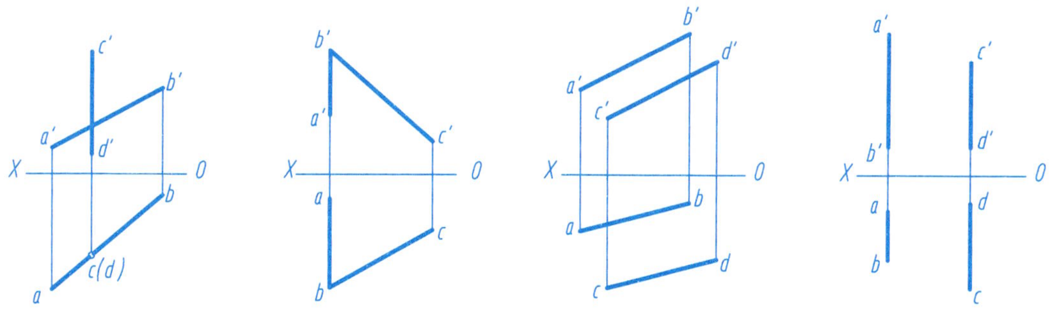

A　　B　　C　　D

3-20 判断下列叙述是否正确(正确的在括号内打"√"、错误的打"×")。

(1)投影面平行面垂直于两个投影面,而投影面垂直面只垂直于一个投影面。 ( )

(2)若平面的水平投影积聚成直线,该平面一定是铅垂面。 ( )

(3)已知平面的两个投影,且形状类似,则该平面一定是一般位置平面。 ( )

(4)已知平面的两个投影,且其中一个投影积聚成直线,则该平面一定是投影面垂直面。 ( )

(5)已知平面的两个投影,且都积聚成直线,则该平面一定是投影面平行面。 ( )

(6)直线与平面的交点既在直线上,又在平面内。 ( )

(7)垂直于同一个投影面的两平面的交线,必定垂直于该投影面。 ( )

班级 　　学号 　　姓名 　　审核

4-1　根据所给投影轴，求作点 A 在 V_1、H_2 面中的投影。

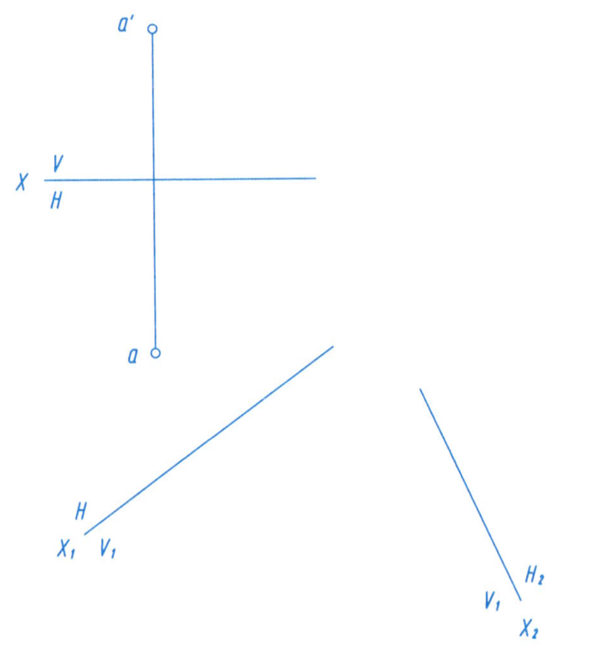

4-2　用换面法求作直线 AB 的实长及其对 H 面的倾角 α 。

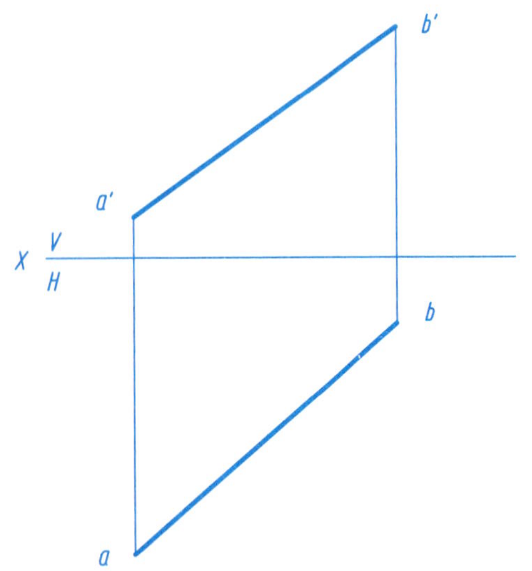

4-3　已知直线 AB 对 V 面的倾角 $\beta=30°$，点 B 在点 A 的后方，用换面法求作其水平投影。

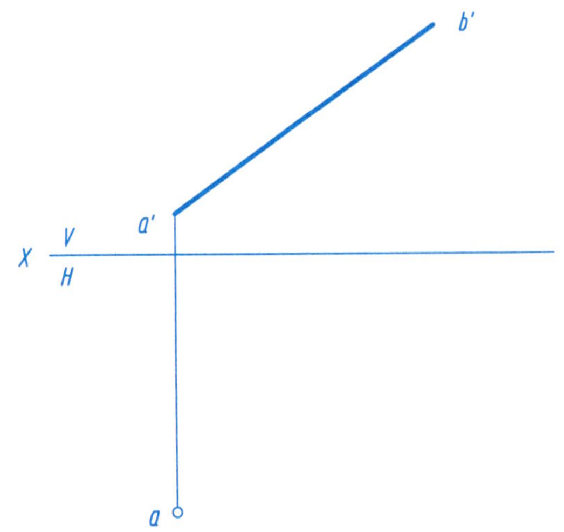

4-4　已知直线 AB 垂直 BC，用换面法求作 BC 的水平投影。

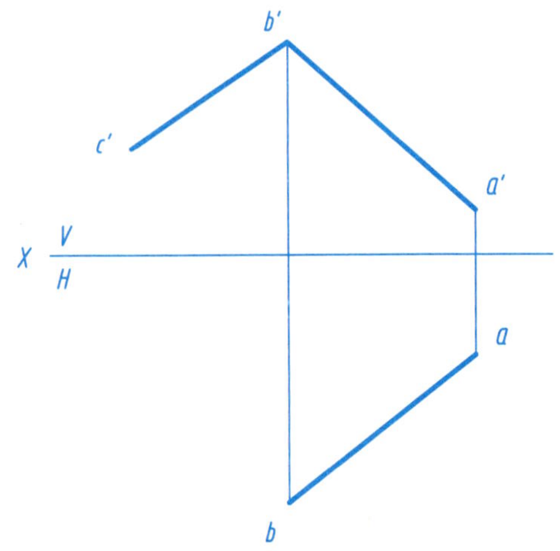

班级		学号		姓名		审核	

4-5 用换面法求平面 ABC 对 V 面的倾角 β。

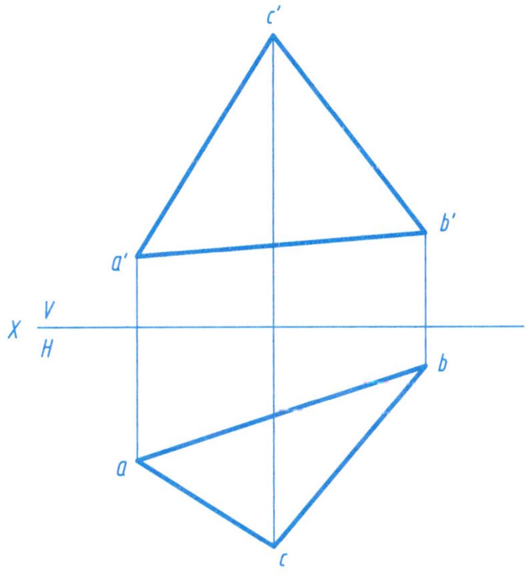

4-6 水平线 AB 是正方形 $ABCD$ 的边，点 C 在 B 的右下方，正方形对 H 面的倾角 $\alpha=45°$，用换面法求作正方形的两面投影。

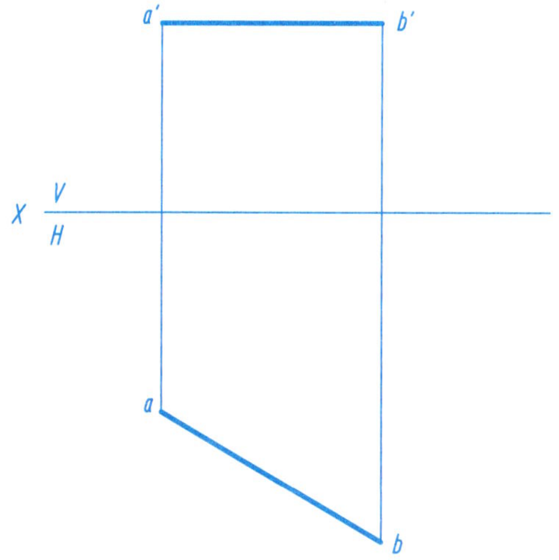

4-7 用换面法求三角形 ABC 的实形。

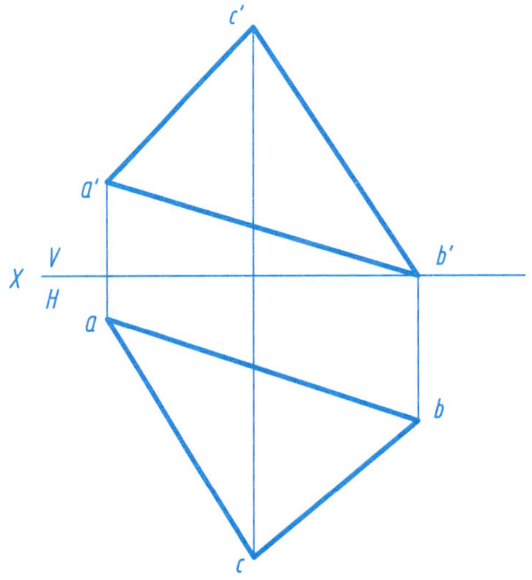

4-8 用换面法过点 C 作一直线 CK 与 AB 交于点 K，使 $\angle CKA=60°$。

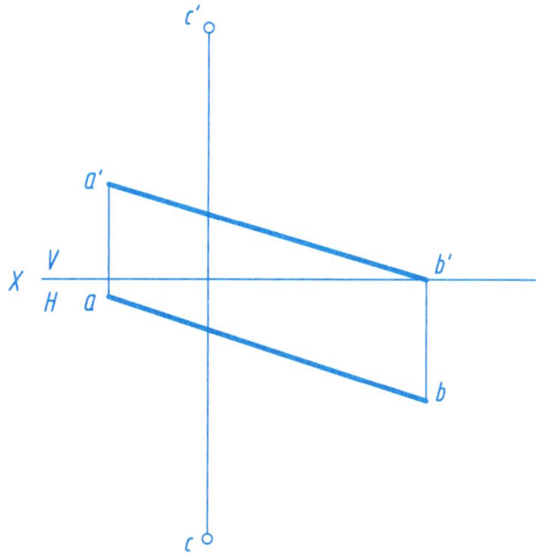

班 级		学 号		姓 名		审 核	

4-9 用换面法在直线 EF 上找一点 K，使其与平面 ABC 的距离为 20。

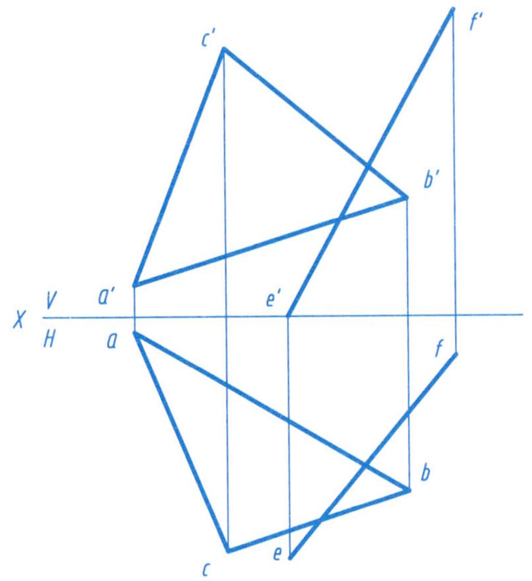

4-10 用换面法过点 K 作一直线 KL 平行于平面 ABC，并与直线 EF 交于点 L。

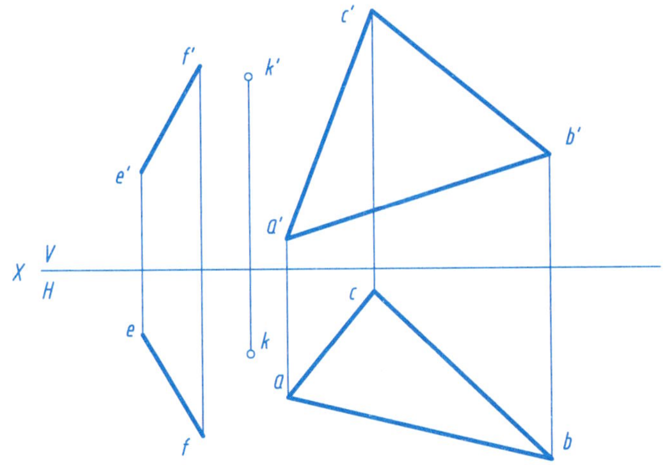

4-11 用换面法求作交叉两直线 AB 与 CD 间的公垂线 MN 的投影及实长。

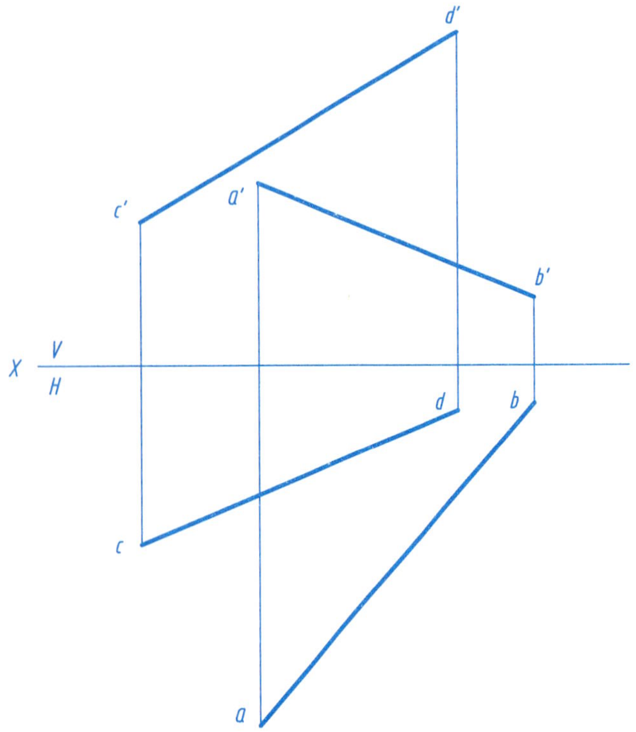

第 4 章　投影变换	班级		学号		姓名		审核	

5-1　已知圆在铅垂面 P 内，O 为圆心，k' 为圆周上一点的正面投影，求该圆的两面投影。

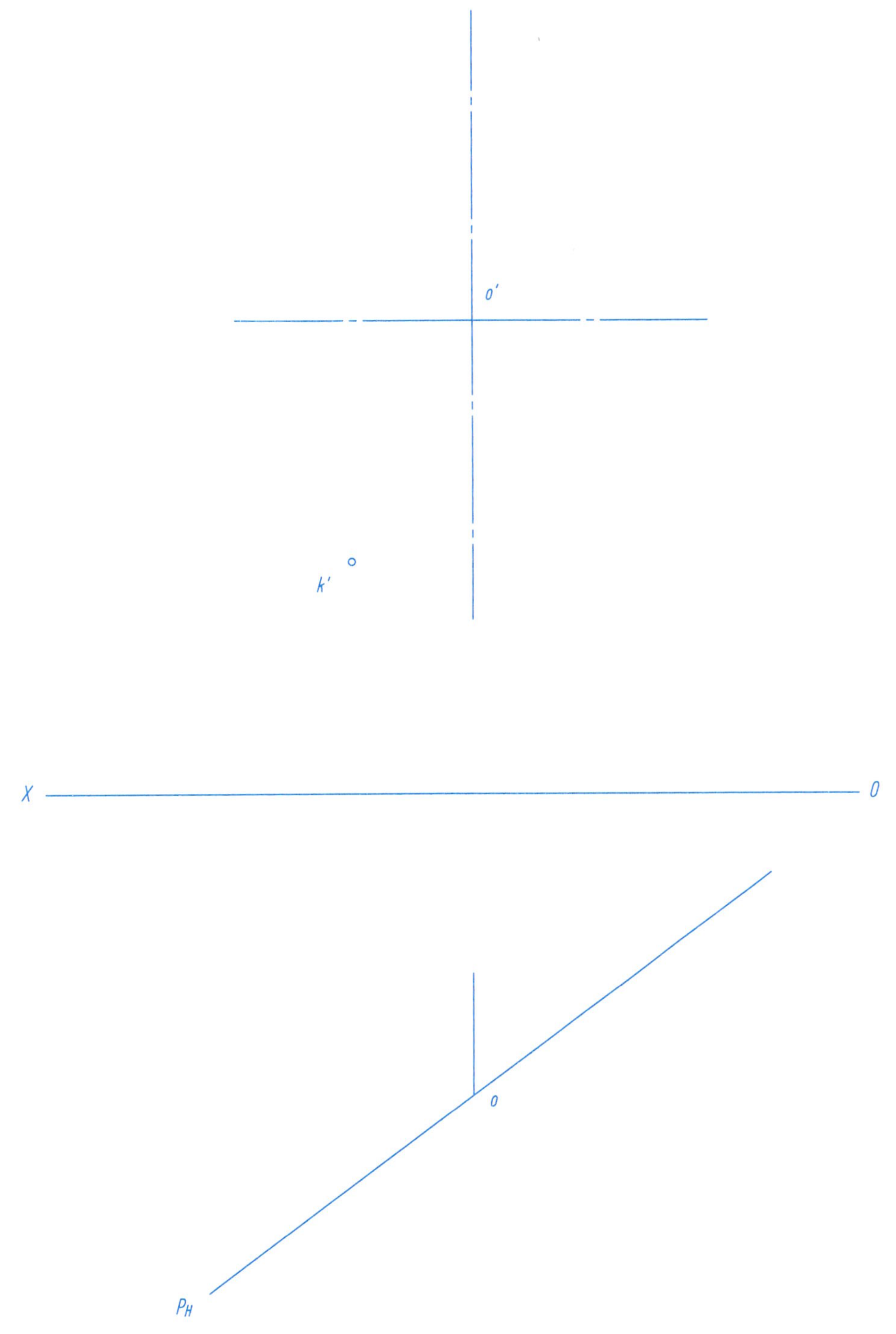

5-2　求作圆柱面上动点 A 运动时，所形成的导程为 72 的右旋螺旋线。

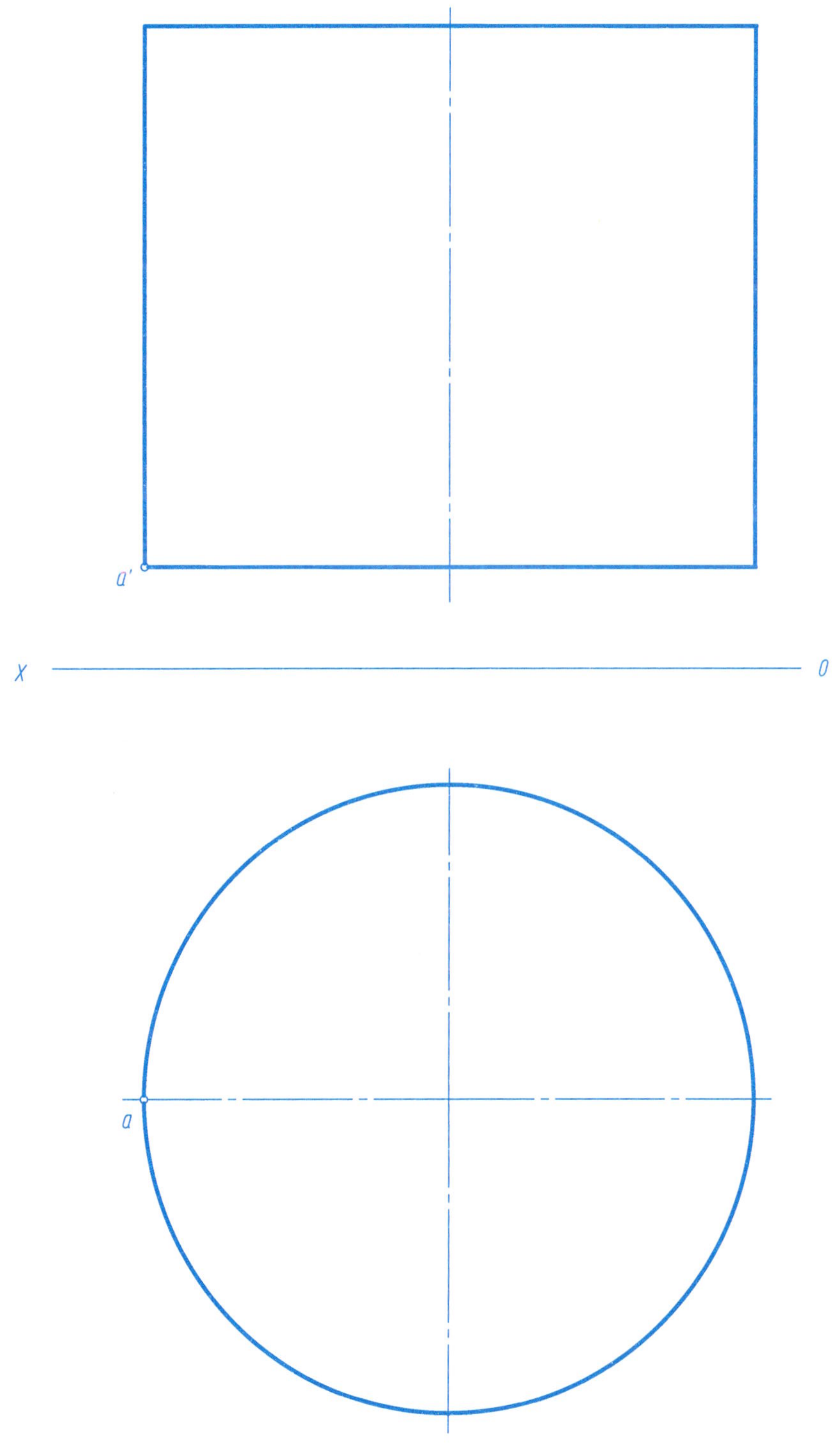

第5章　曲线	班级		学号		姓名		审核	

6-1 作出三棱锥的侧面投影及其表面上点 A、B 的其余二投影。

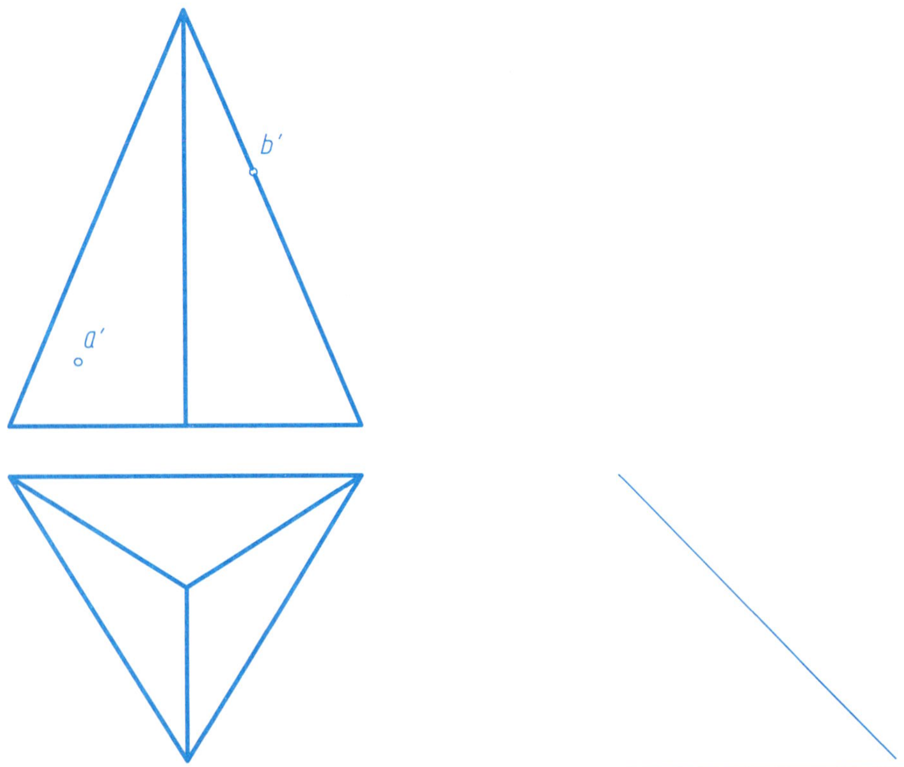

6-2 作出五棱柱的侧面投影及其表面上点 A、B 的其余二投影。

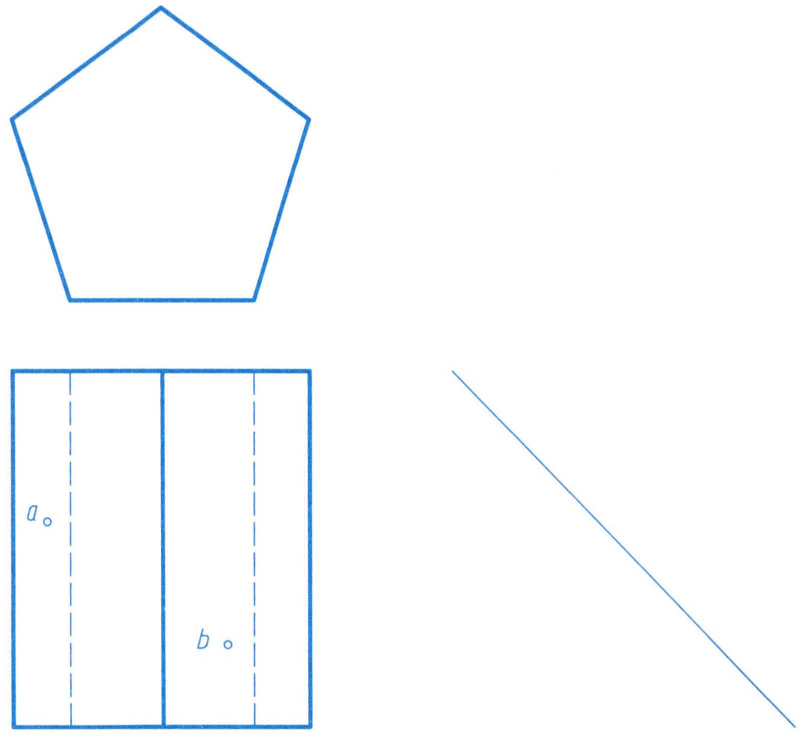

6-3 作出三棱柱的侧面投影及其表面上点 A、B 的其余二投影。

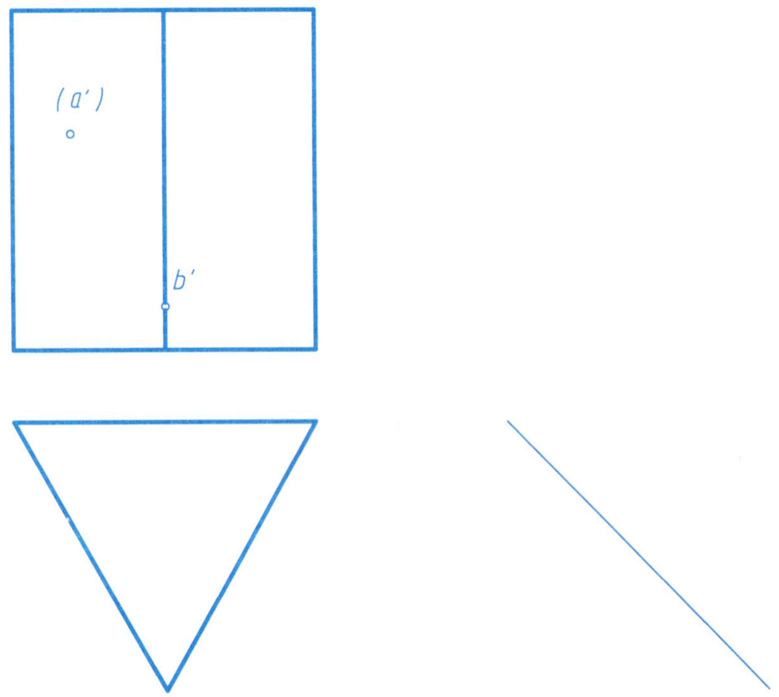

6-4 作出四棱锥台的侧面投影及其表面上点 A、B、C 的其余二投影。

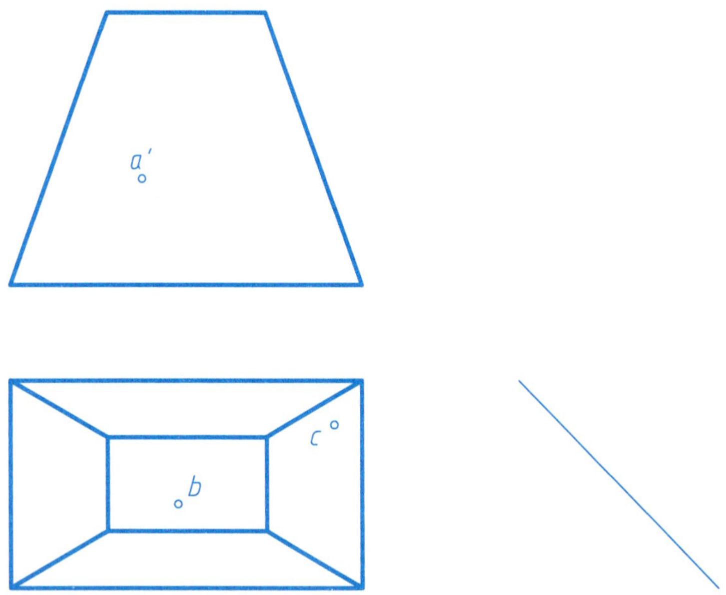

第6章 立体	班级		学号		姓名		审核	

6-5 完成切口三棱柱的水平投影并求作侧面投影。

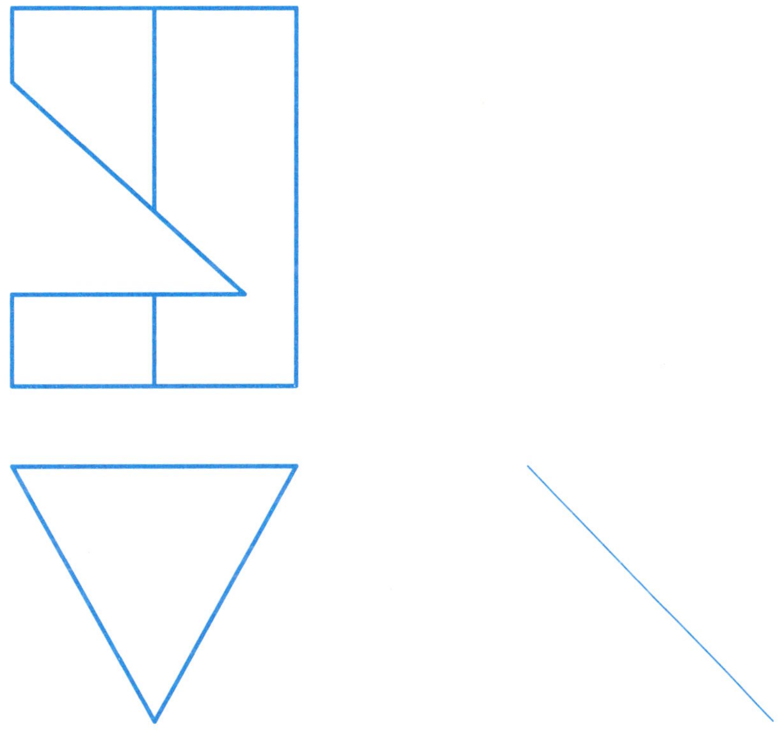

6-6 完成缺口三棱锥的水平投影并求作侧面投影。

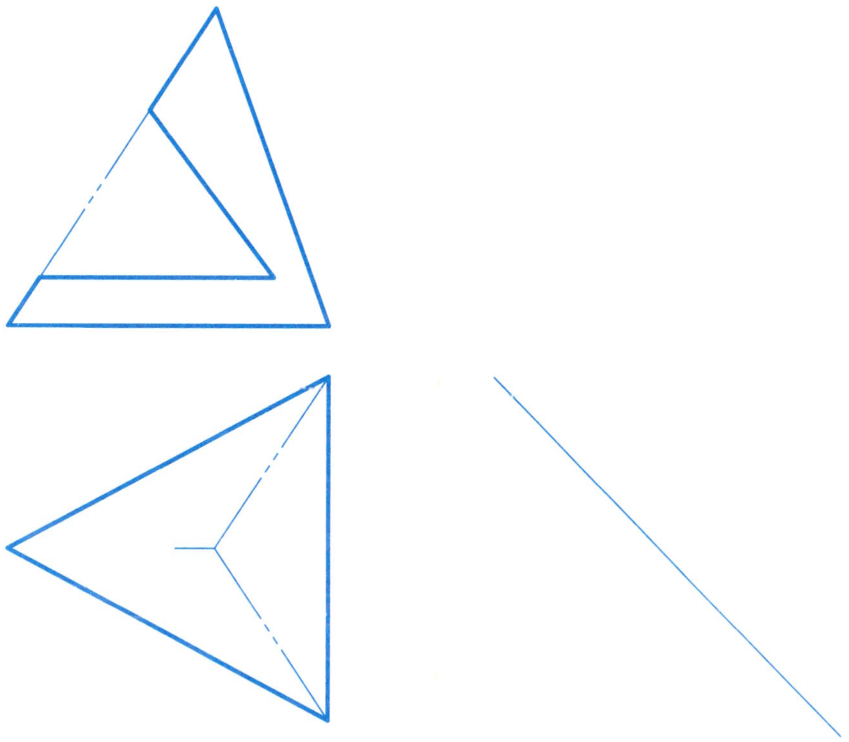

6-7 完成带缺口四棱柱水平投影并求作侧面投影。

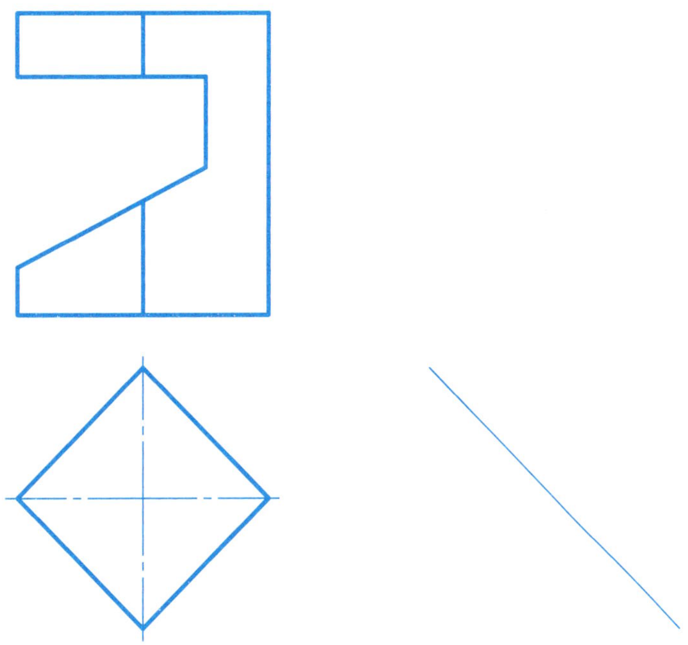

6-8 完成缺口四棱台的侧面投影并求作水平投影。

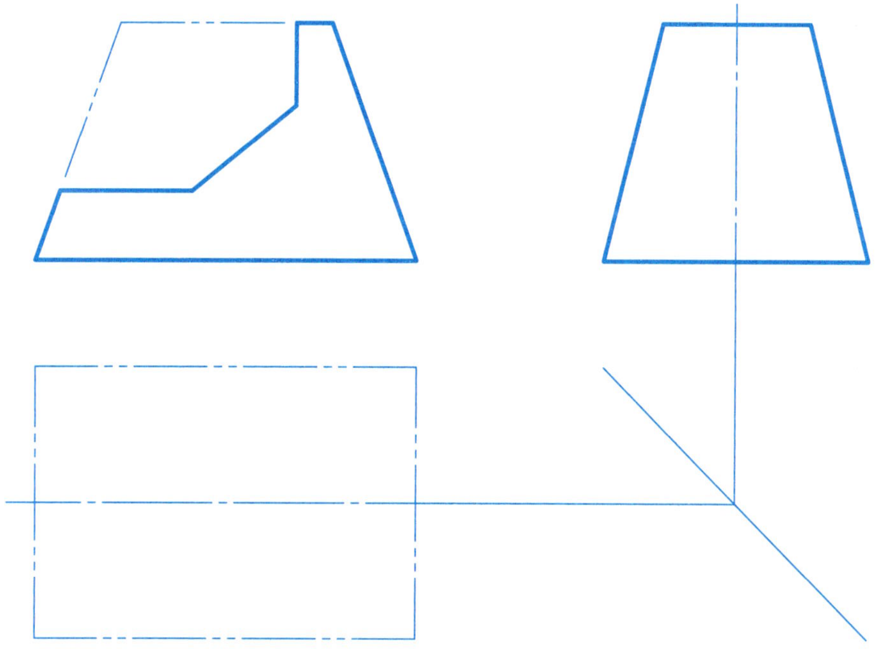

班级		学号		姓名		审核	

6-9 作出圆柱体的侧面投影及其表面上 A、B 两点的其余投影。

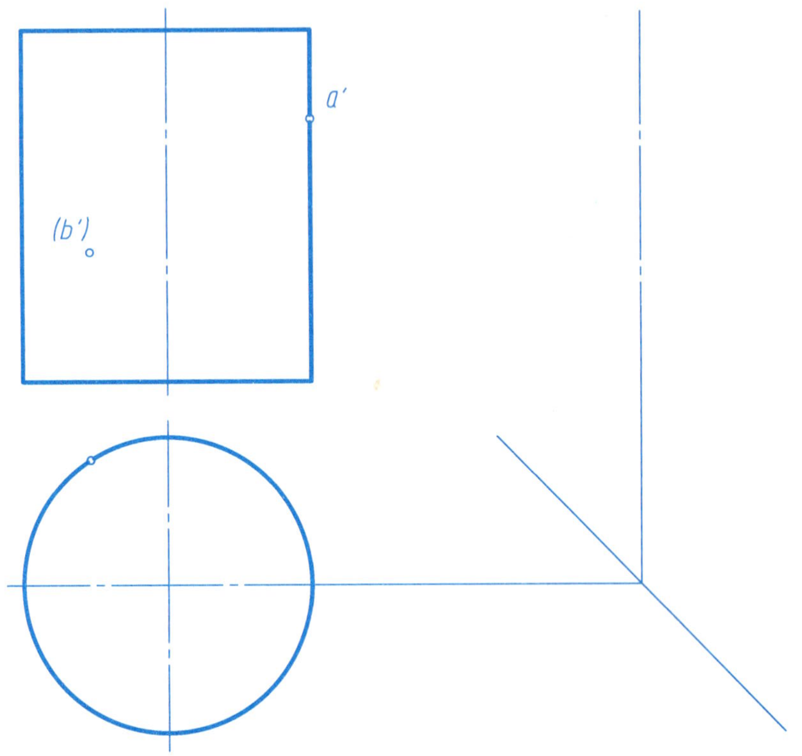

6-10 作出圆锥体的侧面投影及其表面上 A、B 两点的其余投影。

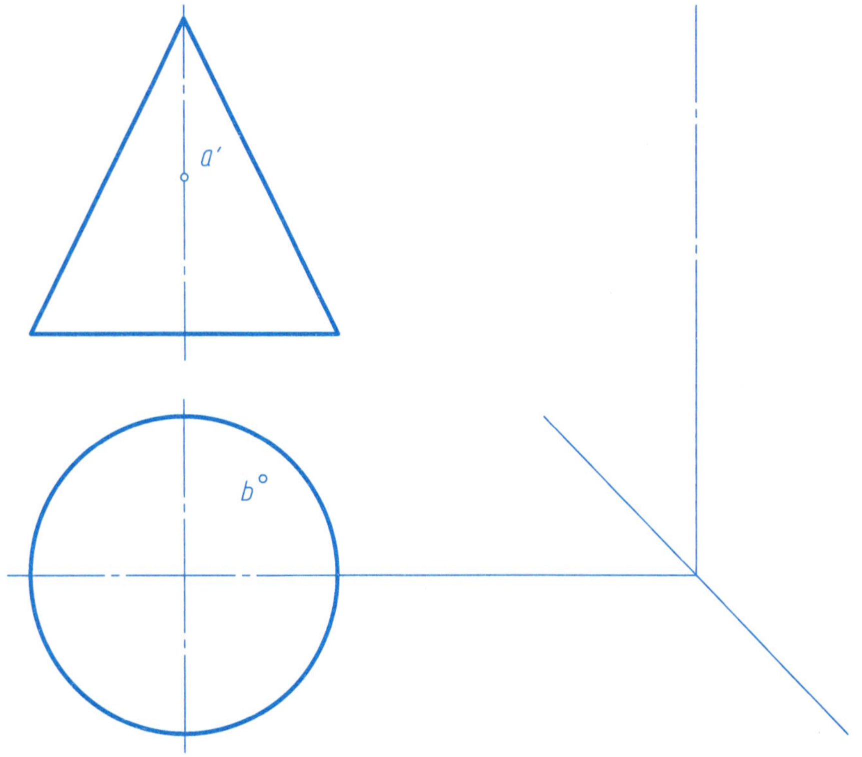

6-11 作出圆球体表面上 A、B 两点的其余投影。

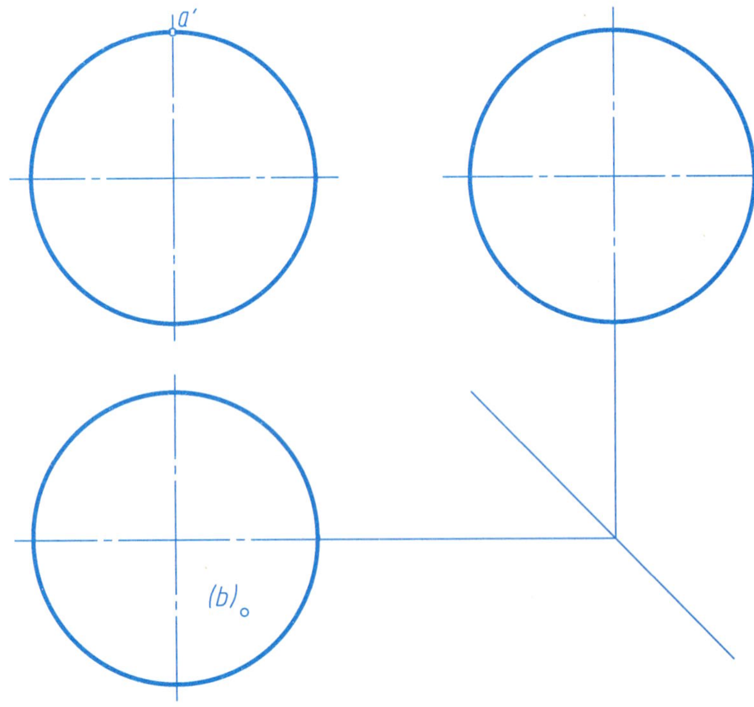

6-12 作出圆环体表面上 A、B 两点的其余投影。

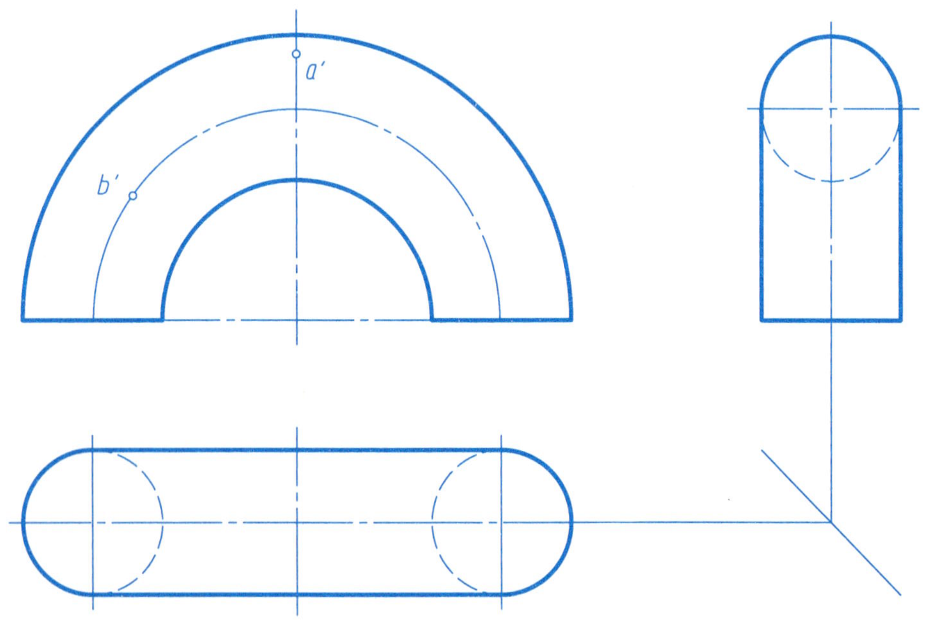

班级		学号		姓名		审核	

6-13 完成缺口圆柱的水平投影并求作侧面投影。

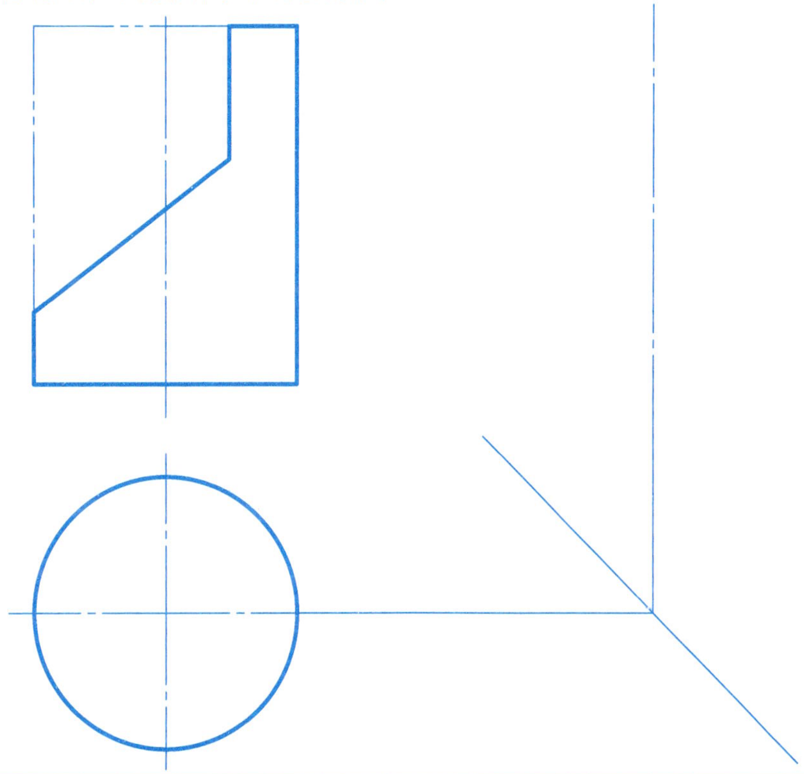

6-14 完成圆柱被切割后的侧面投影。

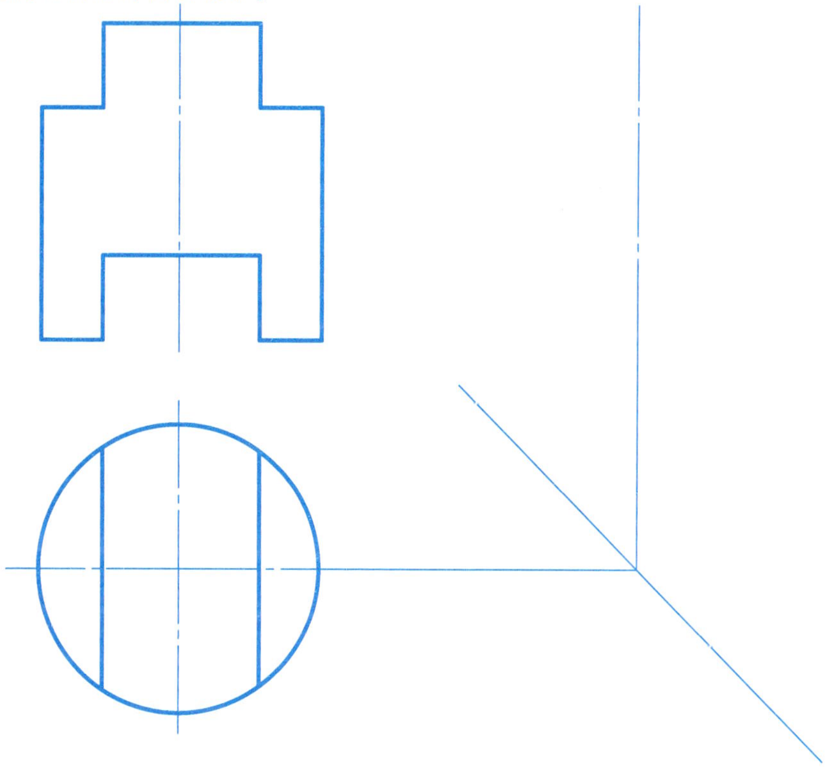

6-15 完成缺口圆柱的侧面投影并求作水平投影。

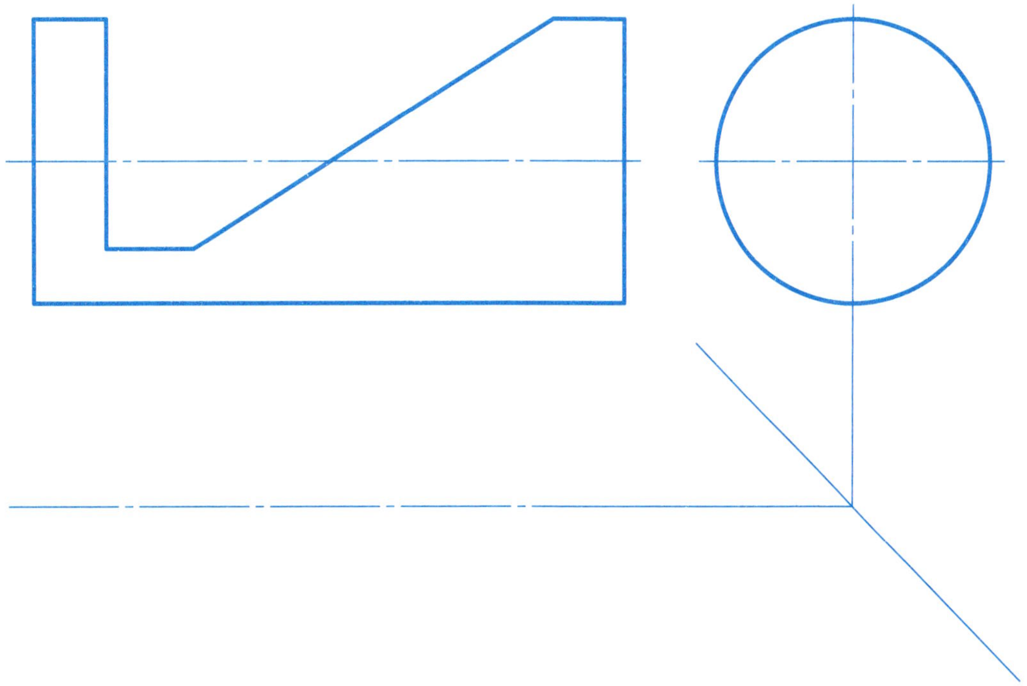

6-16 完成穿孔圆柱的水平投影并求作侧面投影。

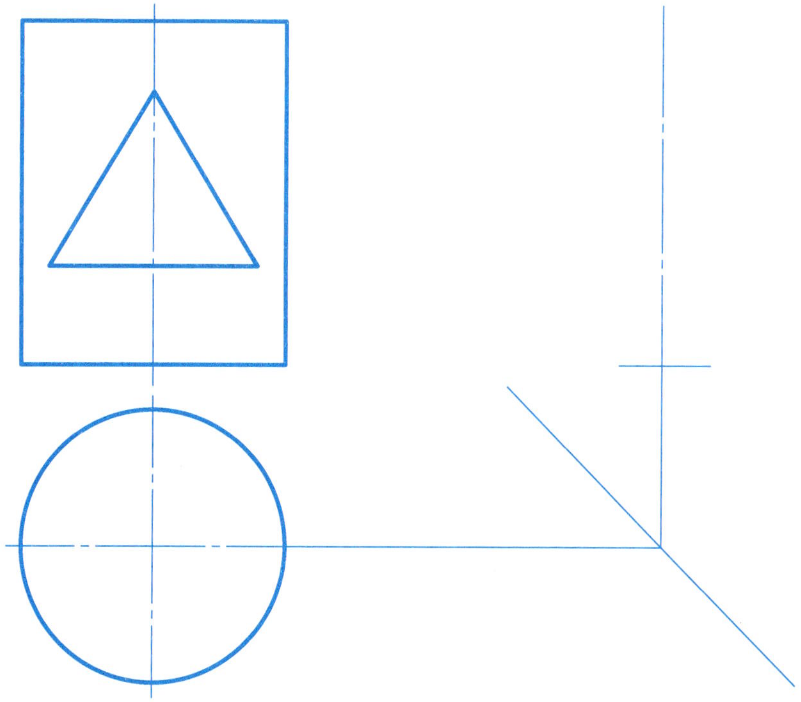

班级		学号		姓名		审核	

6-17　完成带缺口圆锥的水平投影，求作其侧面投影。

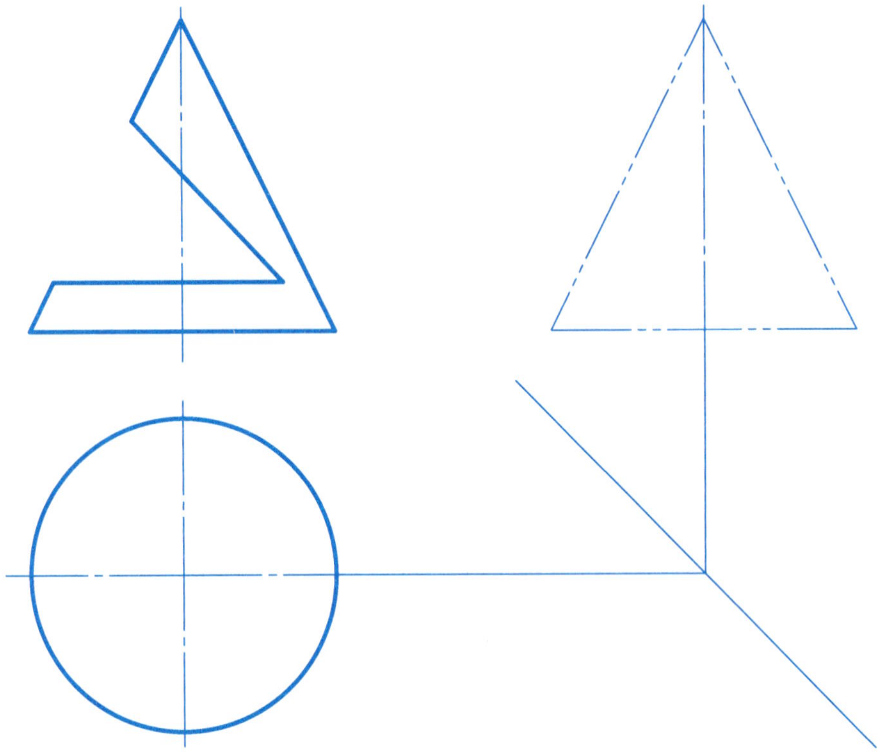

6-18　完成带缺口圆锥的水平投影，求作其侧面投影。

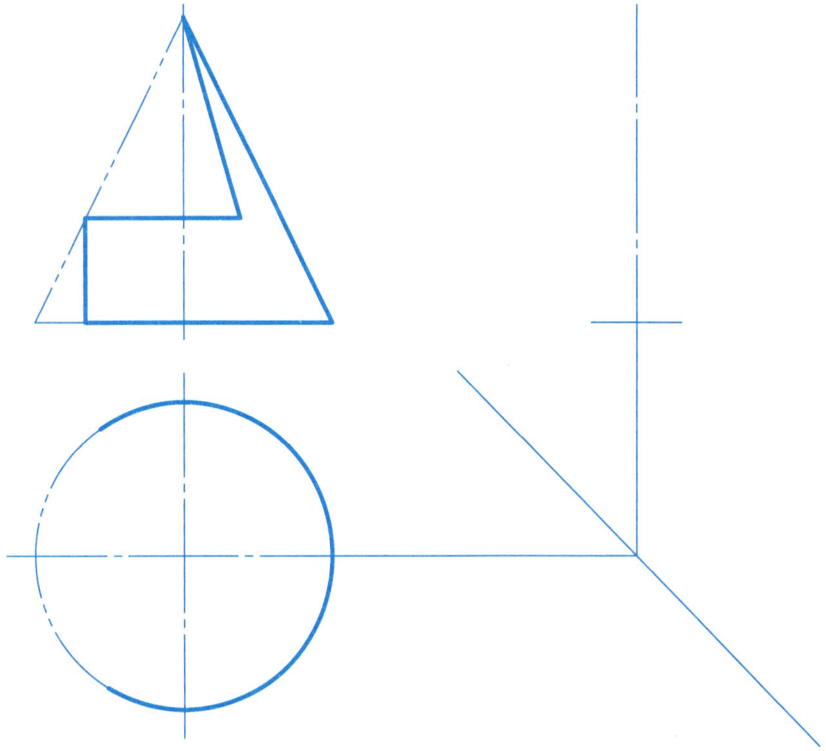

6-19　求作缺口半圆球的水平投影及其侧面投影。

6-20　求作缺口半圆球的水平投影及其侧面投影。

班级		学号		姓名		审核	

7-1 完成三棱柱与三棱锥相贯体的正面投影。

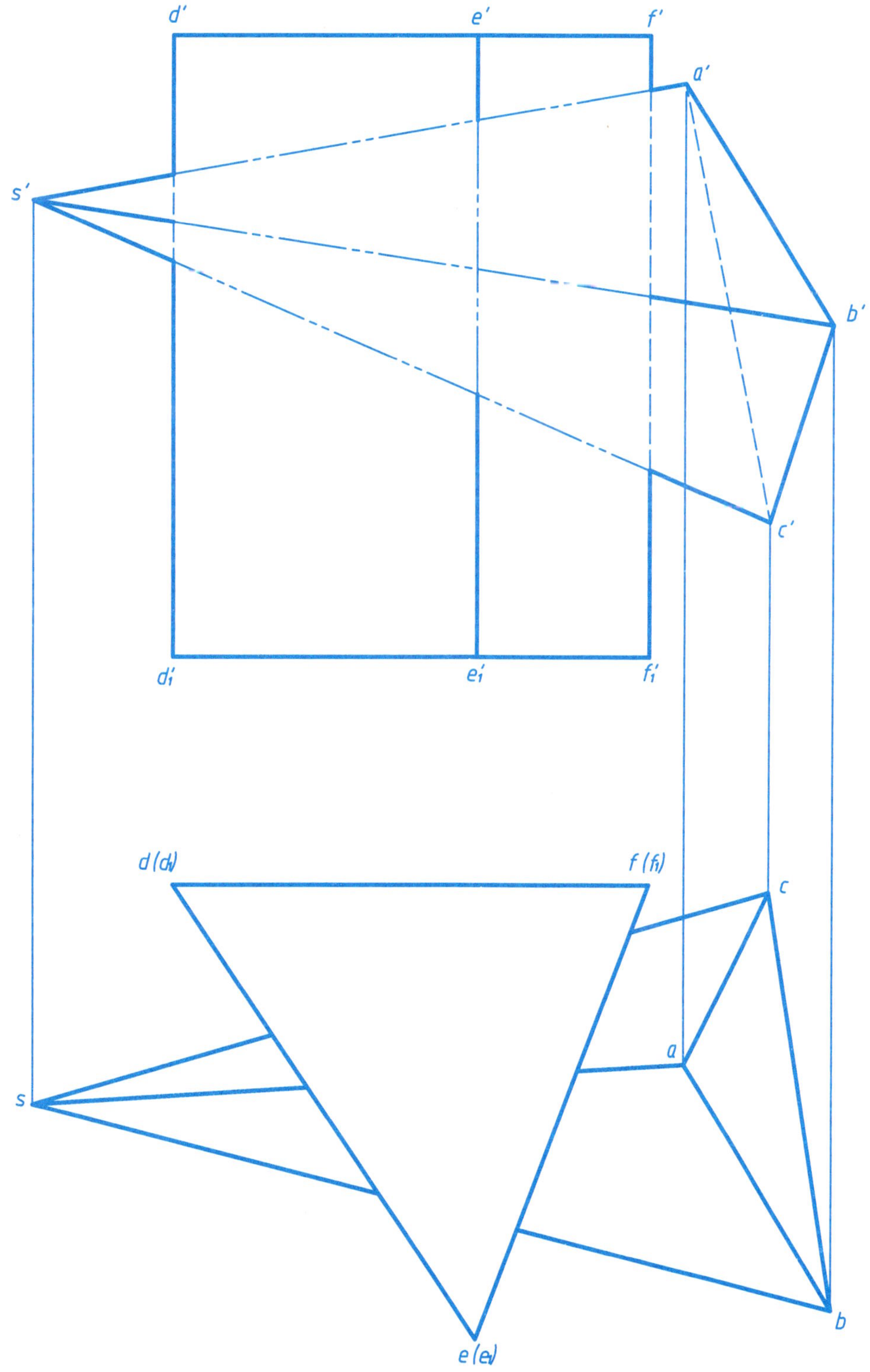

7-2 完成两三棱柱相贯体的正面投影。

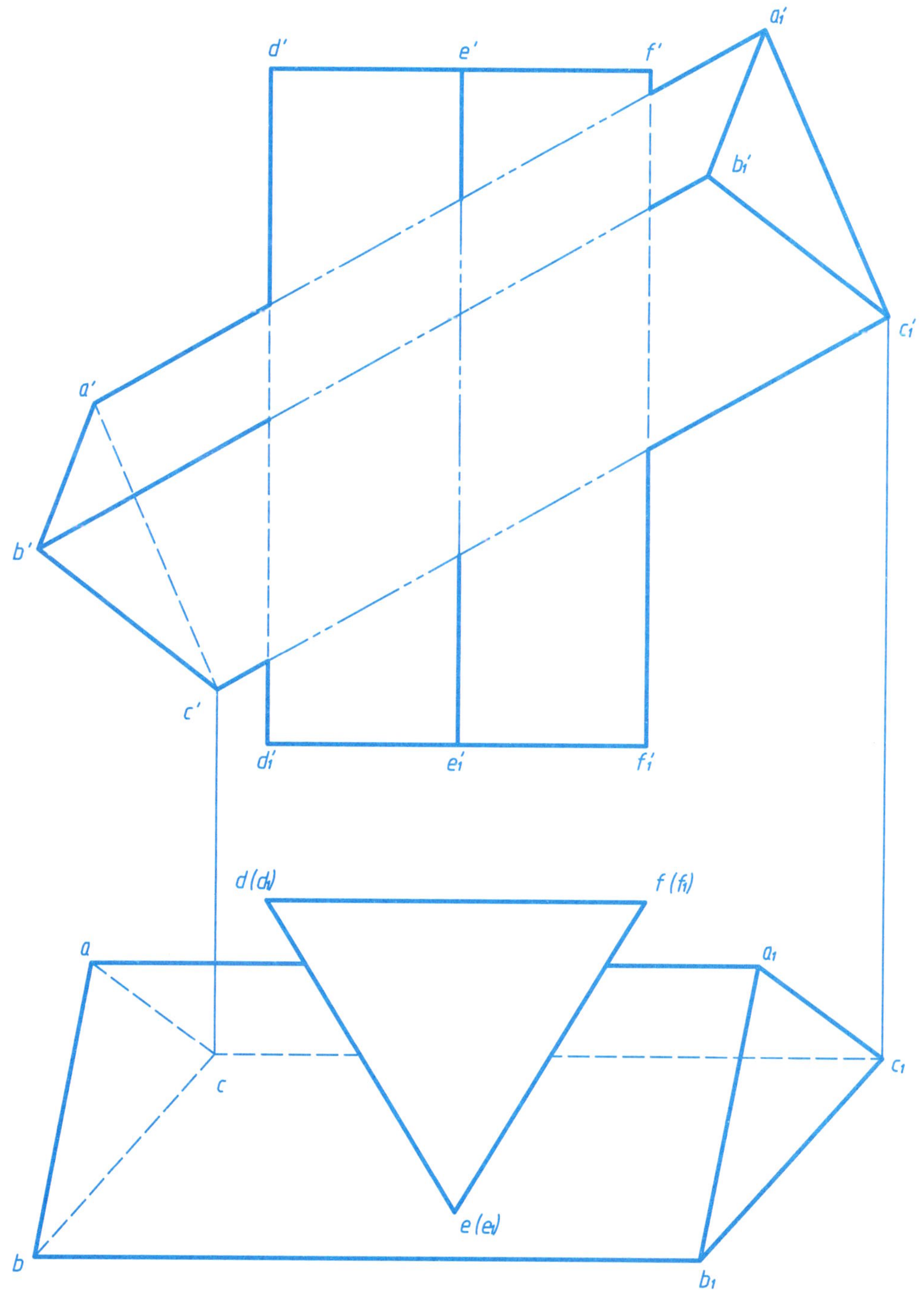

班级 学号 姓名 审核

7-3 完成四棱柱与半圆球相贯体的正面投影和侧面投影。

7-4 完成四棱锥与圆柱相贯体的正面投影和侧面投影。

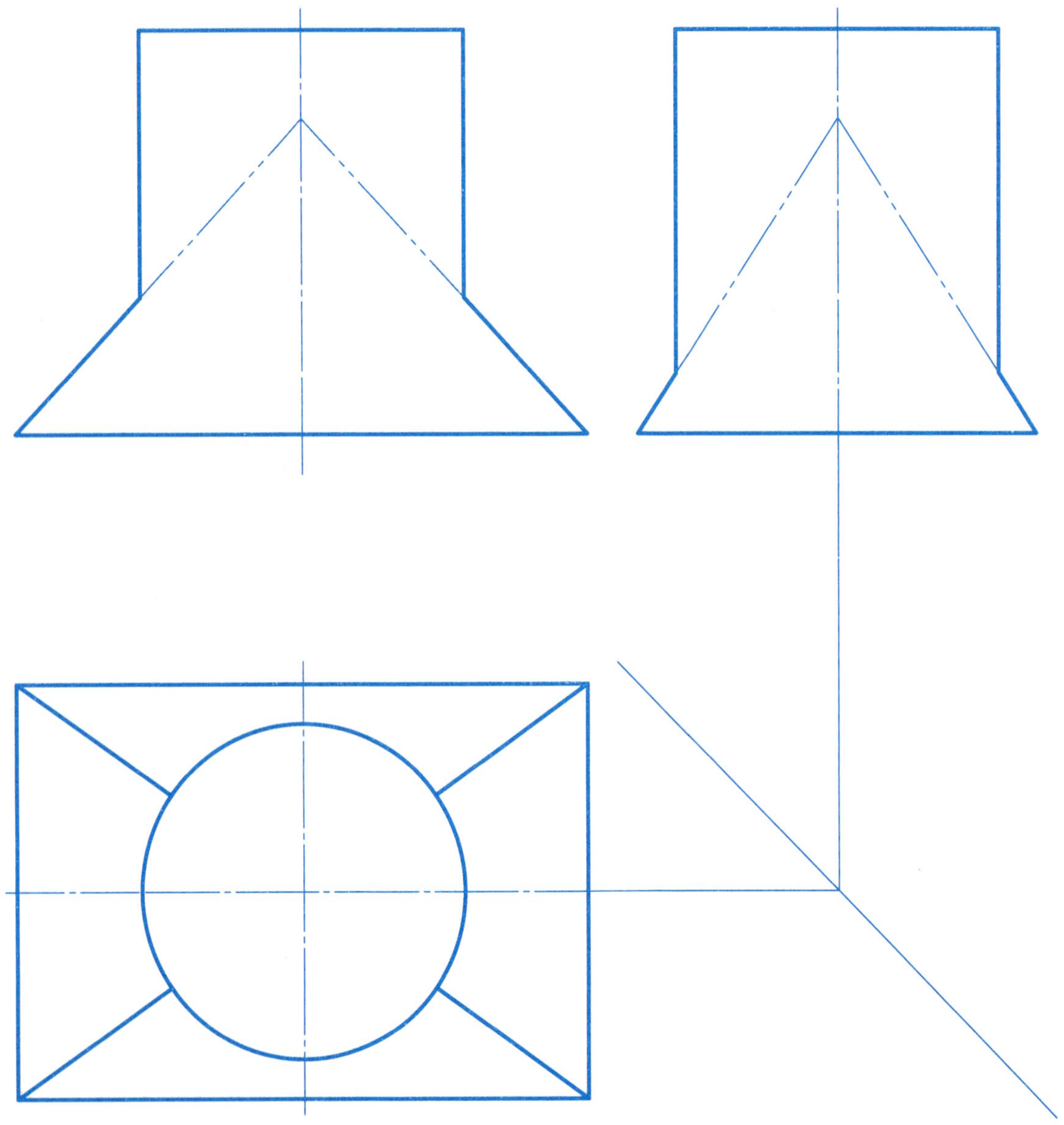

班级		学号		姓名		审核	

7-5 完成三棱柱与半圆球相贯体的正面投影和侧面投影。

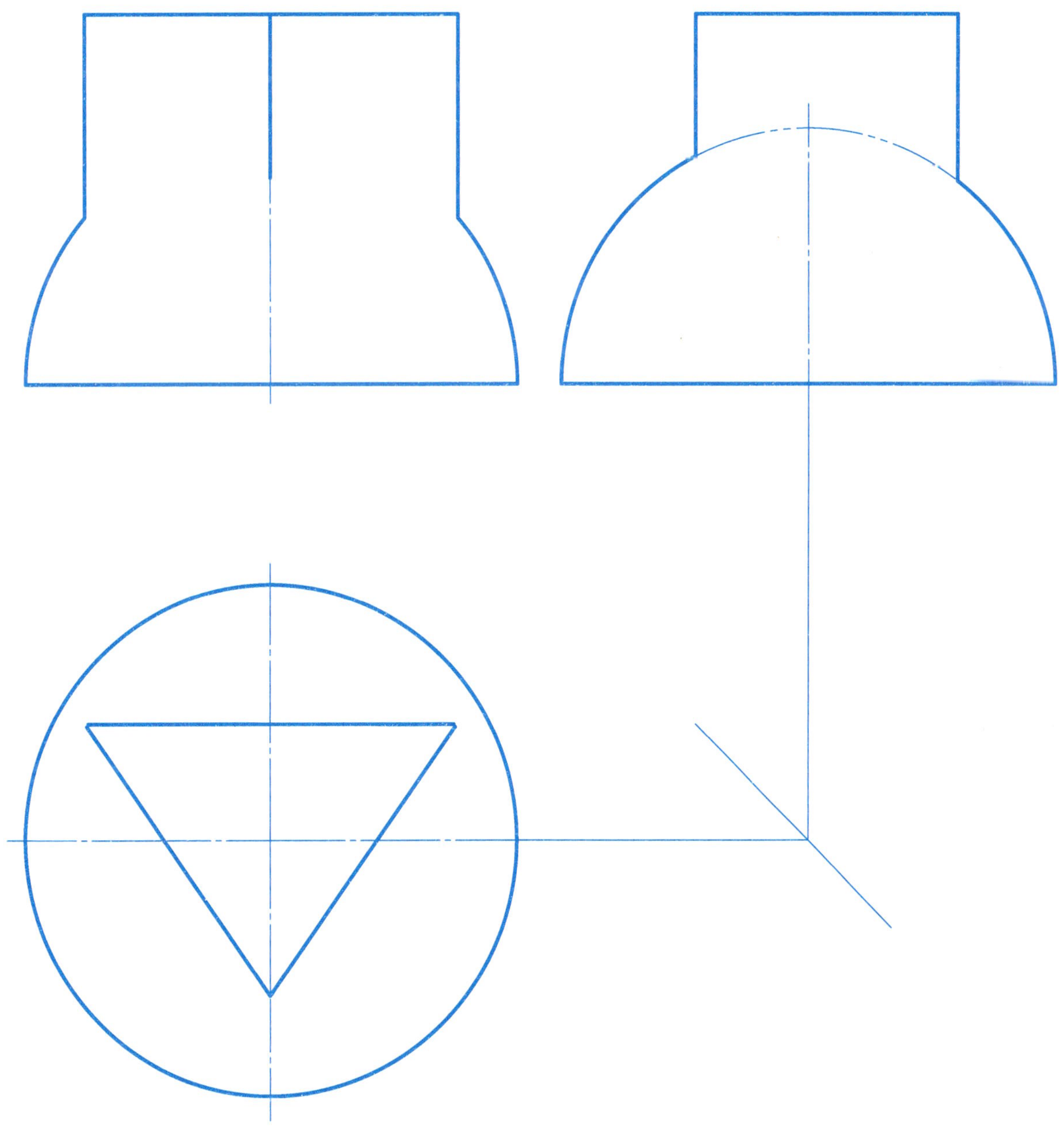

7-6 完成三棱柱与圆锥相贯体的正面投影和水平投影。

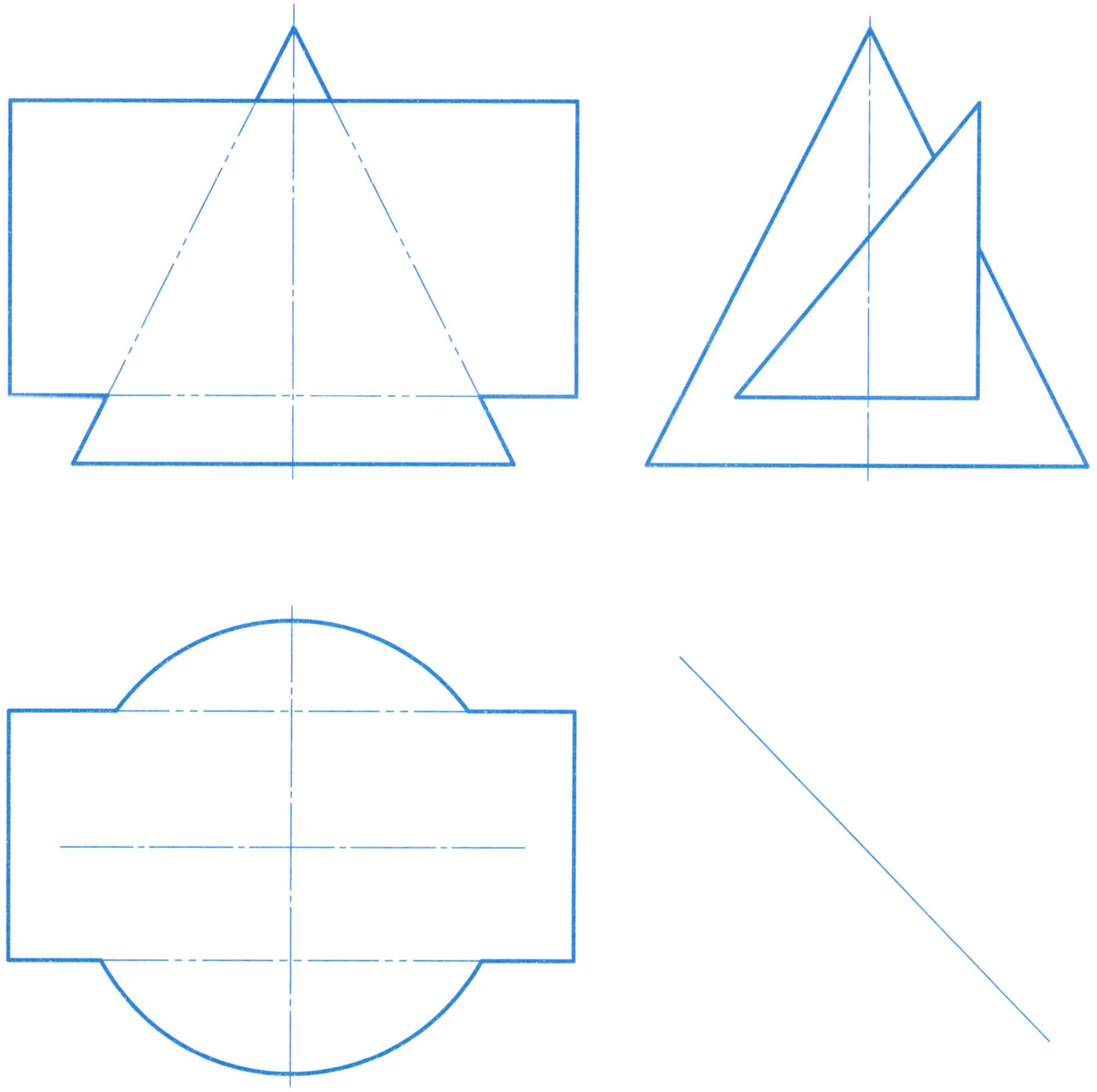

班级		学号		姓名		审核	

7-7　完成两圆柱相贯体的正面投影。

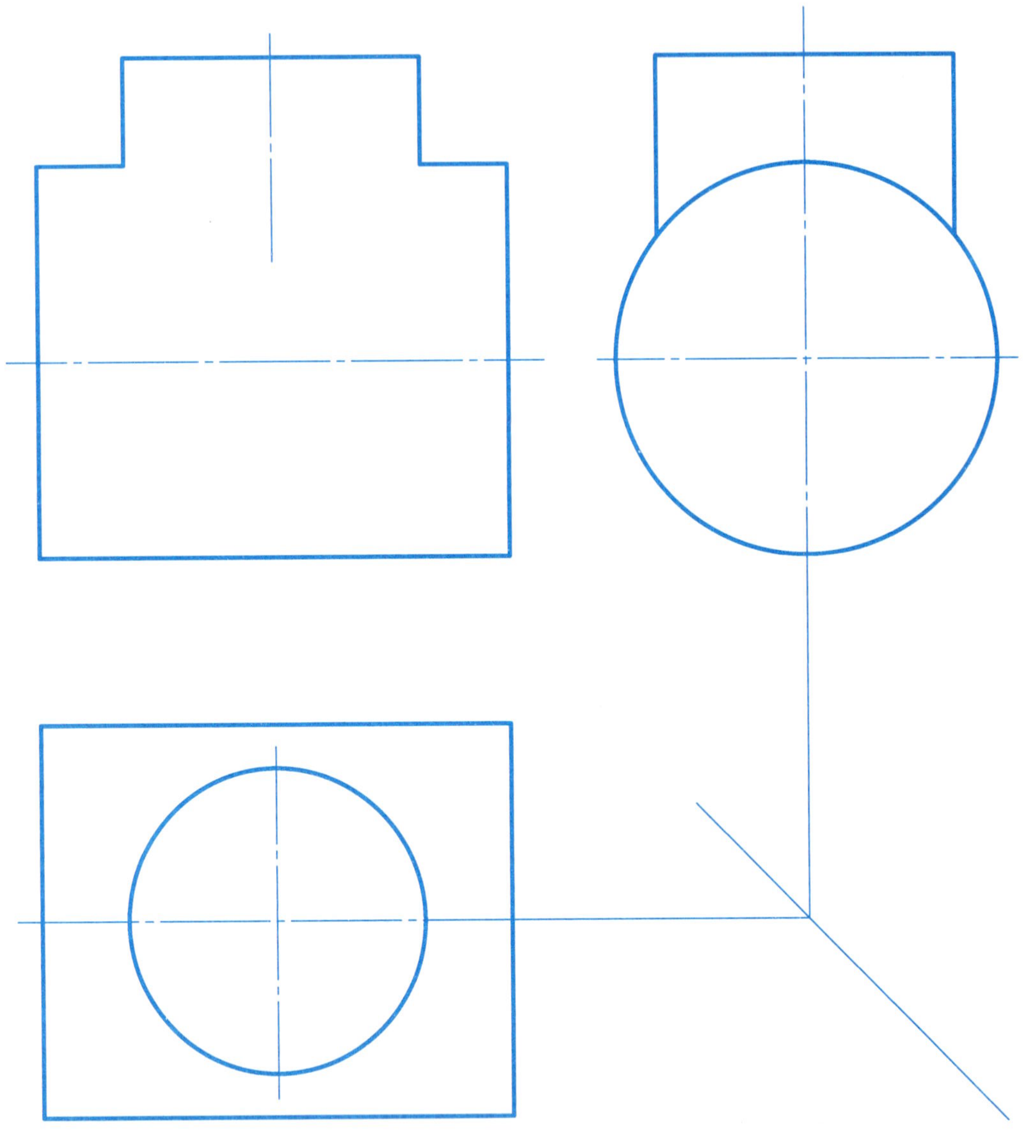

7-8　完成两空心圆柱相贯体的正面投影。

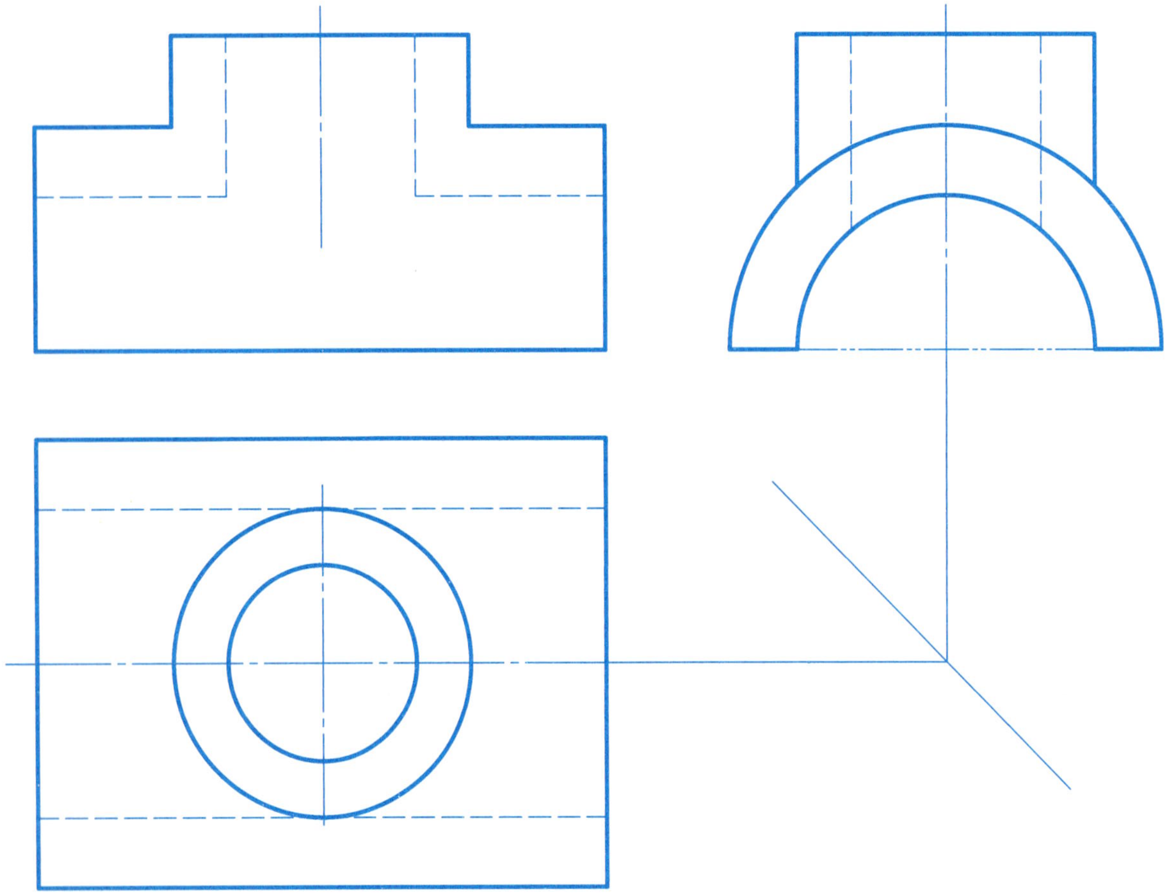

班级　　学号　　姓名　　审核

7-9　完成圆锥与圆柱相贯体的正面投影。

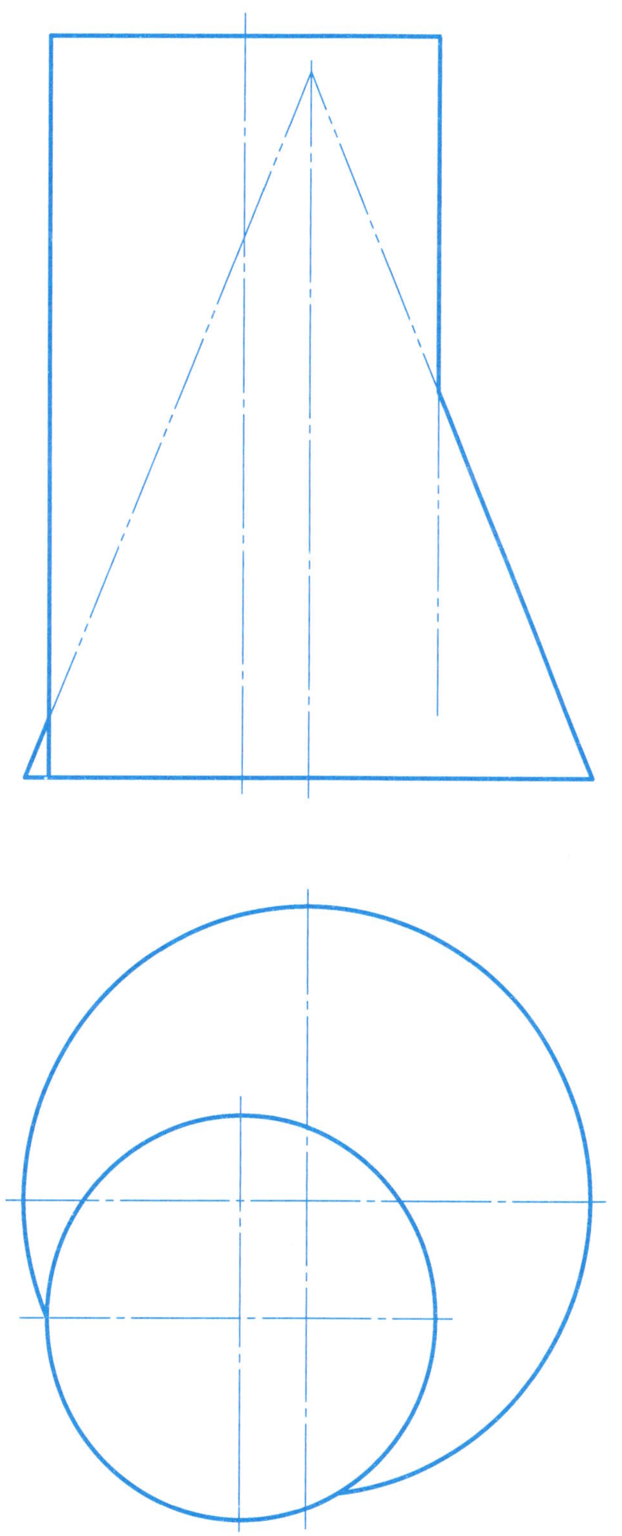

7-10　完成圆锥体被圆柱切割后的水平投影。

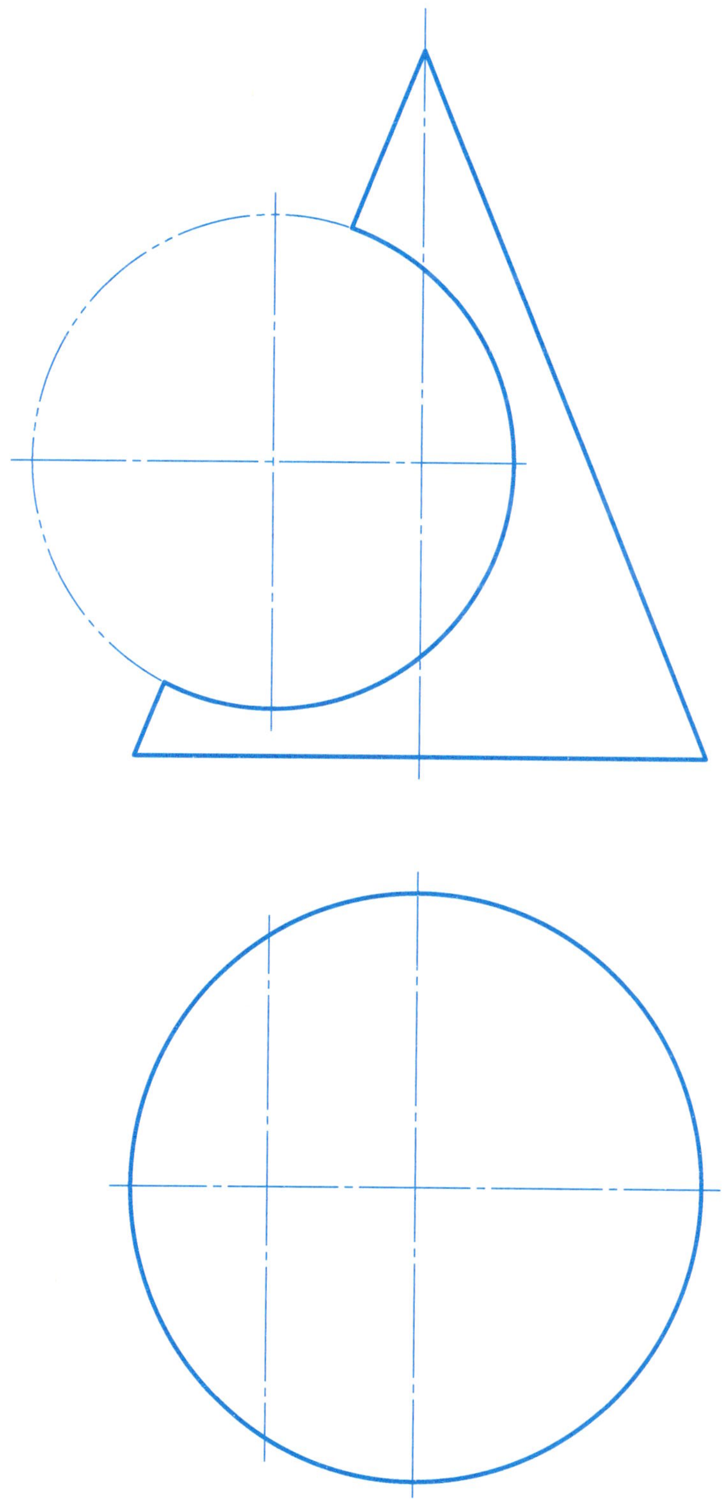

班级		学号		姓名		审核	

7-11　完成圆柱与半球相贯体的正面投影和水平投影。

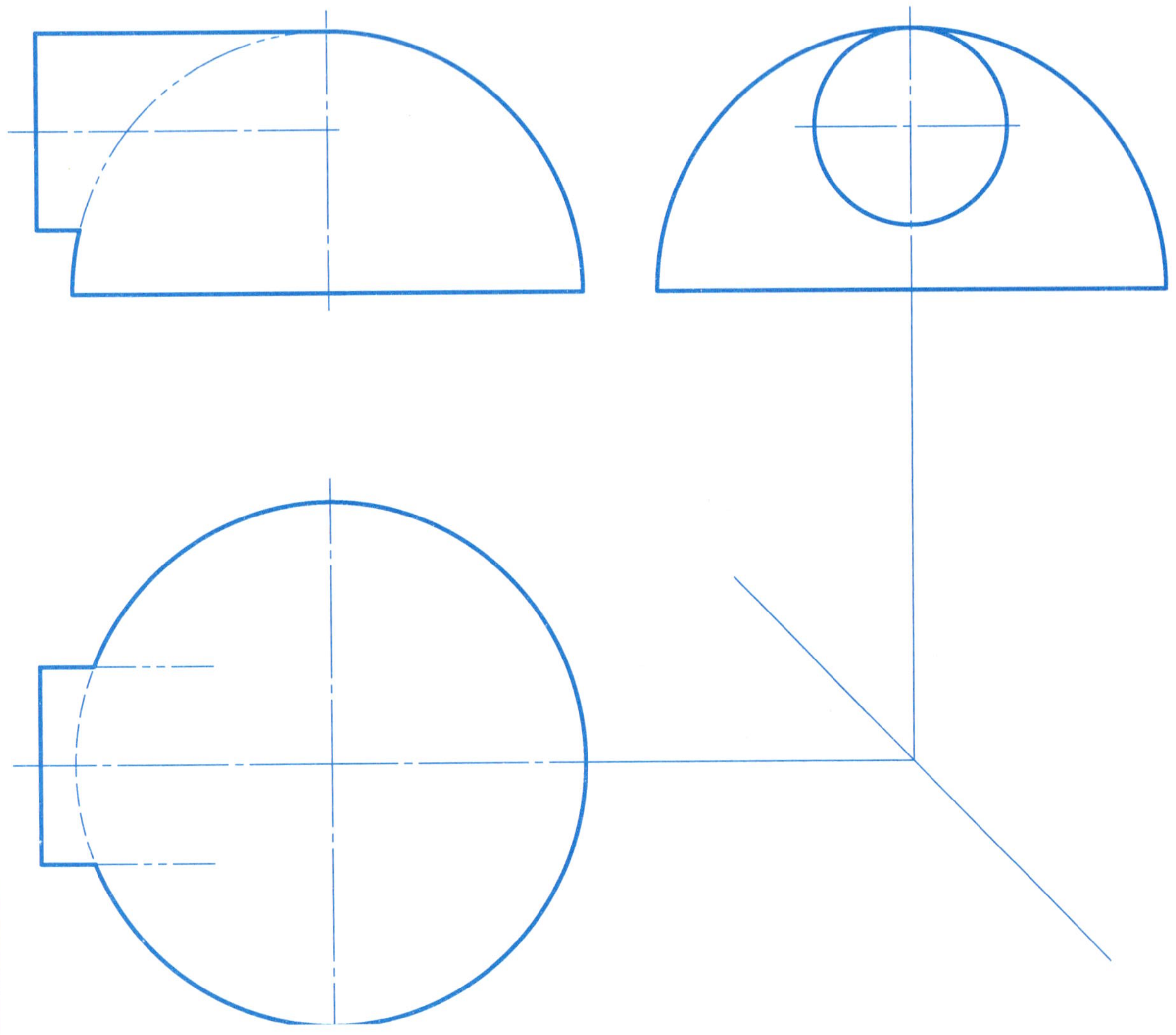

7-12　完成圆柱与圆柱相贯体的侧面投影。

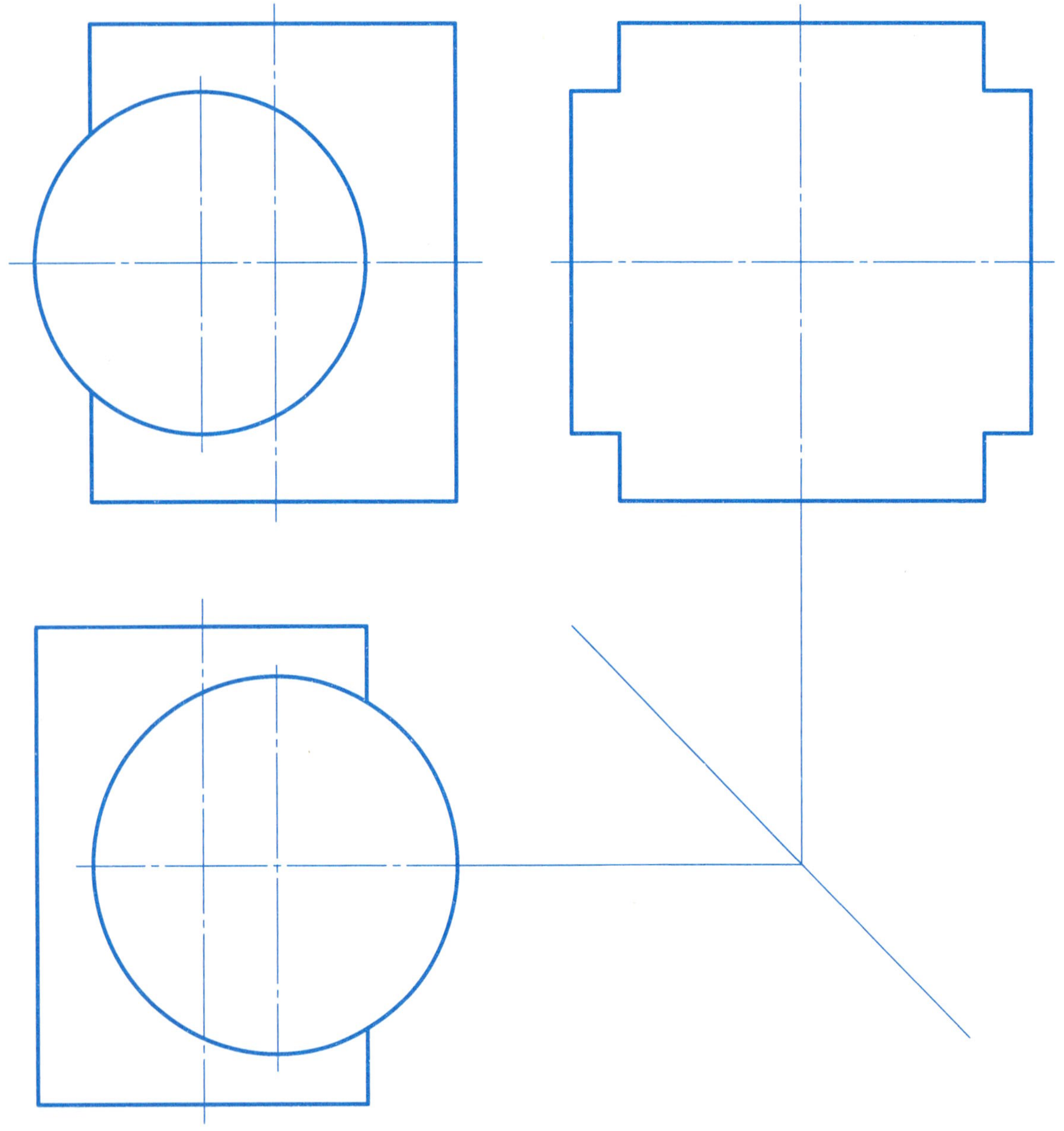

班级		学号		姓名		审核	

7-13　已知两圆柱的轴线相交，求作具有公共内切球的两圆柱的相贯线。

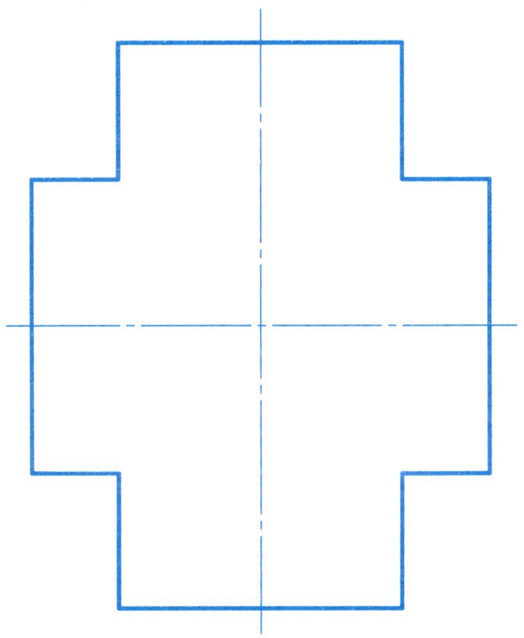

7-14　已知两圆柱的轴线相交，求作具有公共内切球的两圆柱的相贯线。

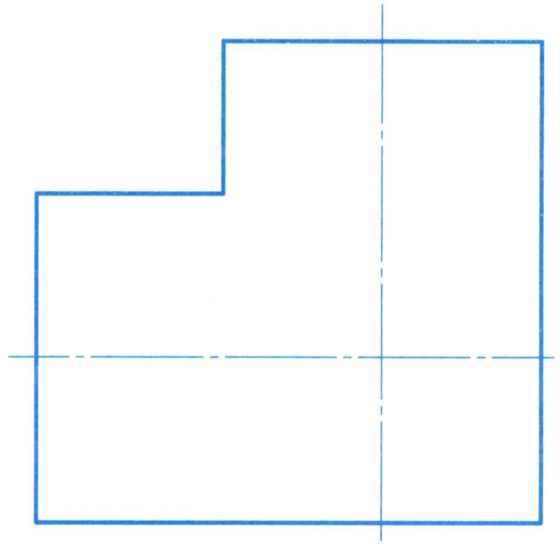

7-15　求作共轴半球与圆柱相贯线的二投影。

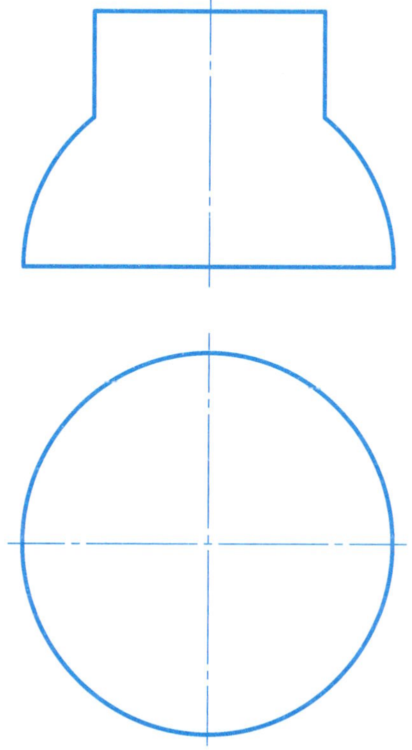

7-16　求作具有公共内切球的圆锥与圆柱体的相贯线。

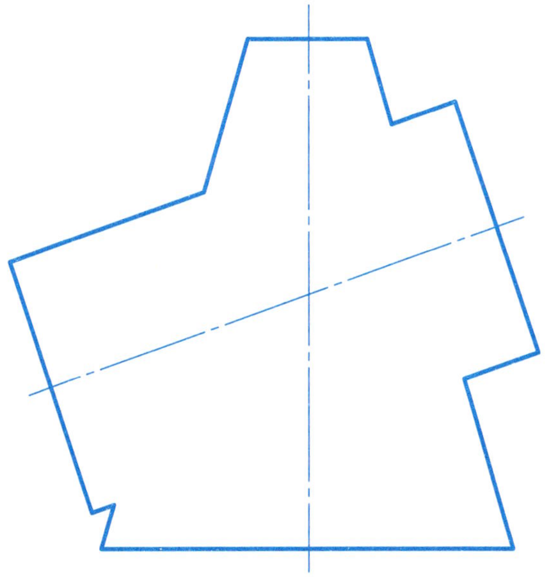

7-17　求作具有公共内切球的圆锥与圆柱体的相贯线。

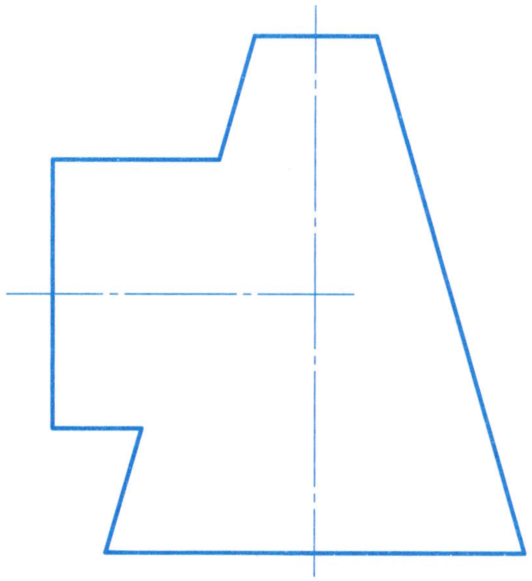

7-18　求作共轴圆球与圆锥相贯线的二投影。

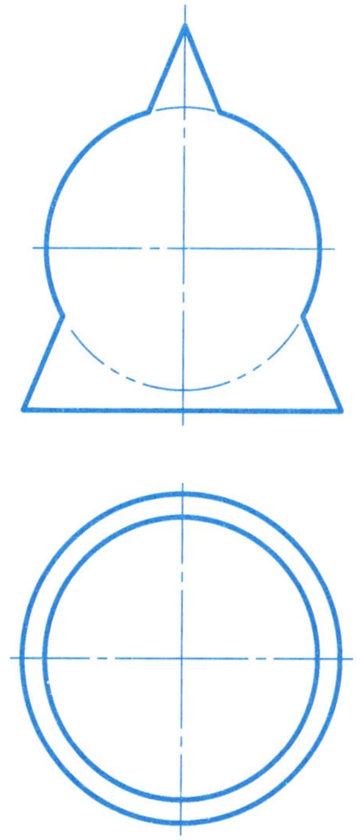

第7章　两立体相贯	班级		学号		姓名		审核	

8-1 根据组合体的立体图及两个视图，补画第三个视图。

(1)

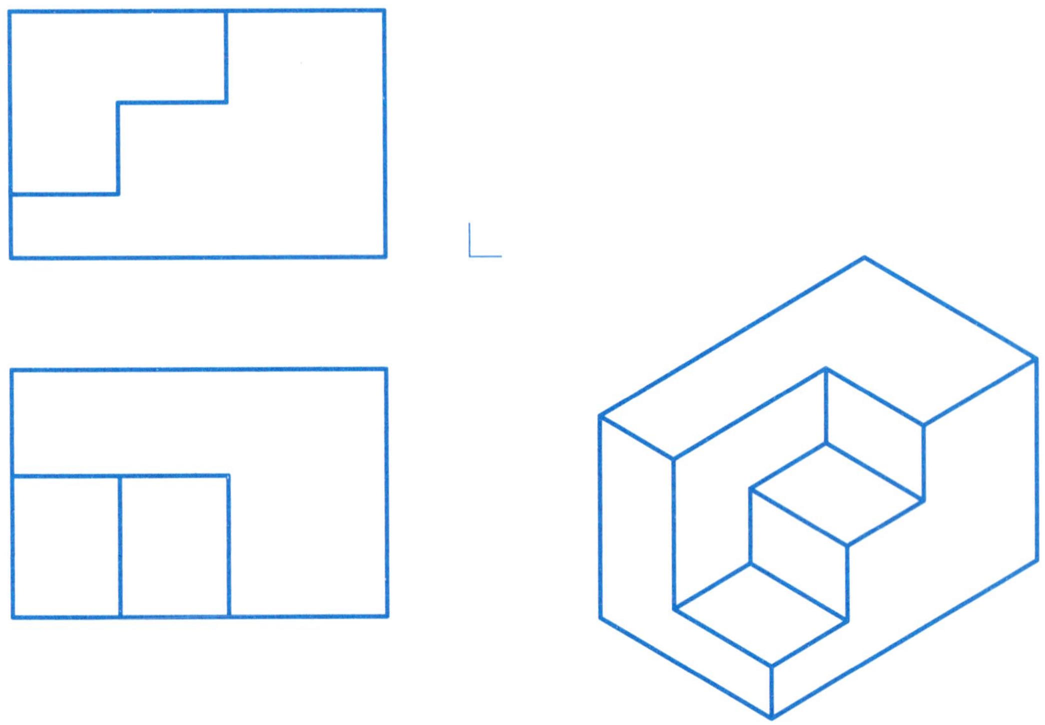

(2)

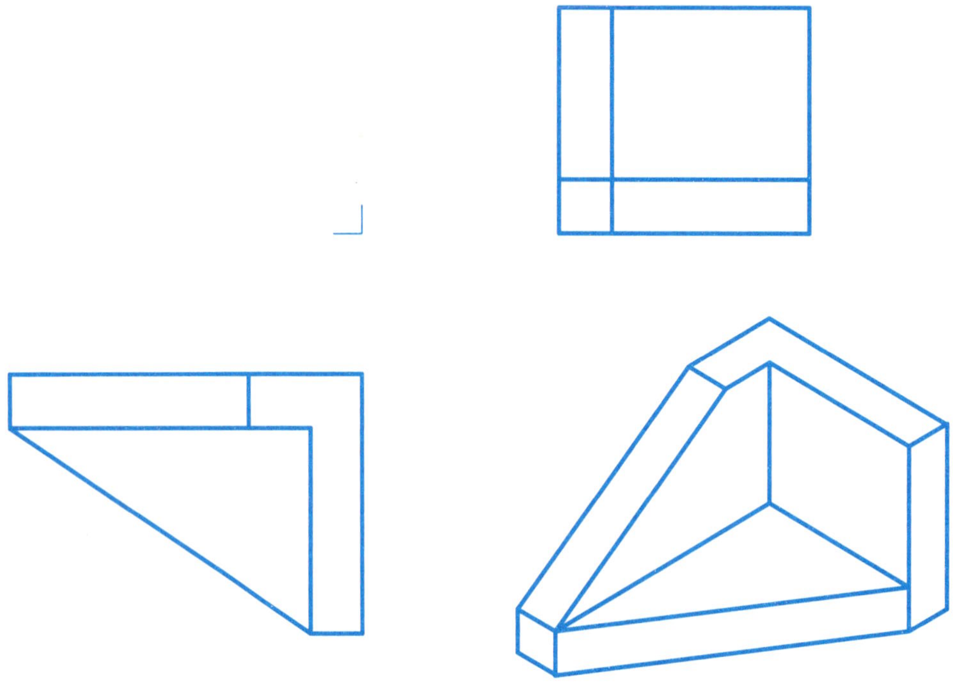

(3)

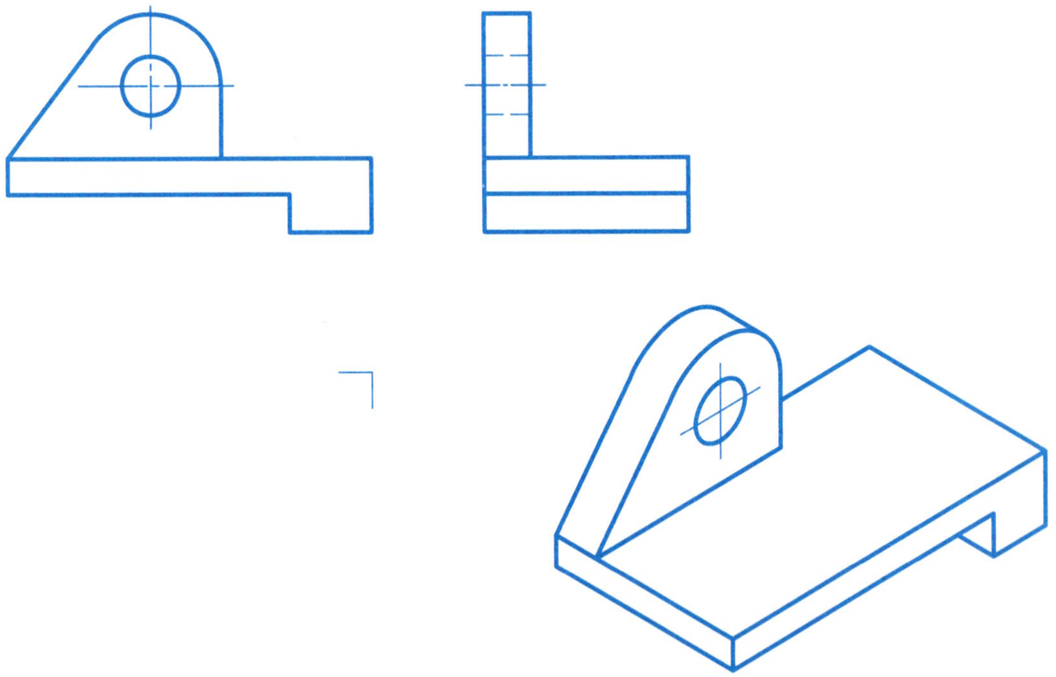

(4)

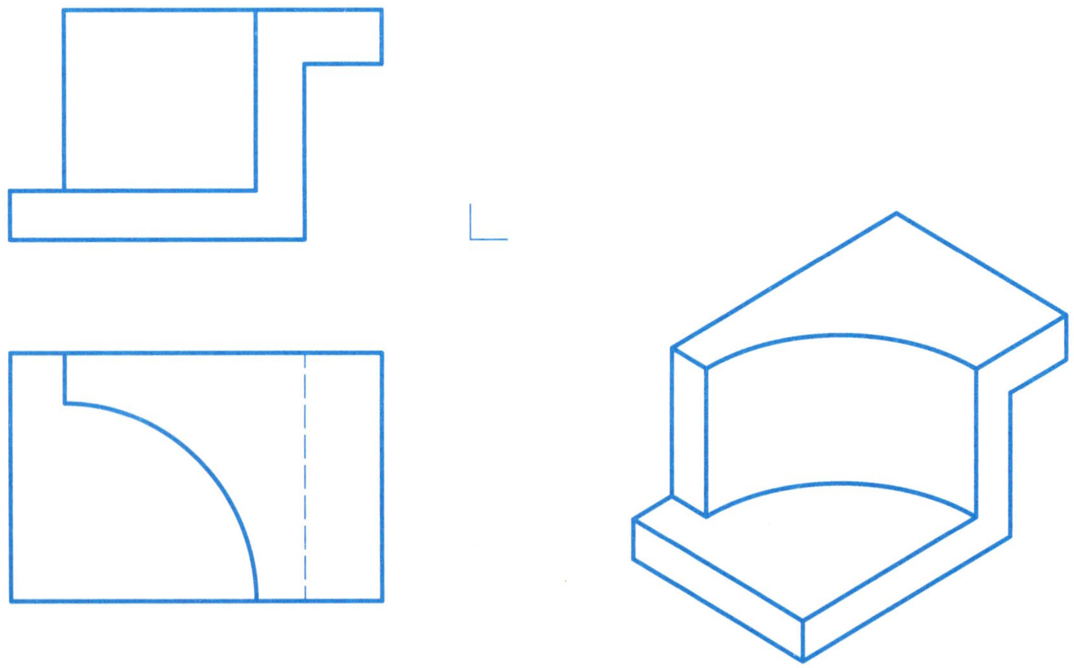

班级		学号		姓名		审核	

8-2 根据轴测图上所注尺寸，用 1 : 1 的比例画出物体的三视图(不标注尺寸)。

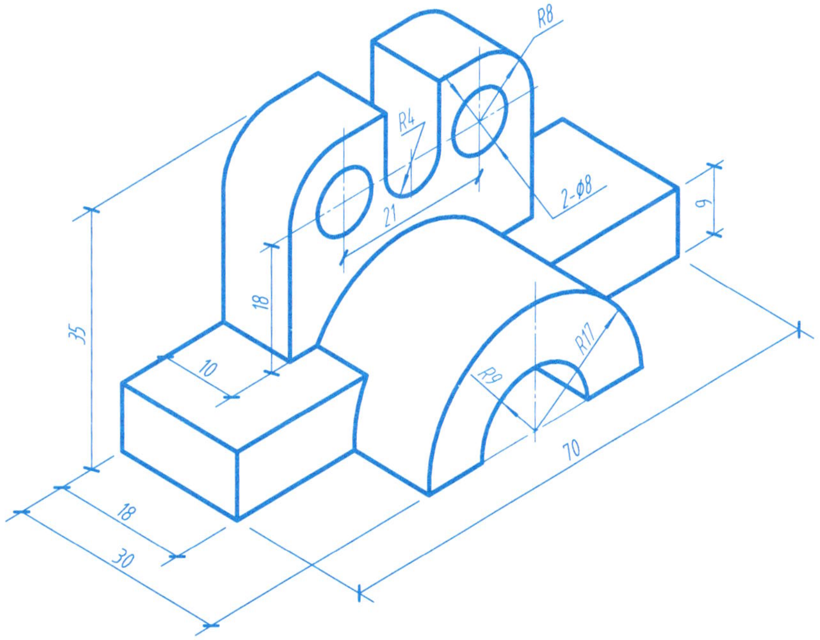

8-3 根据轴测图上所注尺寸，用 1 : 1 的比例画出物体的三视图(不标注尺寸)。

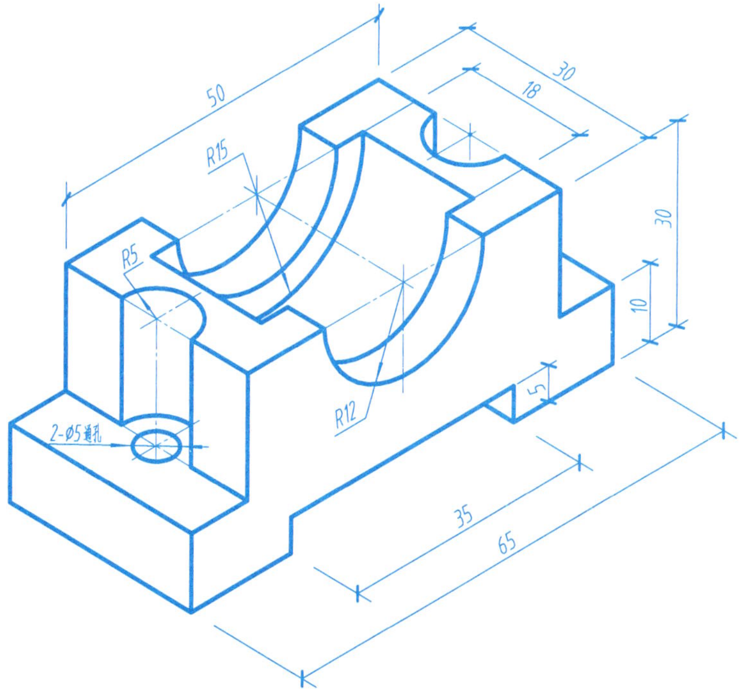

班级 学号 姓名 审核

8-4 根据轴测图上所注尺寸，用 1 : 1 的比例徒手画出物体的三视图（不标注尺寸）。

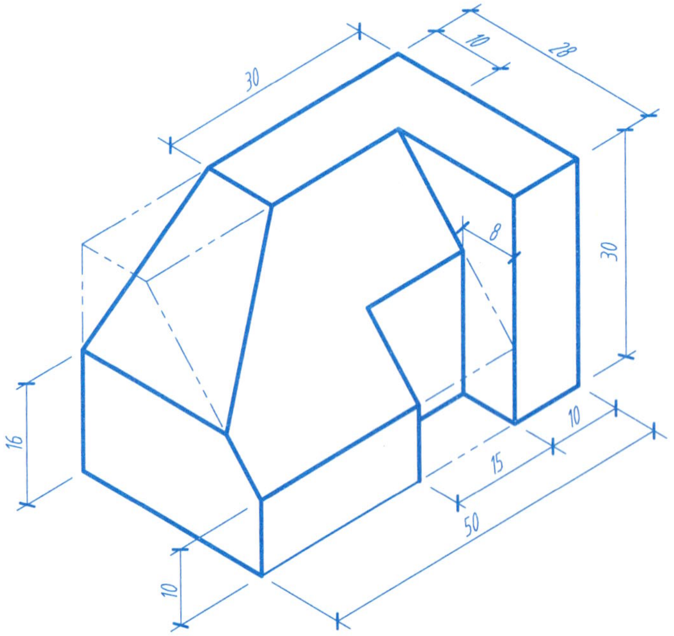

8-5 根据轴测图，用 1 : 1 的比例徒手画出物体的三视图（不标注尺寸）。

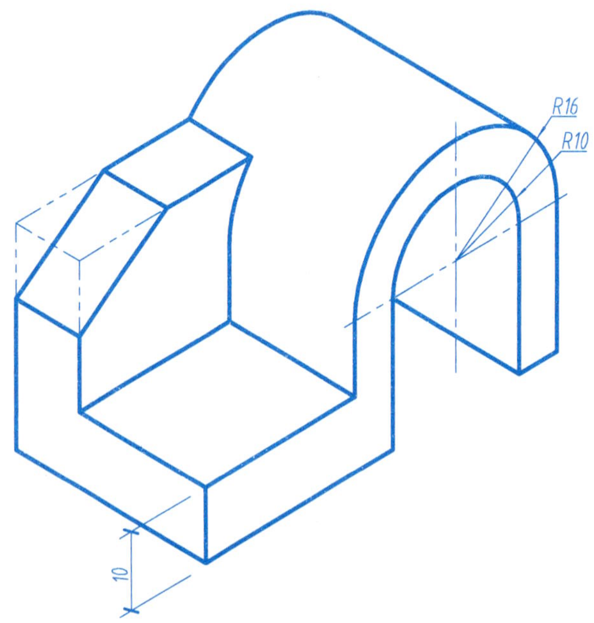

第 8 章 组合体	班级		学号		姓名		审核	

8-6 根据主视图和俯视图，选择正确的左视图。

(1)

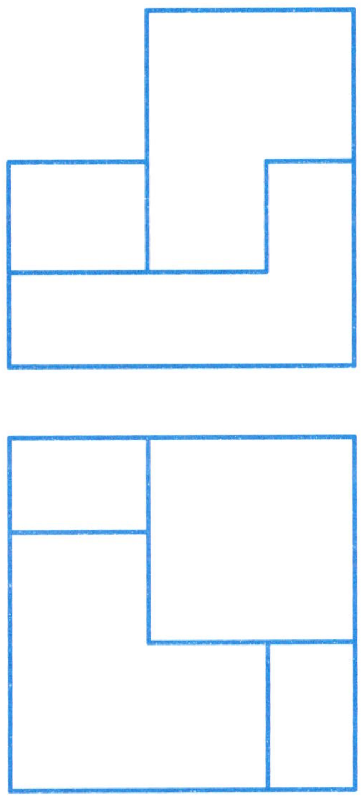

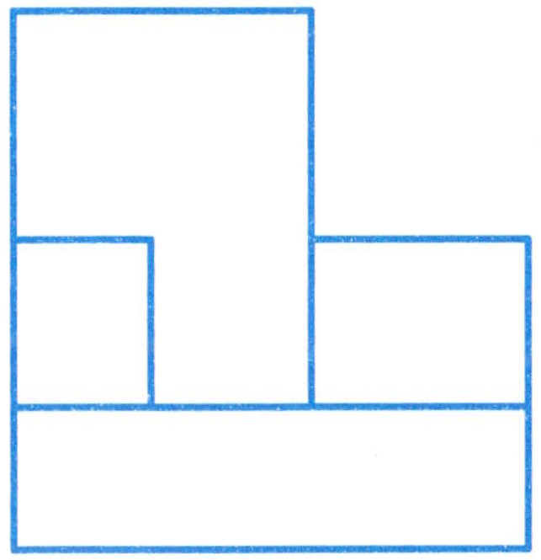

A

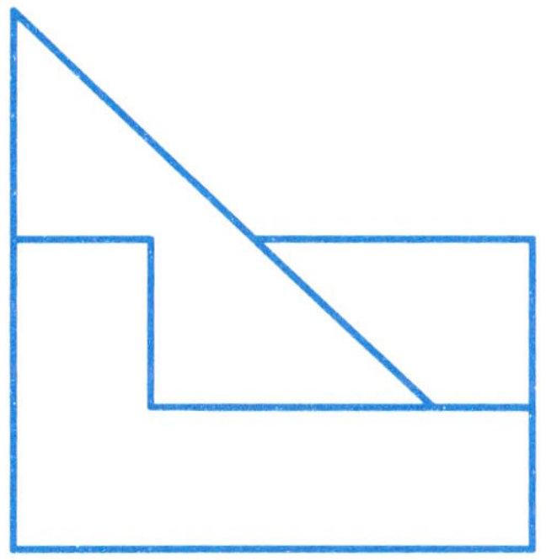

B

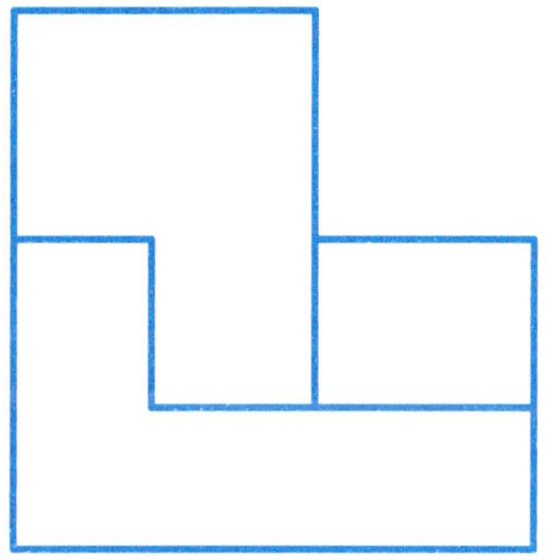

C

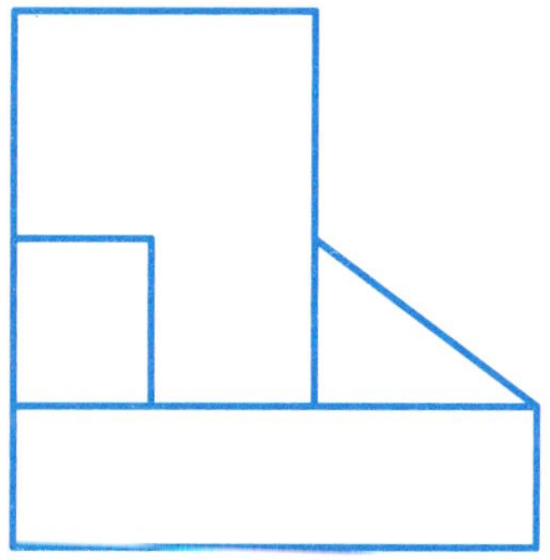

D

答案：________

(2)

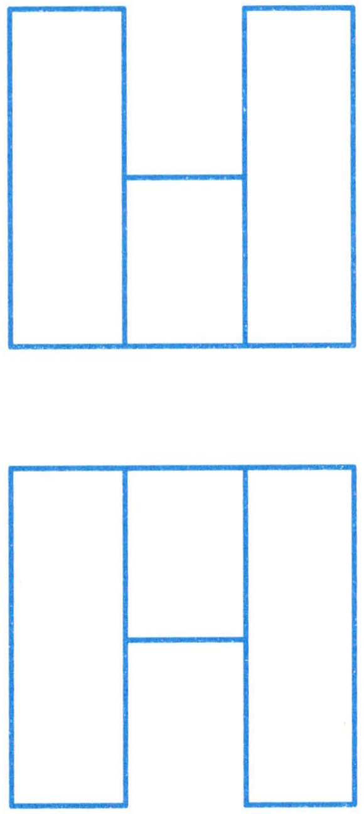

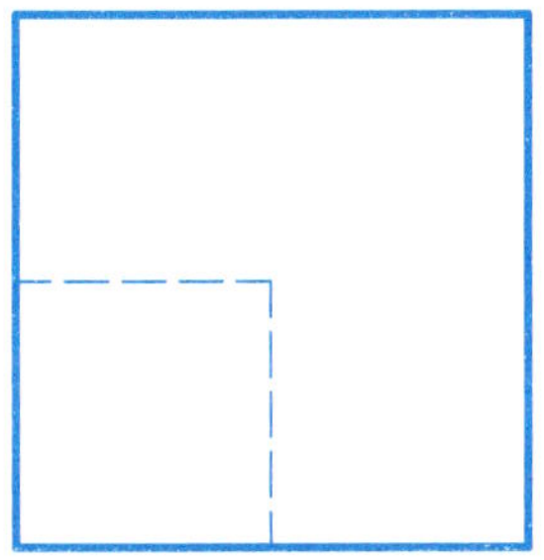

A

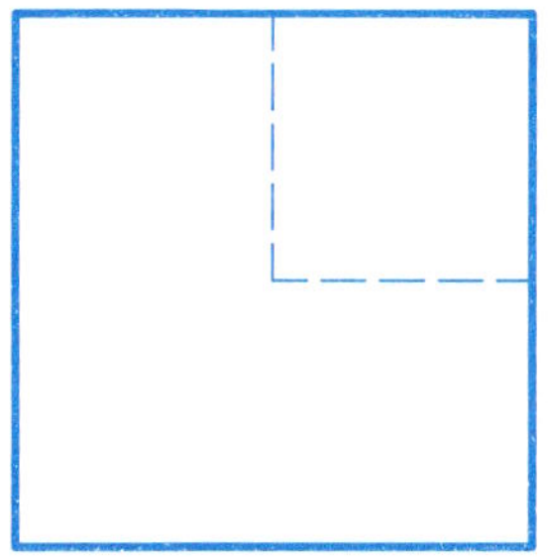

B

C

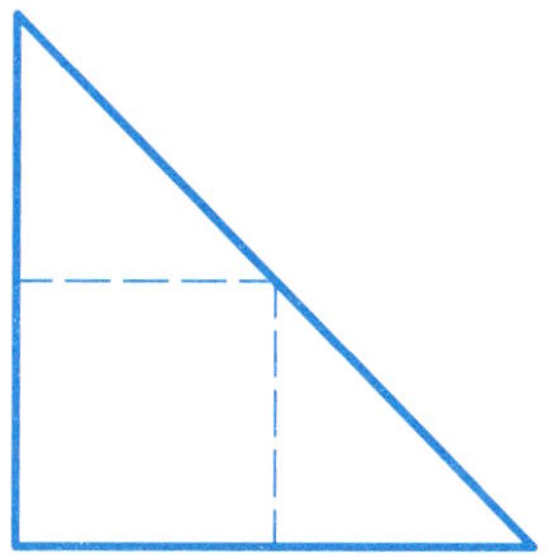

D

答案：________

8-7 根据主视图和俯视图,选择正确的左视图。

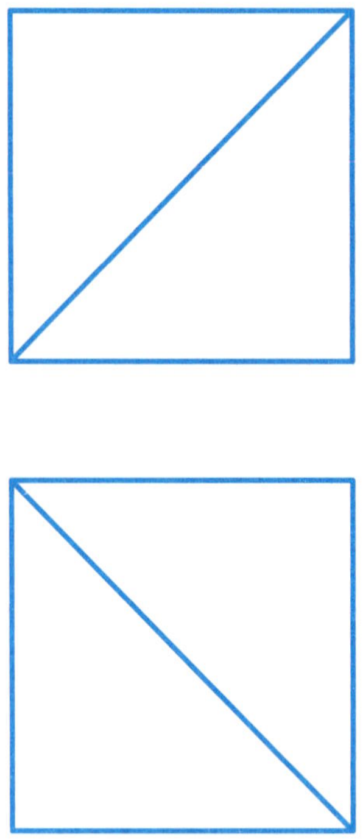

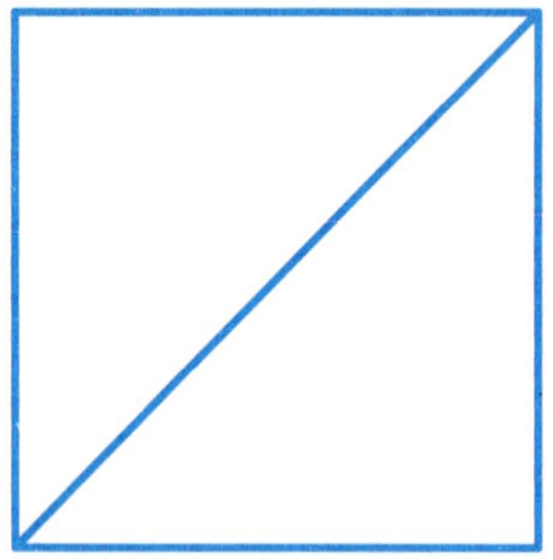

A

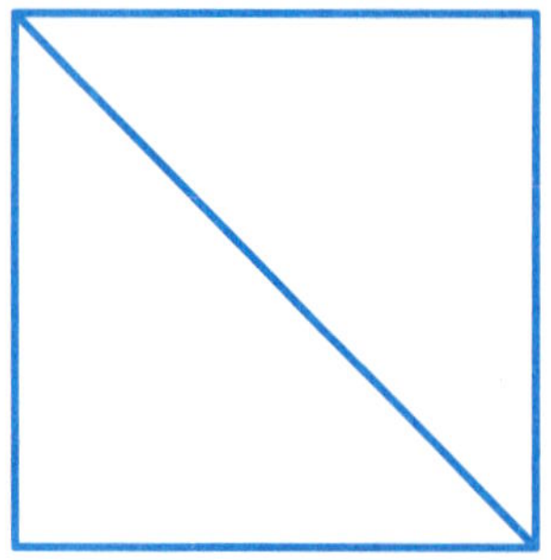

B

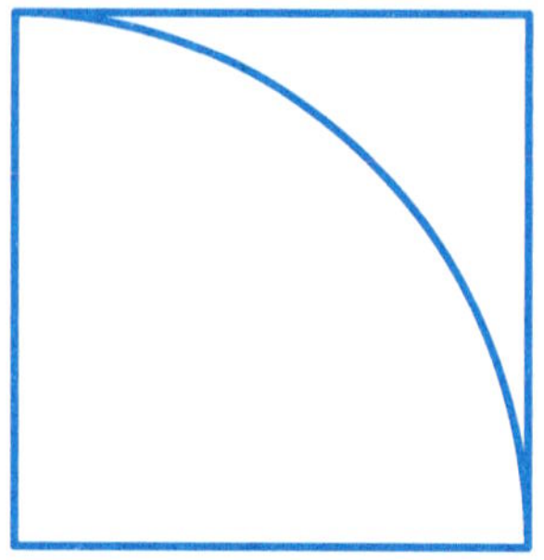

C

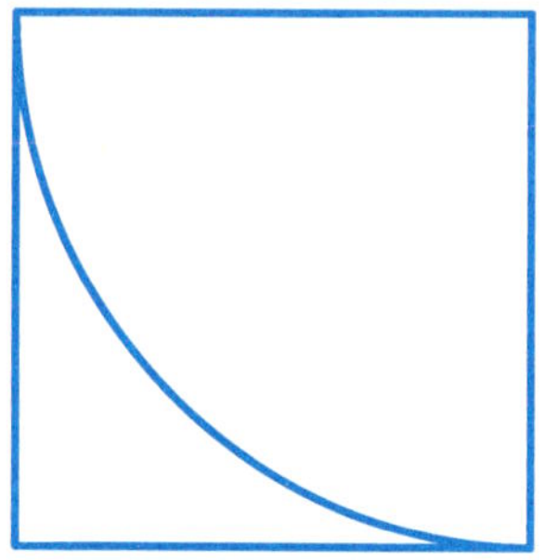

D

答案:________

8-8 根据主视图和俯视图,选择正确的左视图。

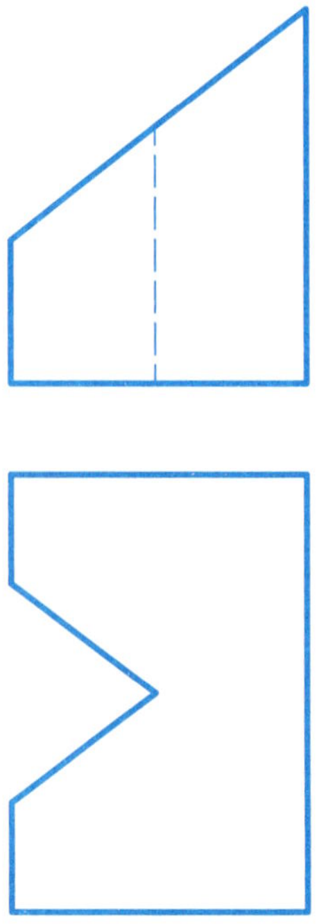

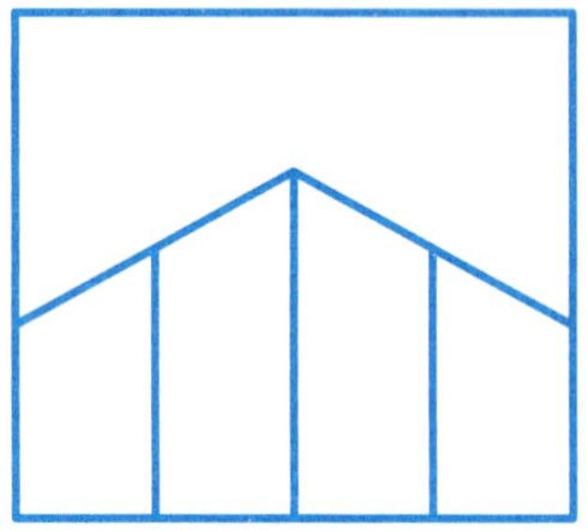

A

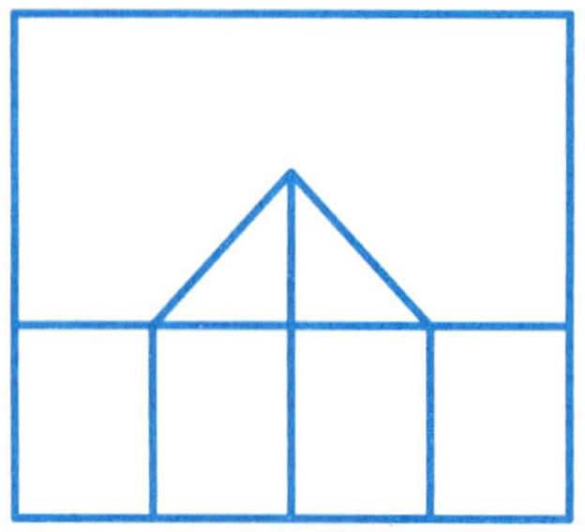

B

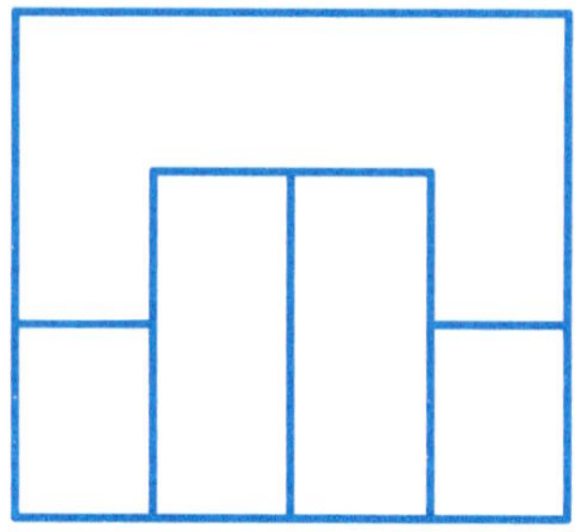

C

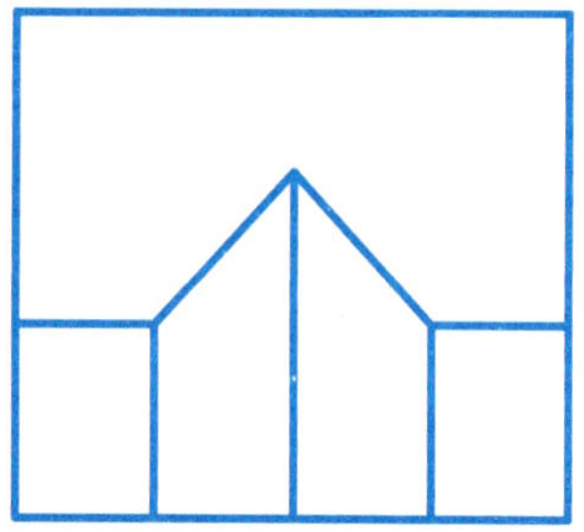

D

答案:________

8-9 补画视图中漏画的图线。

(1)

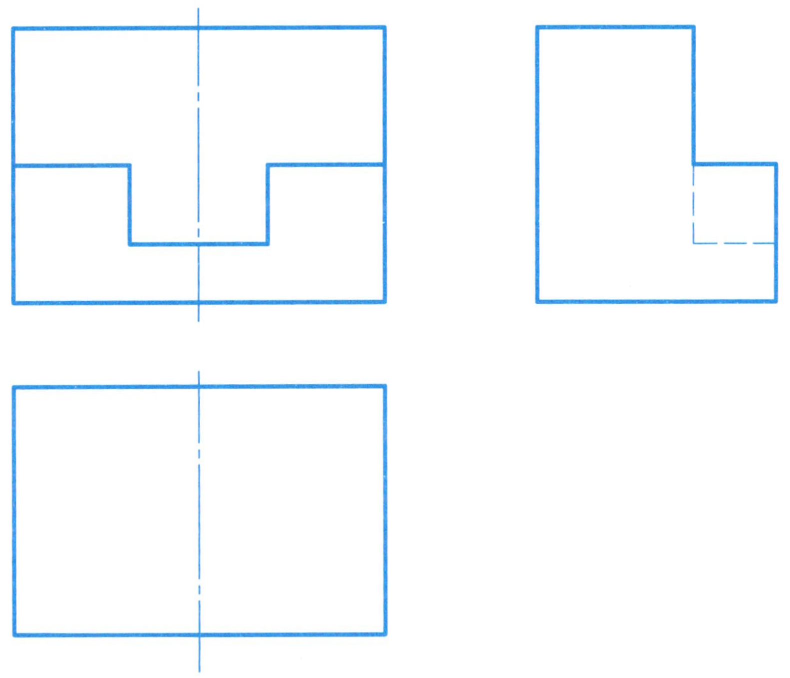

(2)

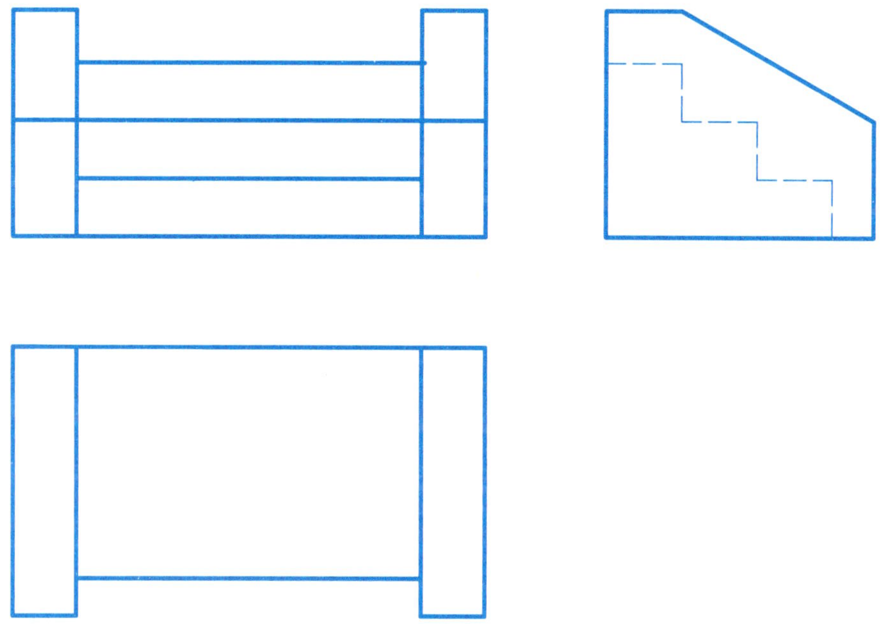

(3)

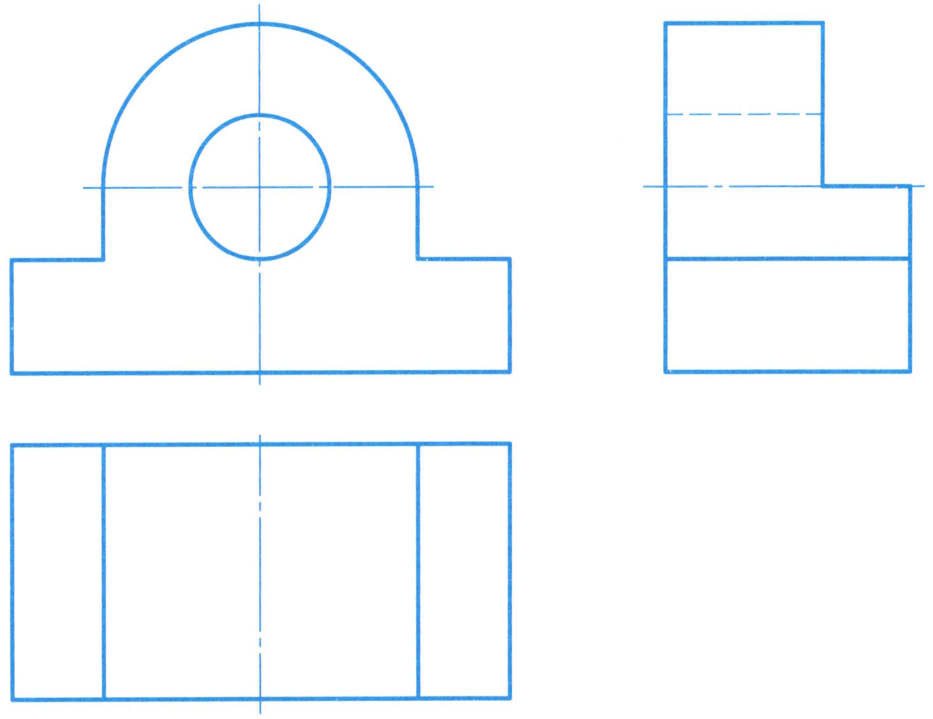

(4)

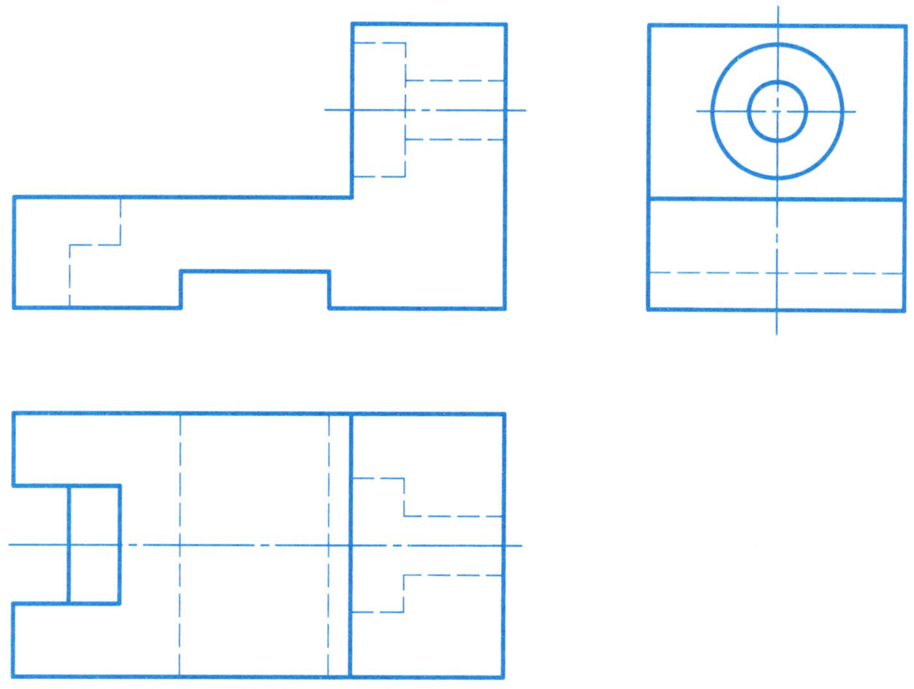

班 级		学 号		姓 名		审 核	

8-10 补画视图中漏画的图线。

(1)

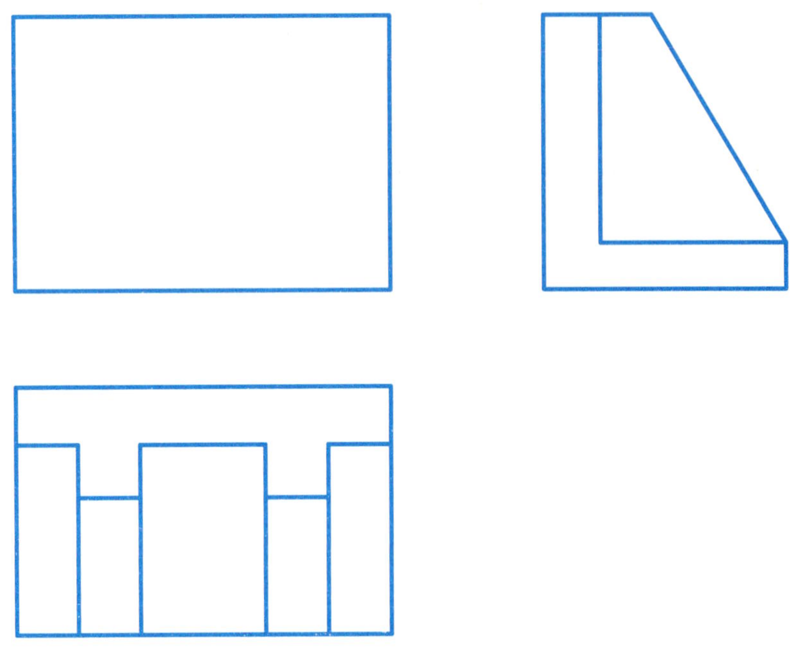

(2)

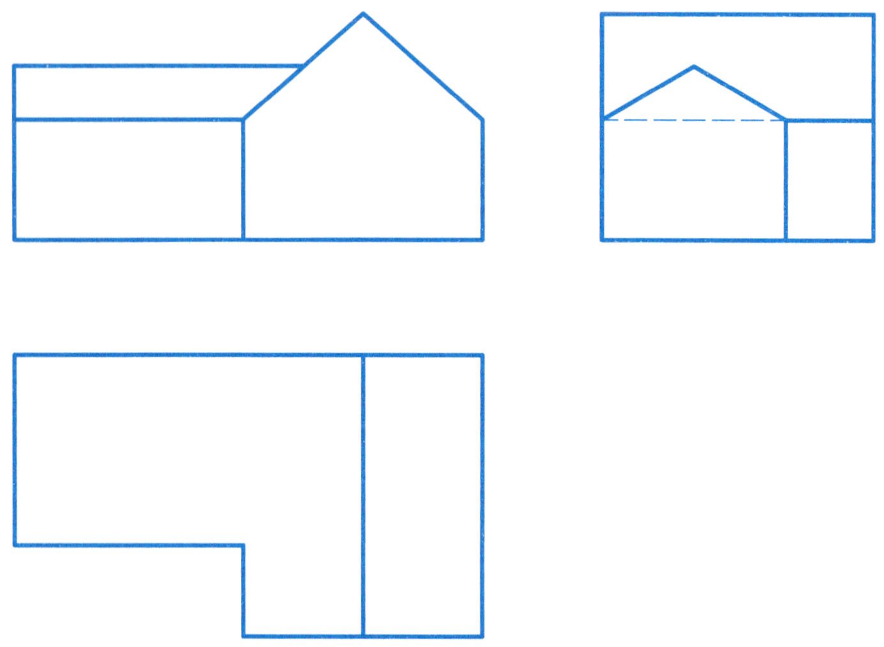

(3)

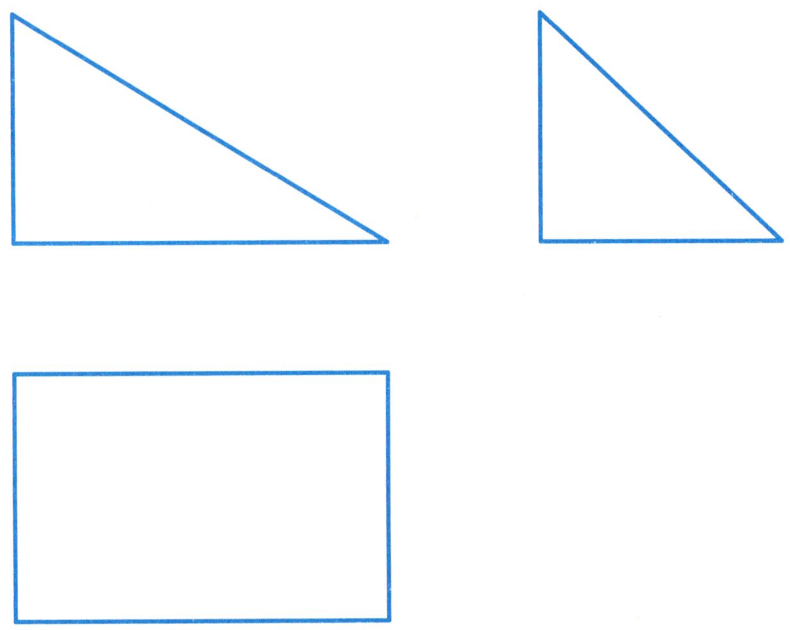

(4)

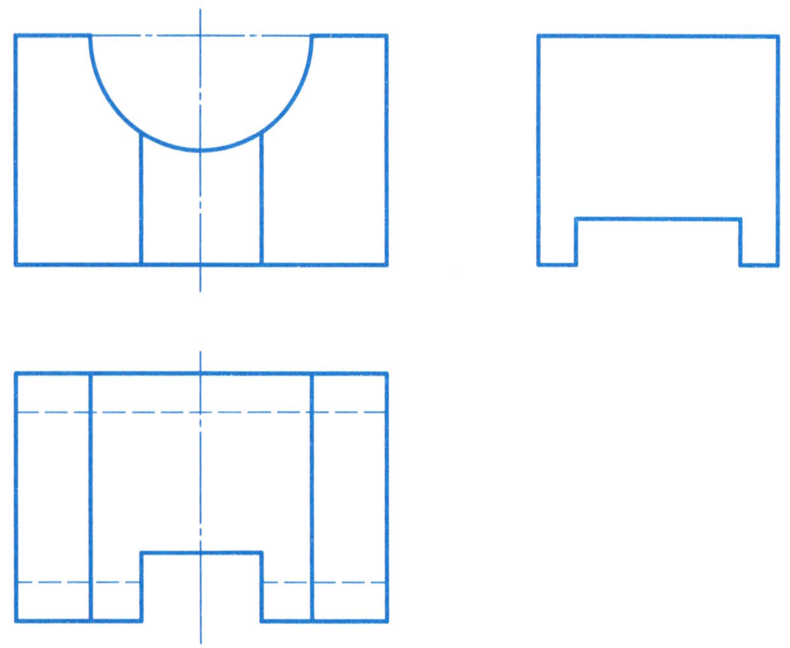

班 级		学 号		姓 名		审 核	

8-11　根据形体的两个视图，想像物体的形状，补画俯视图。

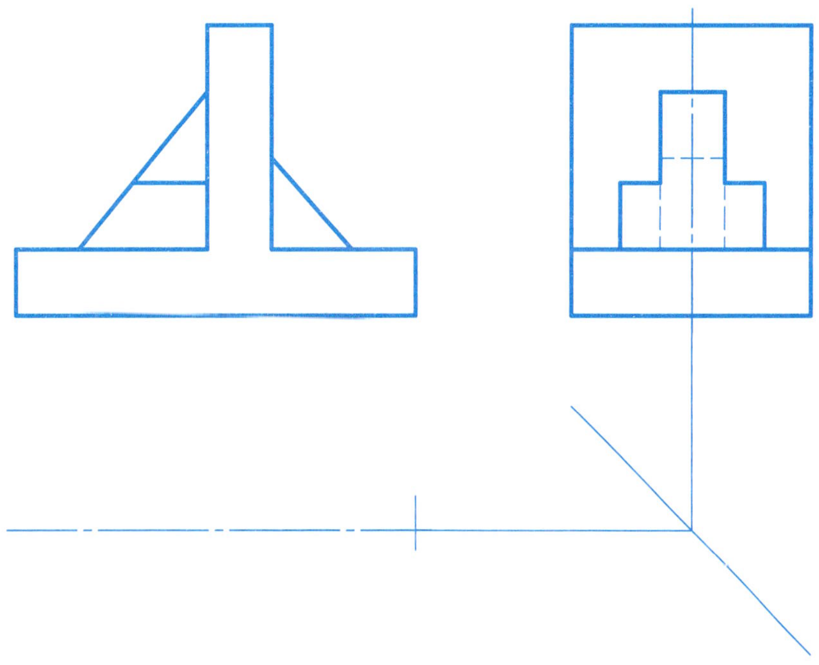

8-12　根据形体的两个视图，想像物体的形状，补画左视图。

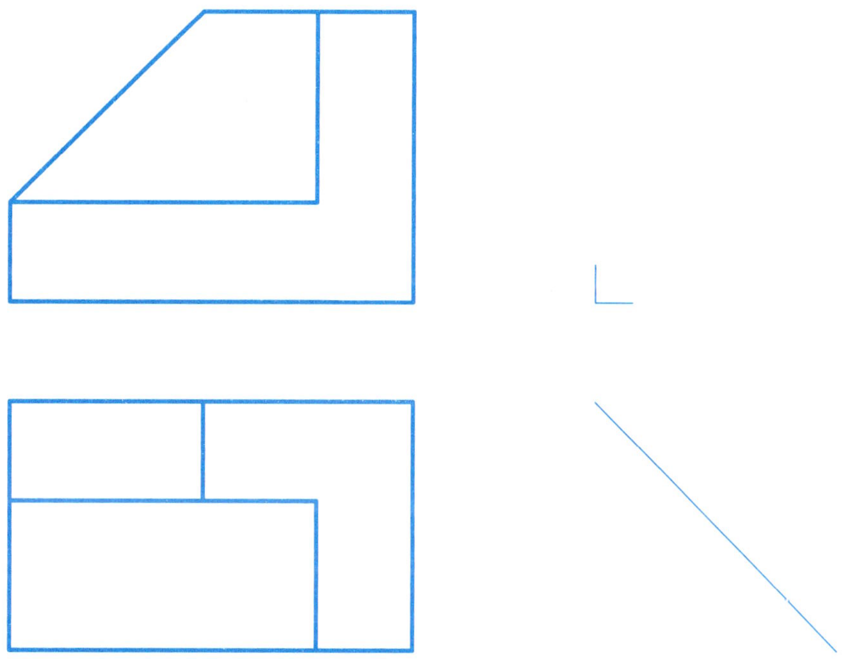

8-13　根据形体的两个视图，想像物体的形状，补画俯视图。

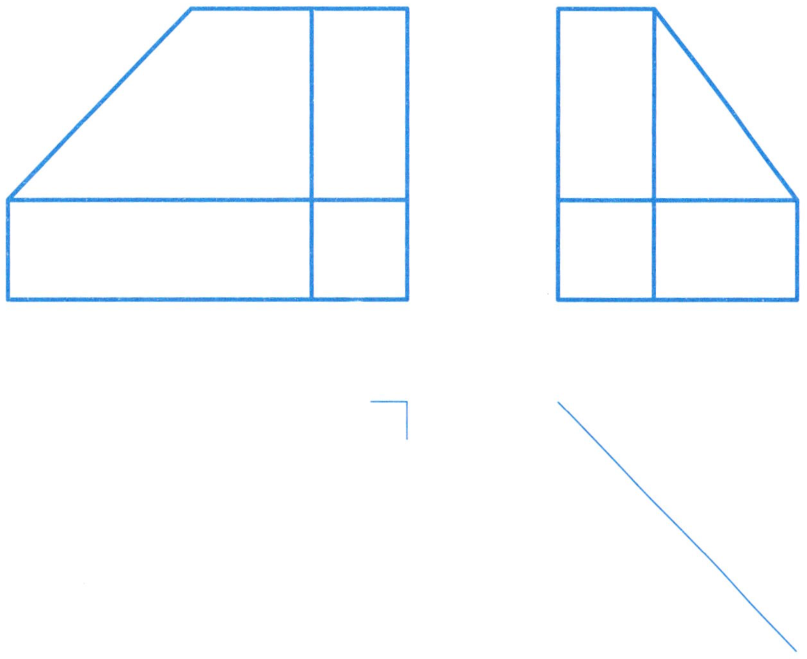

8-14　根据形体的两个视图，想像物体的形状，补画左视图。

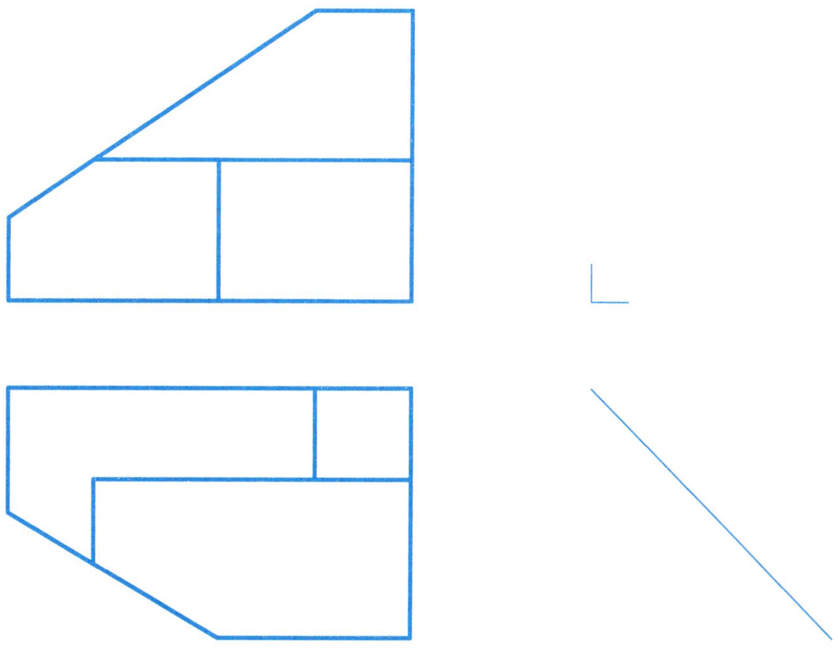

班级		学号		姓名		审核	

8-15 根据形体的两个视图，想像物体的形状，补画左视图。

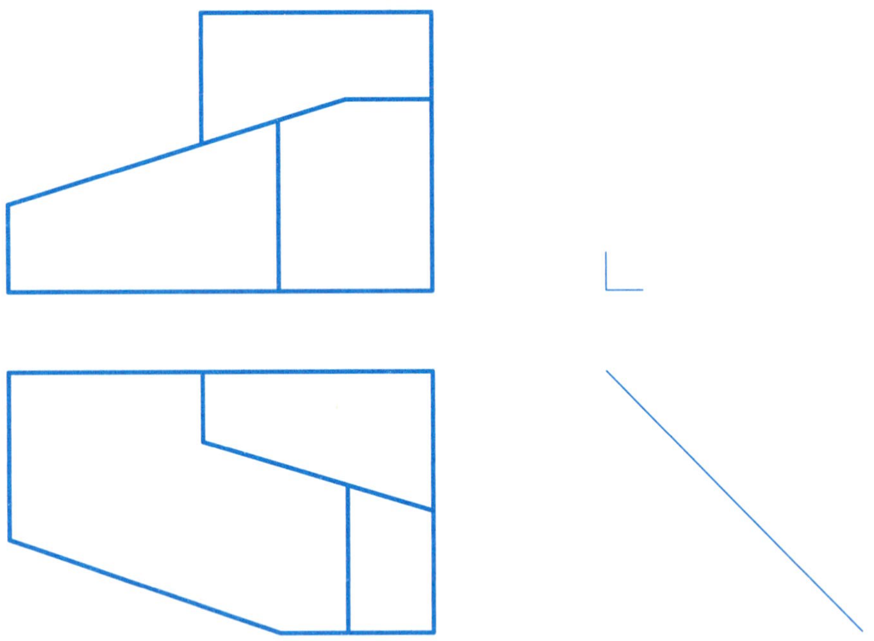

8-16 根据形体的两个视图，想像物体的形状，补画左视图。

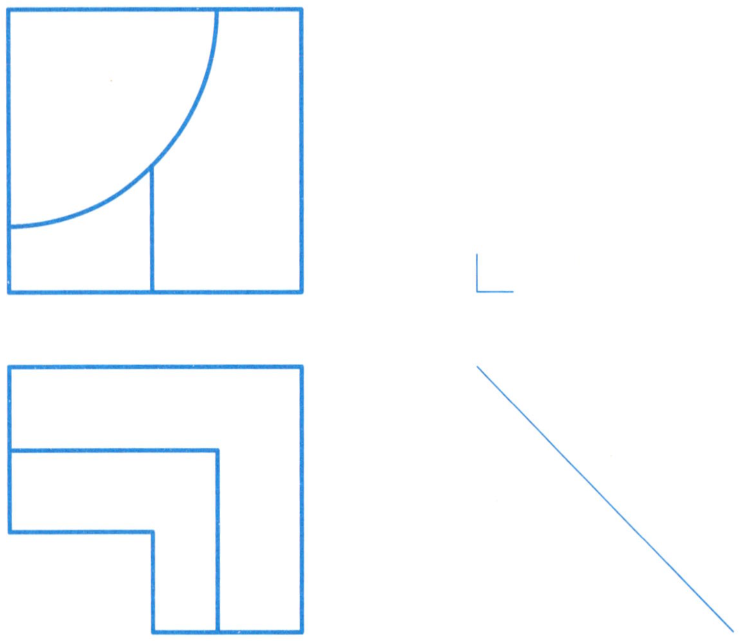

8-17 根据形体的两个视图，想像物体的形状，补画俯视图。

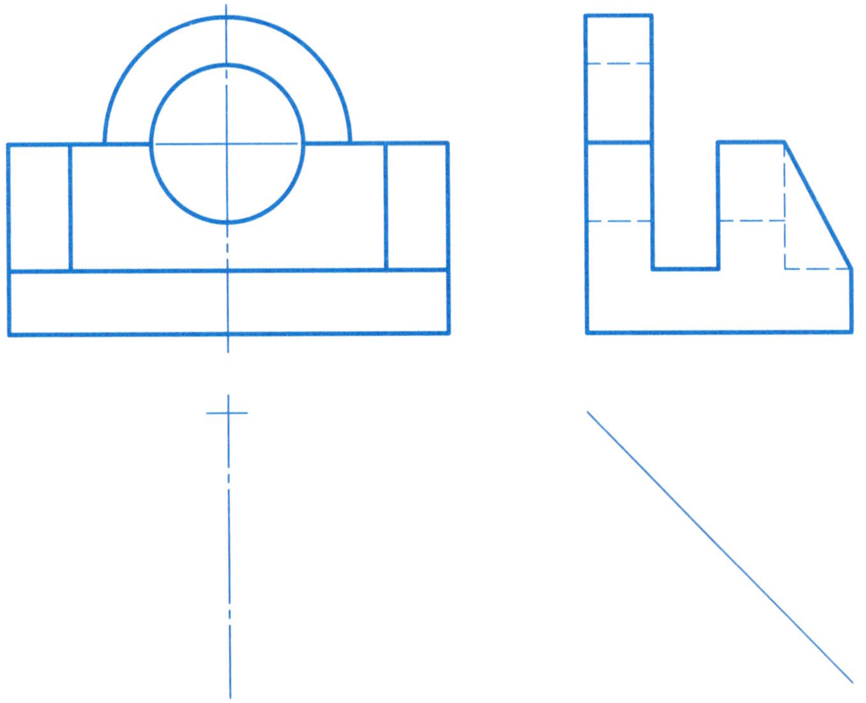

8-18 根据形体的两个视图，想像物体的形状，补画左视图。

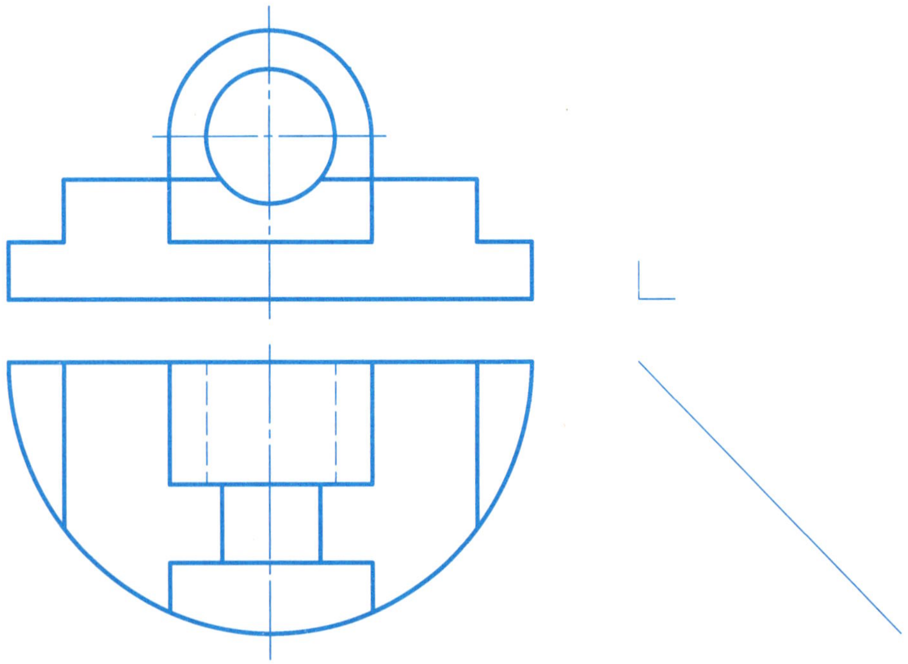

第 8 章　组合体	班 级		学 号		姓 名		审 核	

8-19 标注下列组合体所缺的尺寸(其数值按 1 : 1 在图上量取,以 mm 为单位取整数)。

(1)

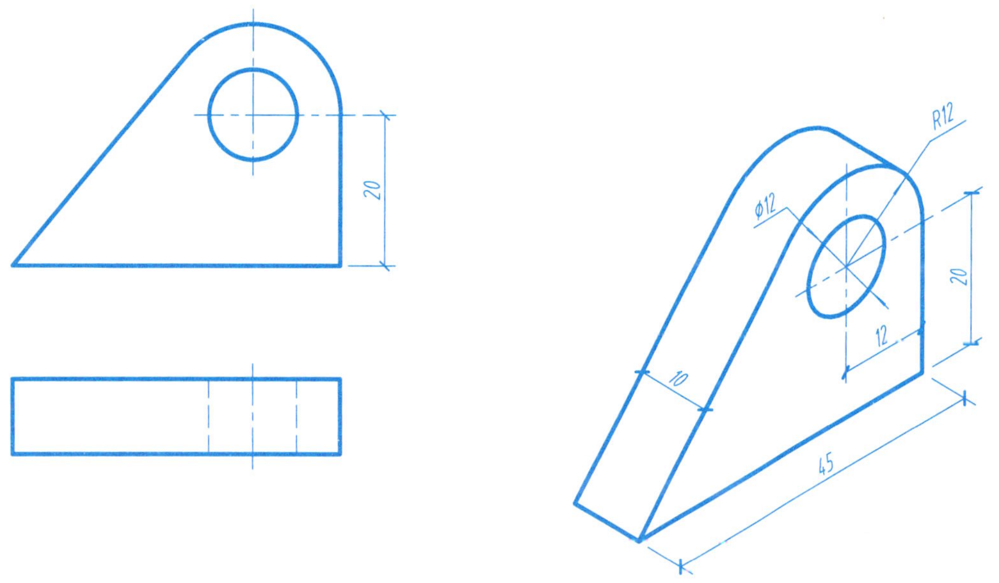

(2)

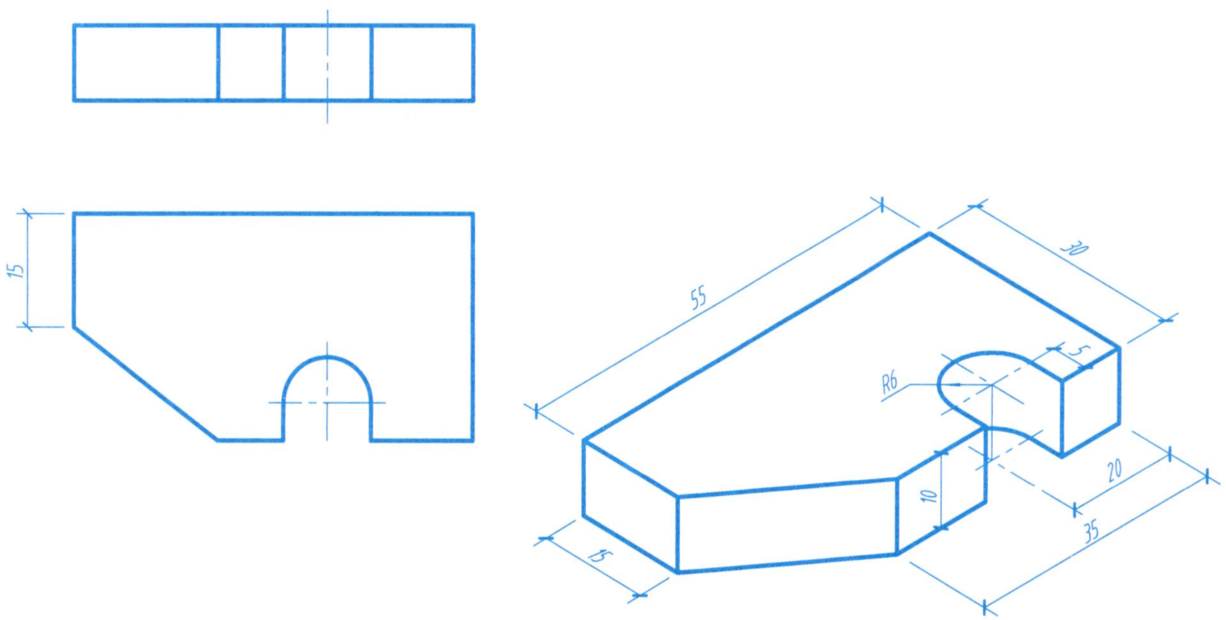

8-20 标注组合体的尺寸(其数值按 1 : 1 在图上量取,以 mm 为单位取整数)。

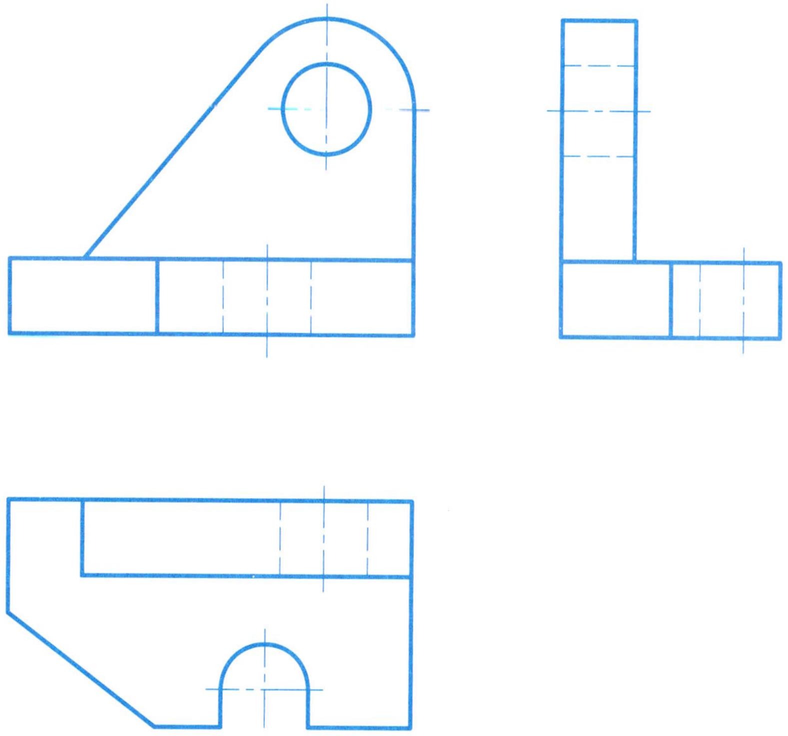

班级 学号 姓名 审核

绘图作业 8-1　画组合体三视图

1. 目的

(1)练习用形体分析法分析组合体的形体组成,并画出三视图。

(2)练习绘图比例的选用和布图。

(3)进一步掌握绘图仪器的使用技巧和绘图的基本规定。

2. 内容

采用 A3 幅面的图纸画 8-21 所示形体的三视图。

3. 要求

(1)根据轴测图中所注尺寸选定适当的画图比例。

(2)将轴测图上的尺寸标注在投影图上。

(3)要求布图匀称、图线规范、尺寸清晰无遗漏。

(4)复习有关比例、尺寸和组合体视图画法、尺寸标注等内容。

4. 注意事项

(1)布图时要留有标注尺寸的位置。

(2)本作业图名为:组合体的三视图。

8-21　根据轴测图上所注尺寸,选定适当的画图比例画出物体的三视图。

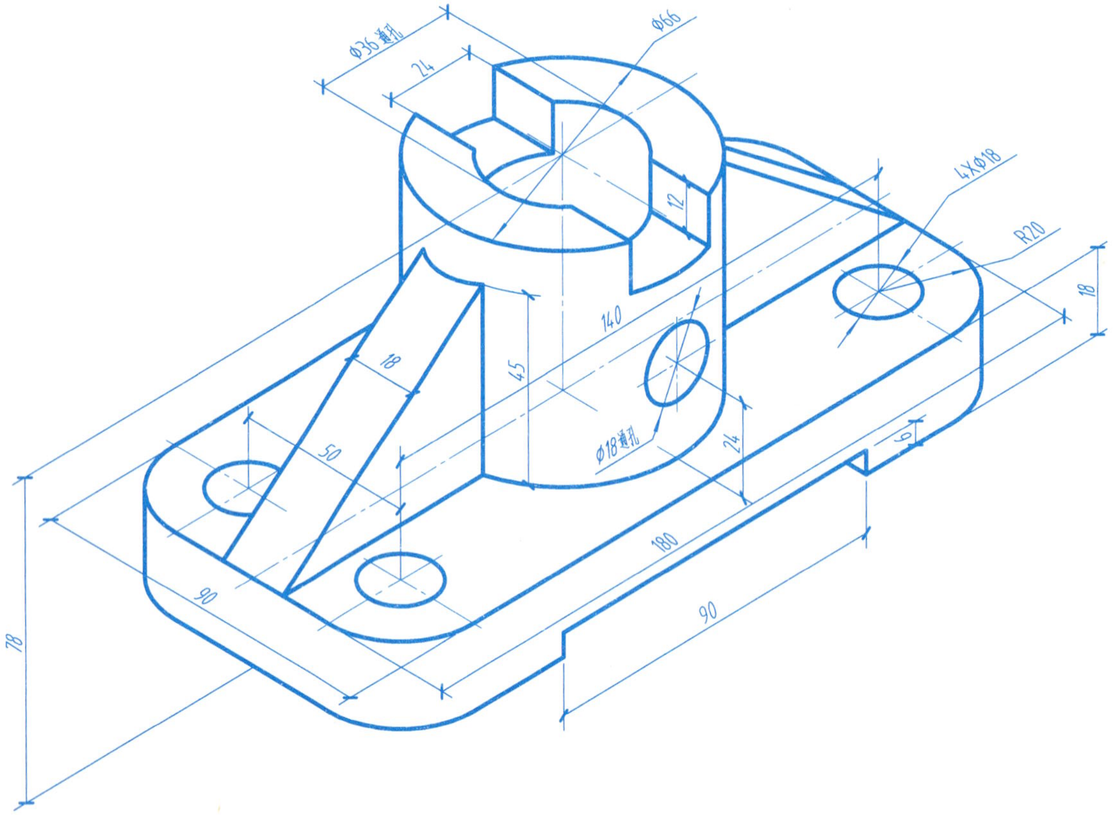

班级		学号		姓名		审核	

9-1 画出物体的正等轴测图。

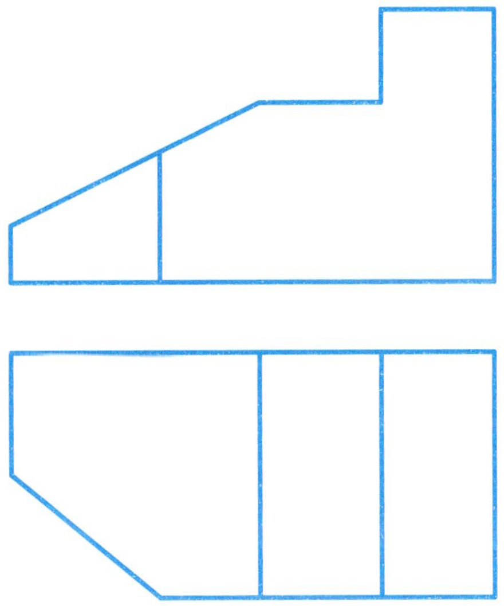

9-2 画出物体的正等轴测图。

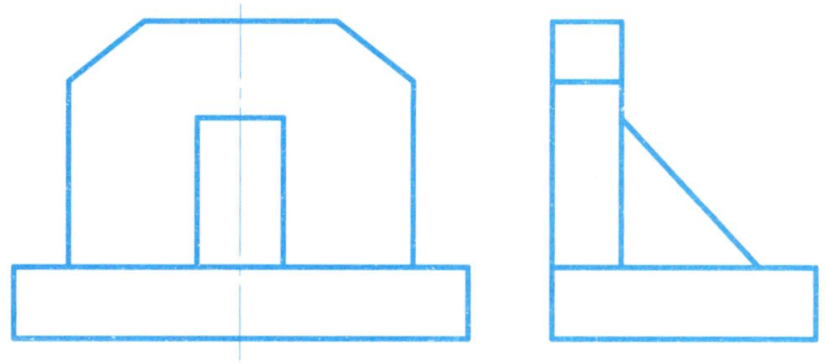

9-3 画出物体的正等轴测图。

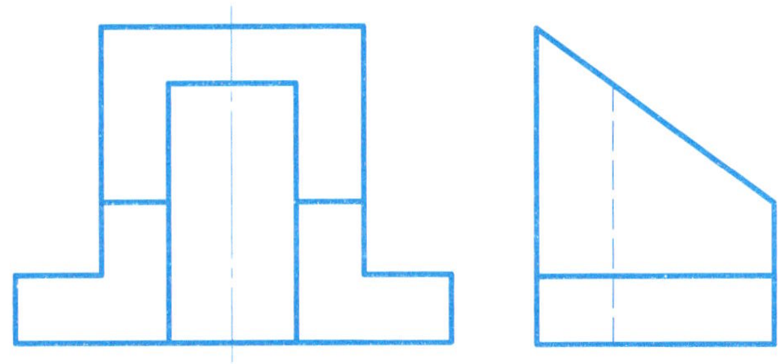

9-4 画出物体的正等轴测图。

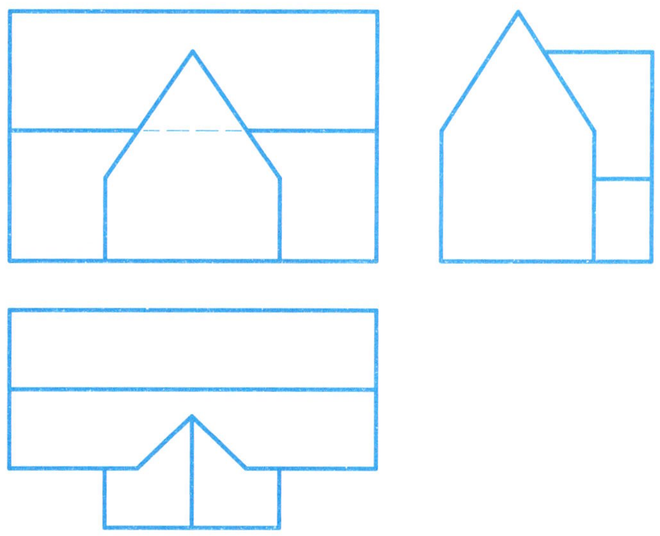

班级		学号		姓名		审核	

9-5 画出物体的正等轴测图。

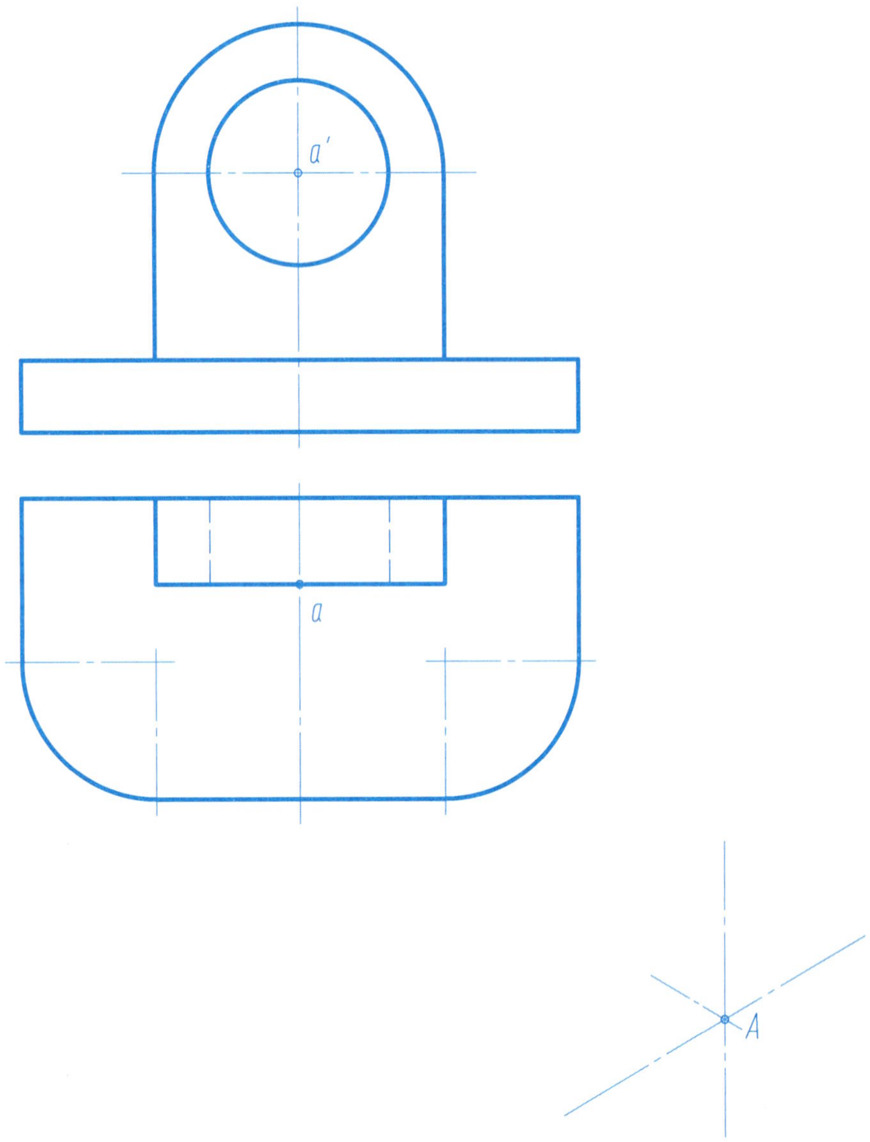

9-6 画出物体的正等轴测图。

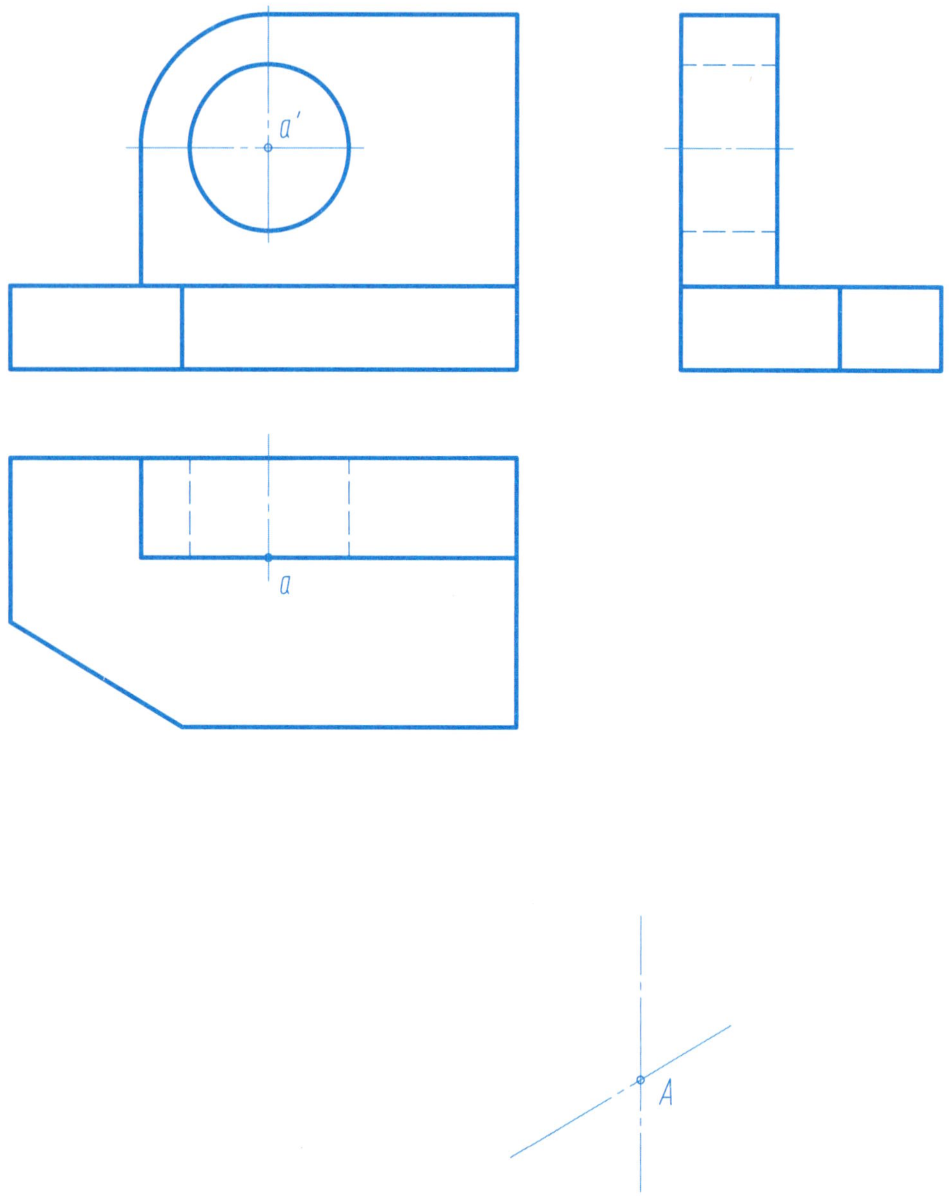

第9章 轴测投影	班级		学号		姓名		审核	

9-7 画出物体的正等轴测图。

9-8 画出物体的正等轴测图。

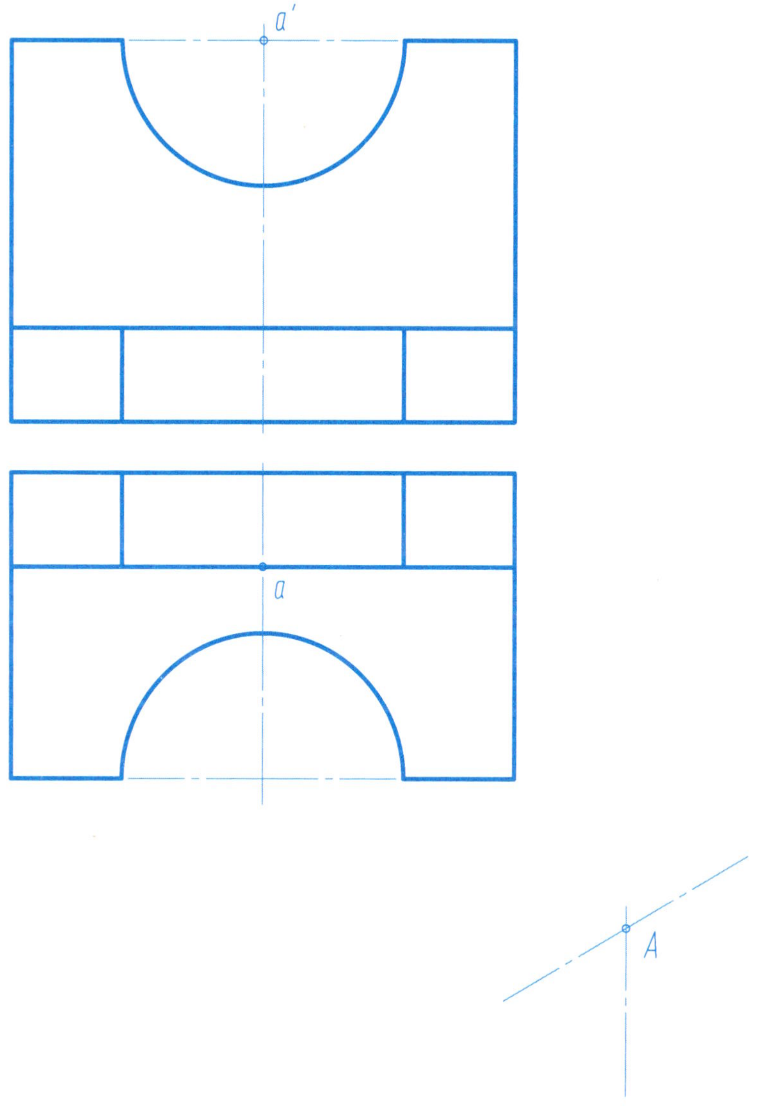

班级 学号 姓名 审核

9-9 画出物体的斜二等轴测图。

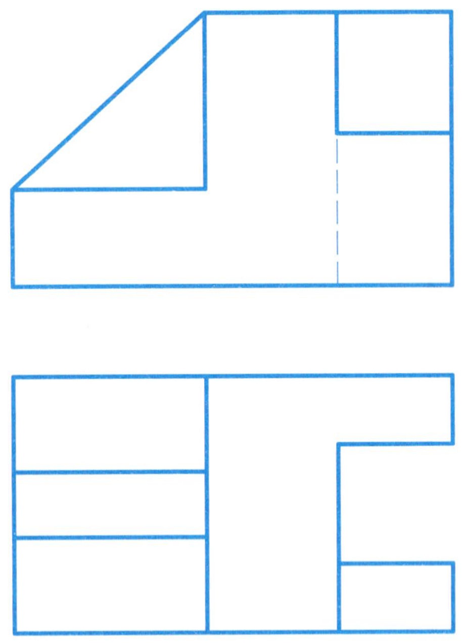

9-10 画出物体的斜二等轴测图。

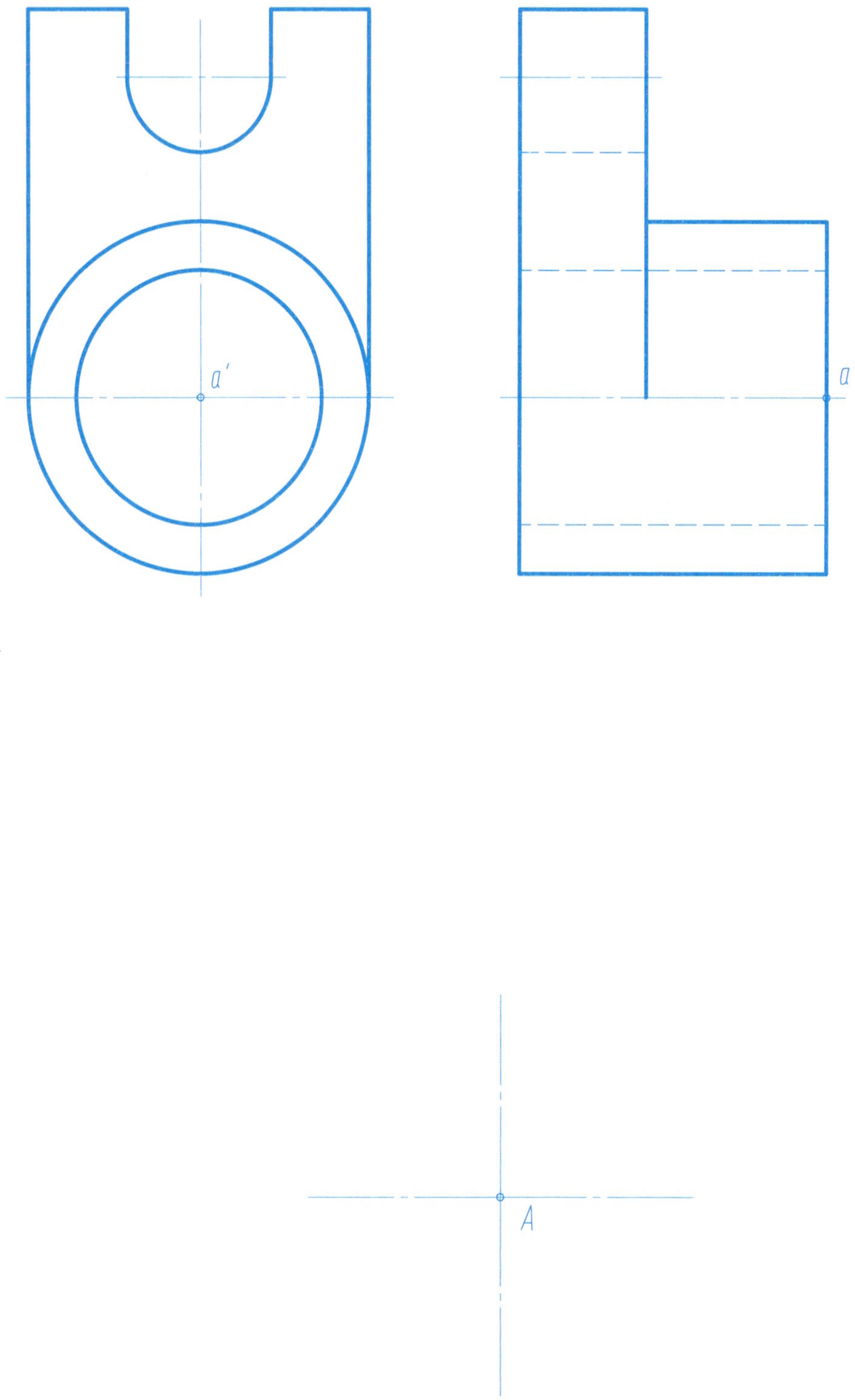

9-11 画出物体的斜二等轴测图。

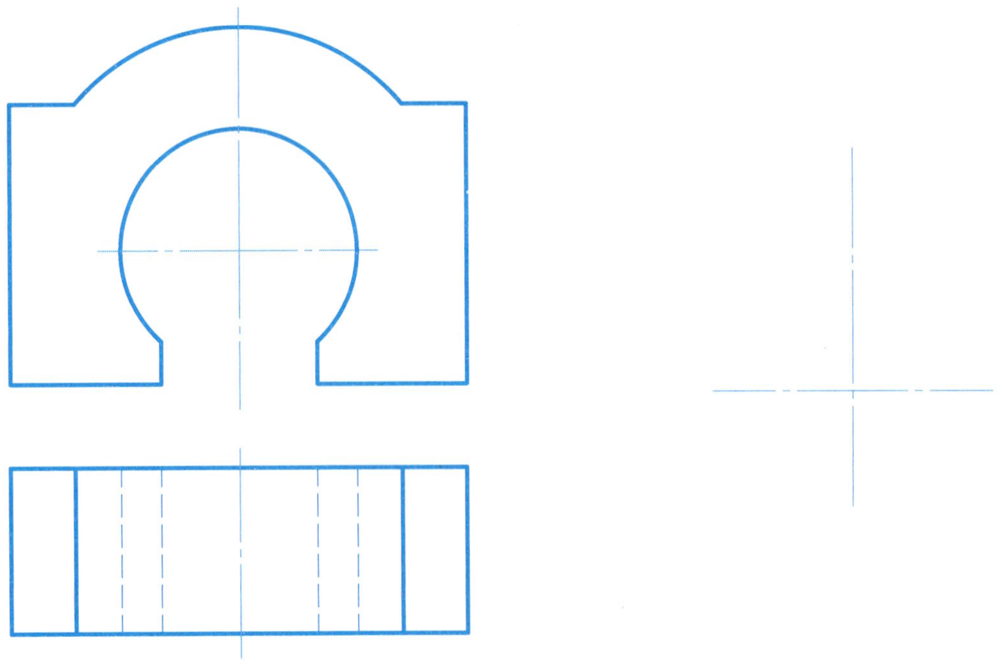

班级		学号		姓名		审核	

10-1　根据所给的主、俯、左、后视图，补画出另外两个基本视图。

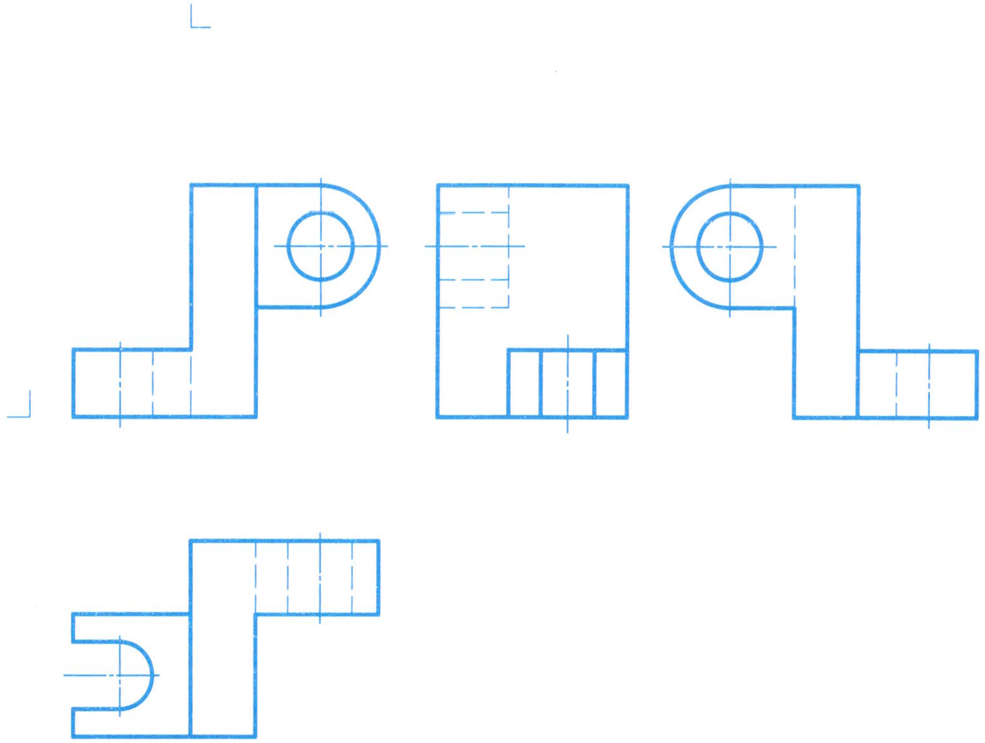

10-2　根据所给两视图，参照轴测图补画 *A* 向局部视图。

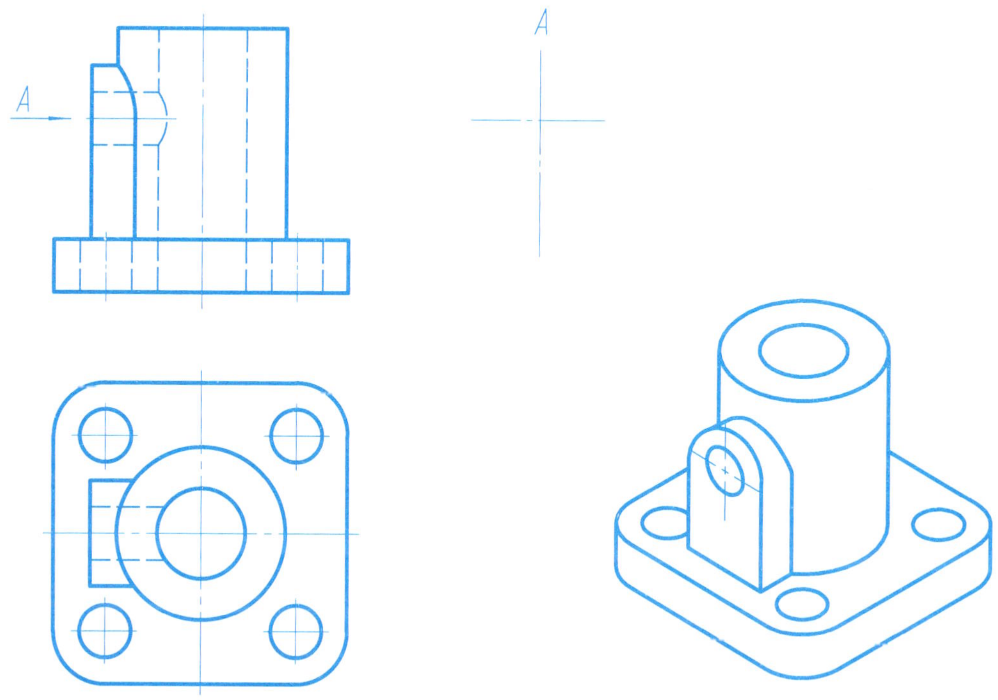

10-3　根据所给两视图，参照轴测图补画 *B* 向斜视图。

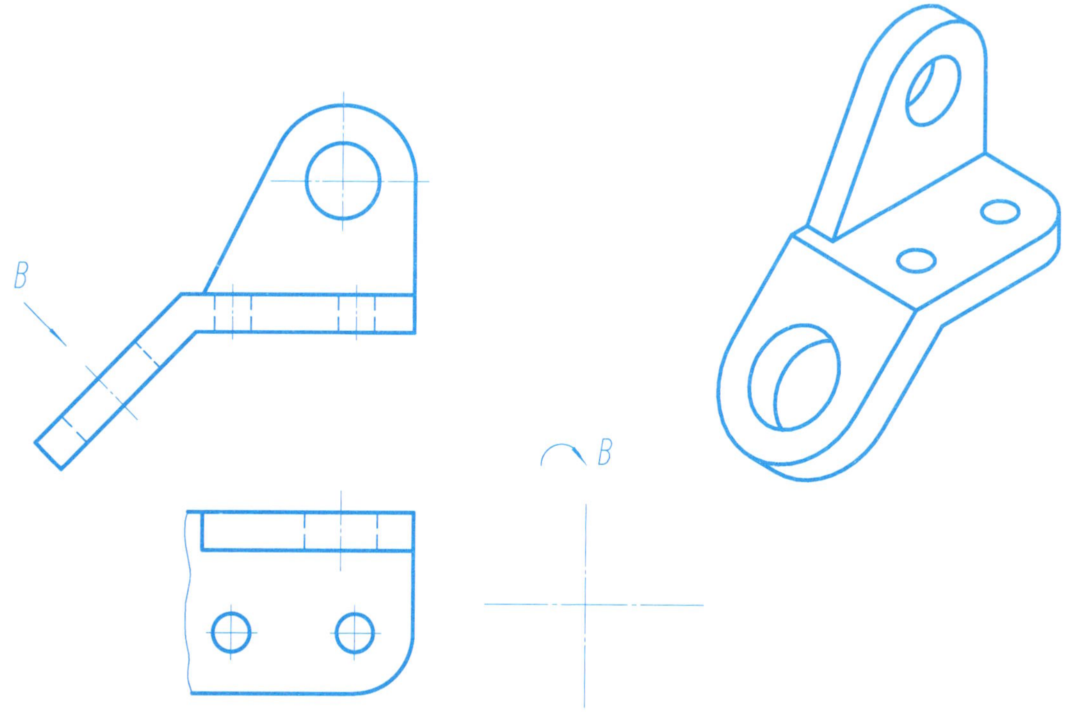

班级		学号		姓名		审核	

10-4 根据所给俯视图，参照轴测图将主视图画成半剖面图，左视图画成全剖面图。

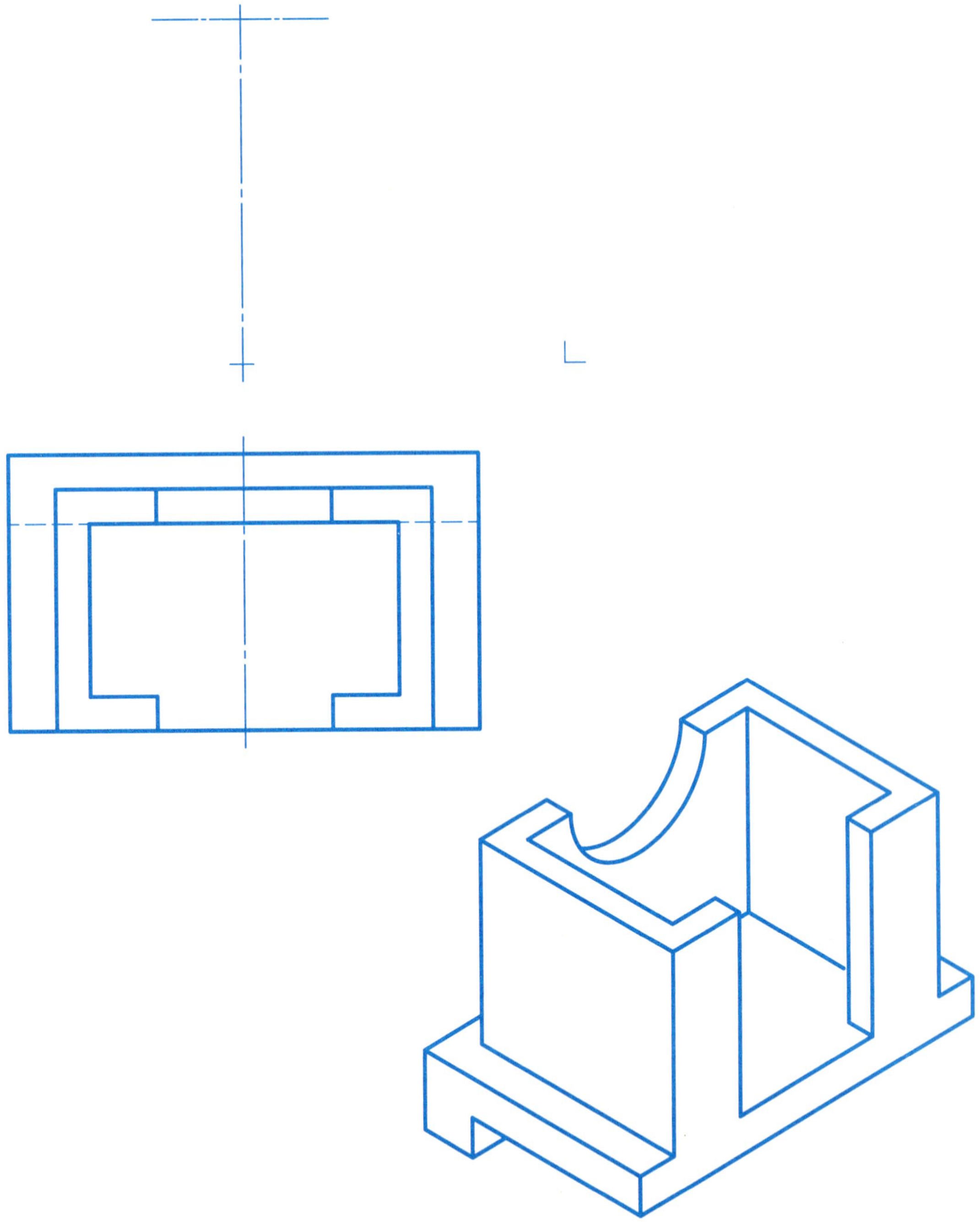

10-5 补出剖面图中的漏线。

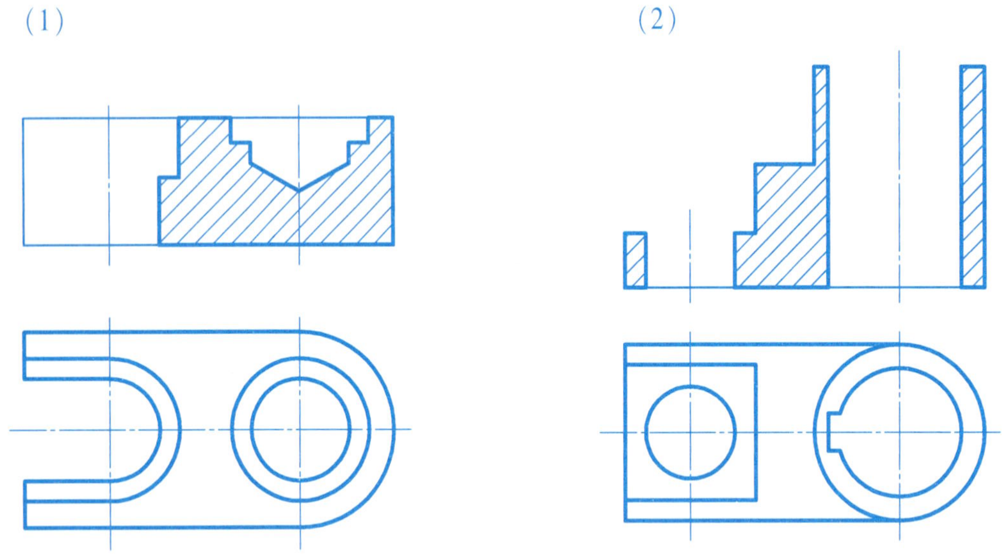

10-6 读懂图(1)的平面图和剖面图所表达的形体，若其变成(2)(3)中的剖面图时，试想象改变后的形体形状，并补全平面图。

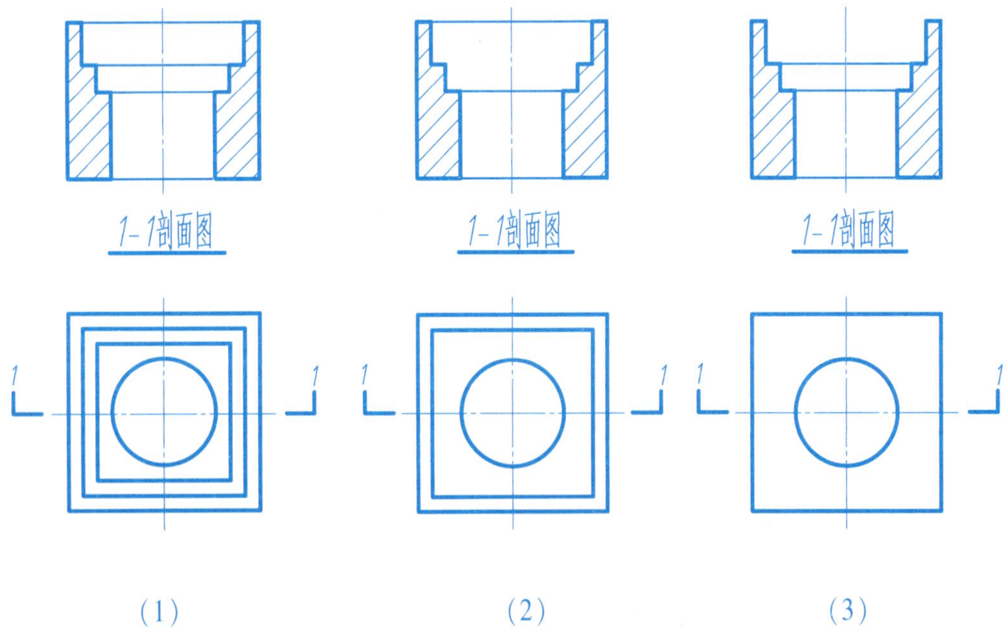

班级		学号		姓名		审核	

10-7 读懂图(1)所给的两视图，在图(2)上求画 1-1 剖面图和 2-2 剖面图。

(1)

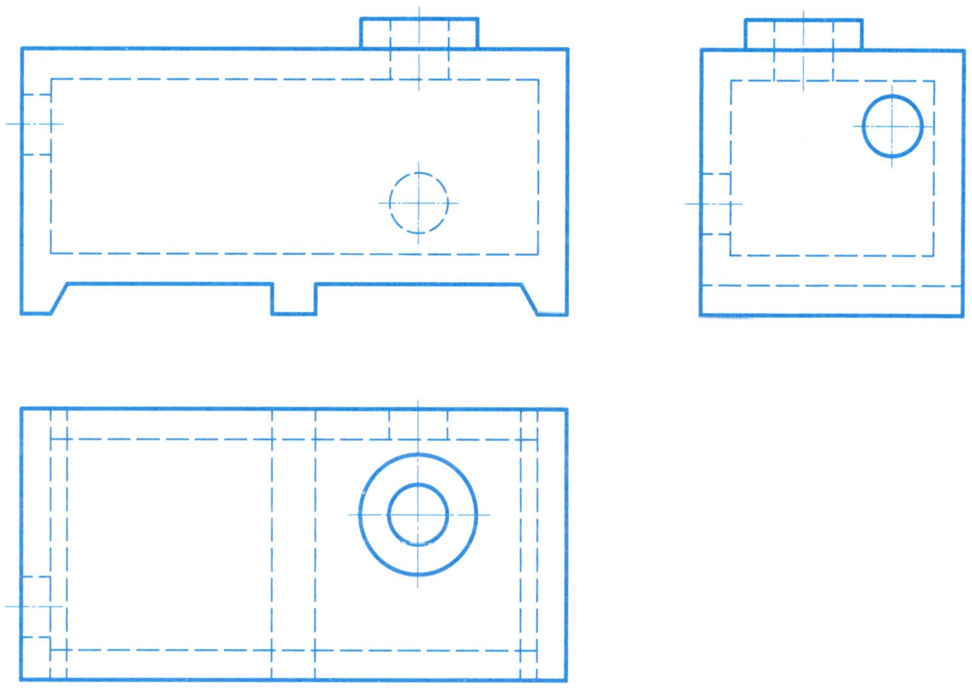

(2)

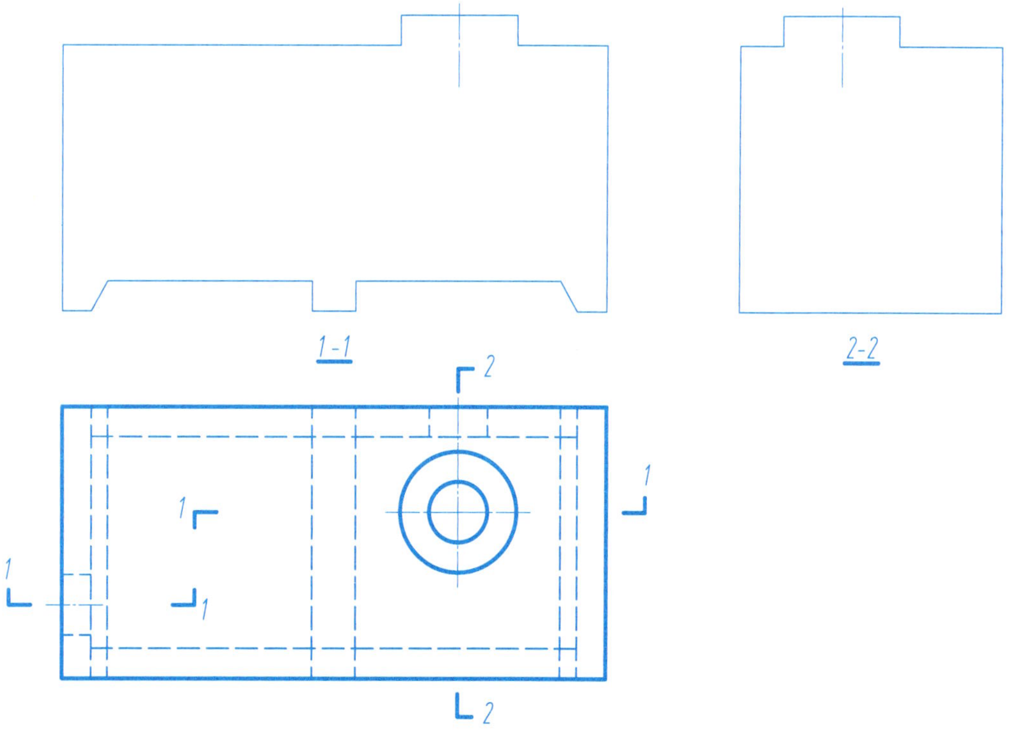

10-8 读懂图(1)所给的两视图，在图(2)上求画 1-1 剖面图和 2-2 剖面图。

(1)

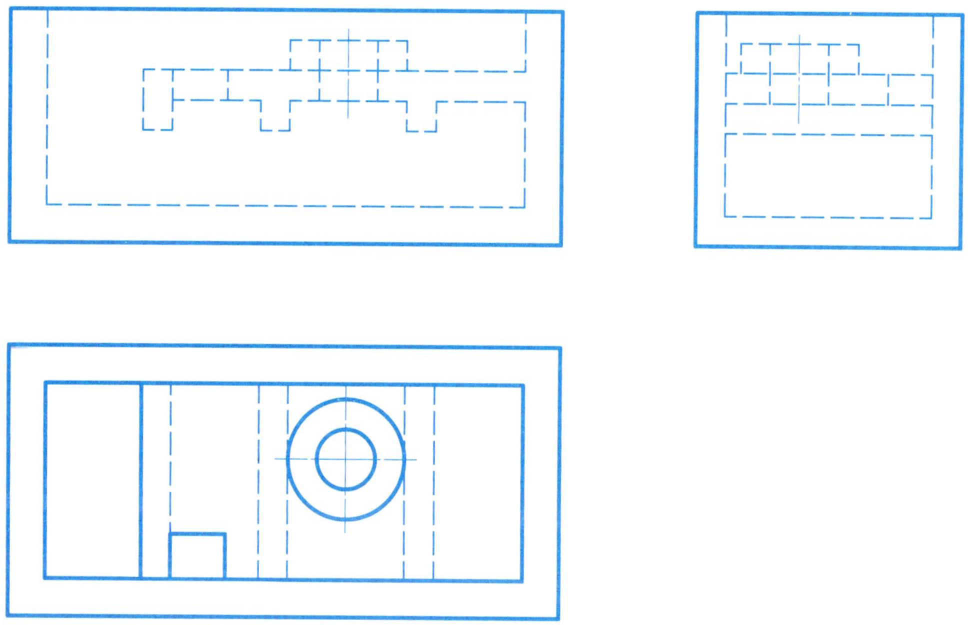

(2)

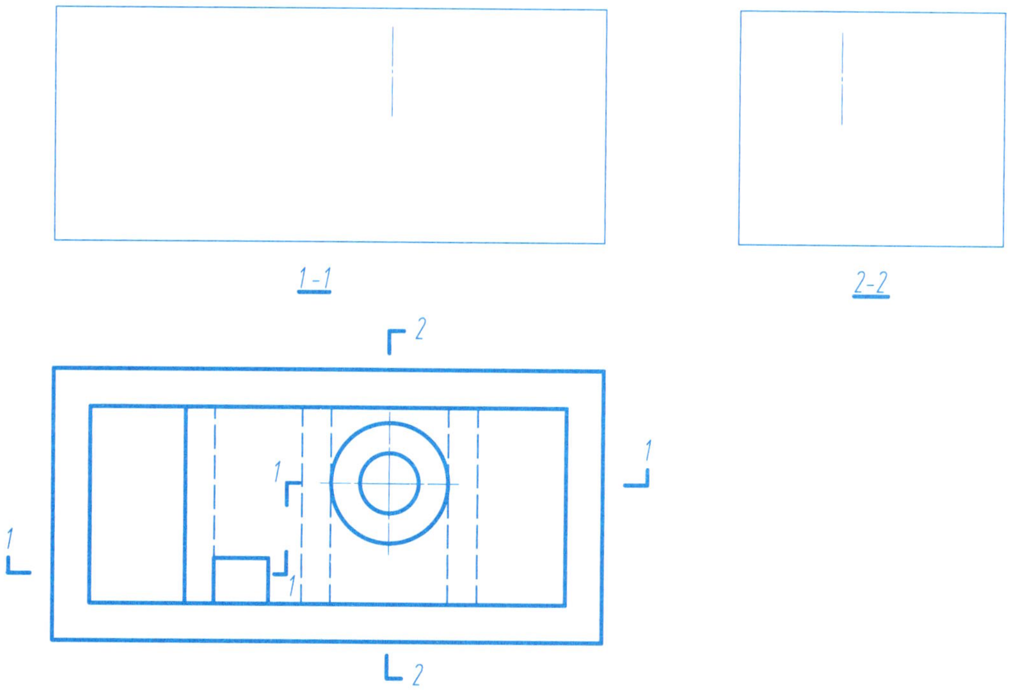

班级　　学号　　姓名　　审核

10-9 将渡槽基础的主视图改为半剖面图。（材料：混凝土）

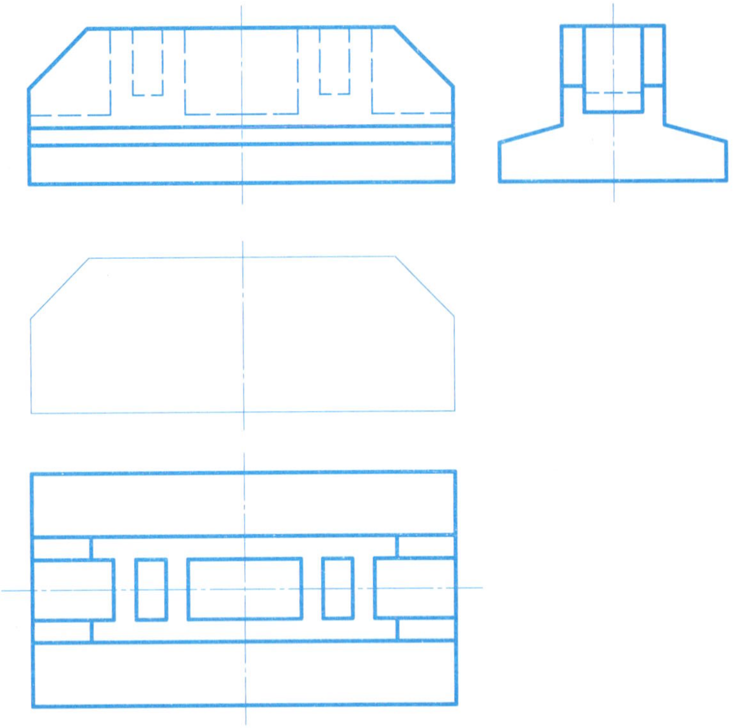

10-10 作出 1-1 剖面图。（材料：金属）

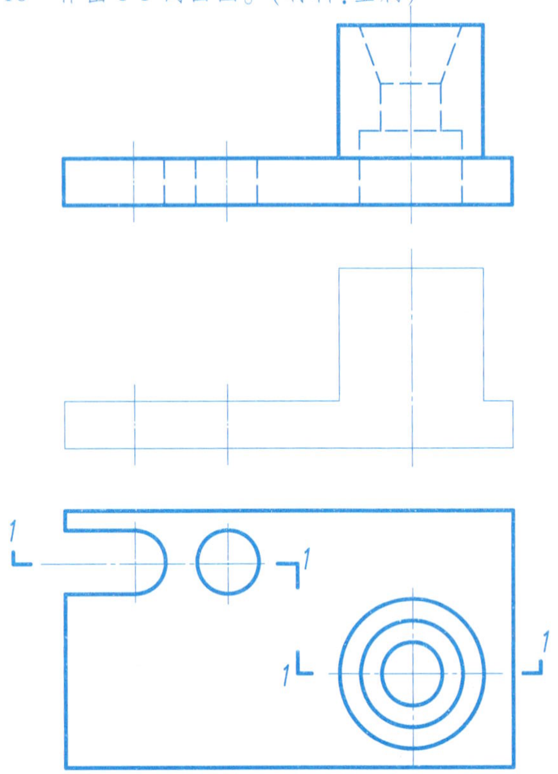

10-11 补画左视图，并根据所示剖切位置求画 1-1、2-2 剖面图。（材料：混凝土）

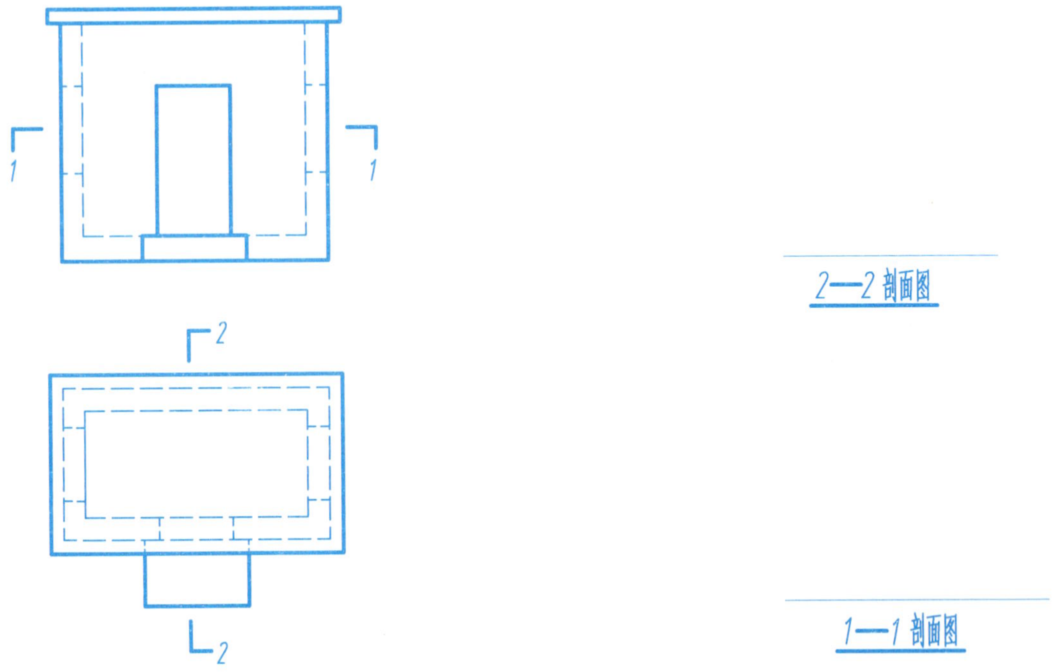

10-12 求画 2-2 剖面图。

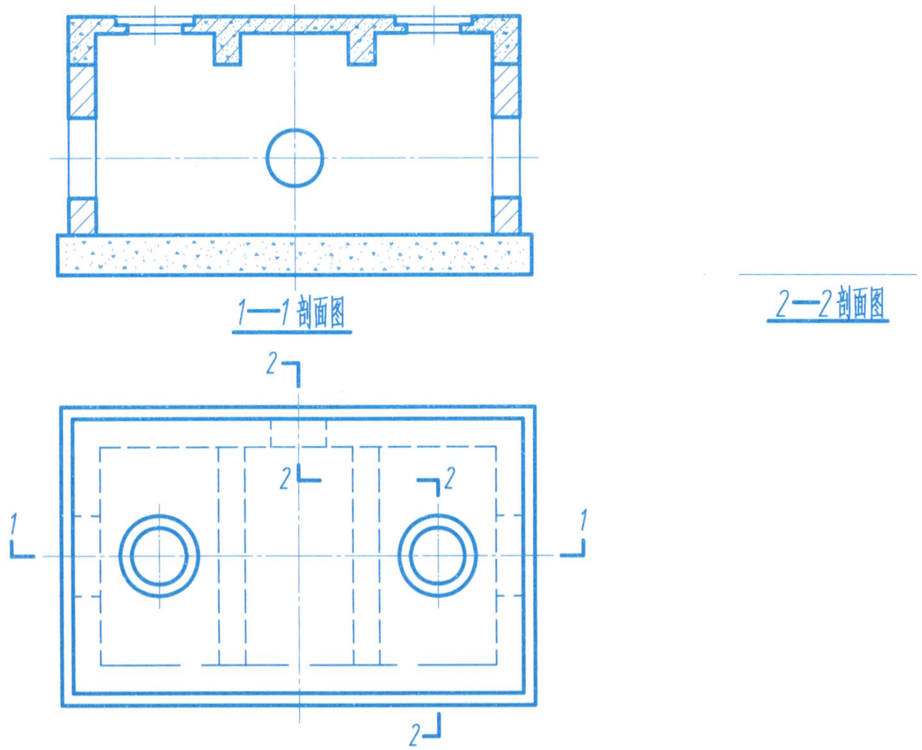

班 级		学 号		姓 名		审 核	

10-13 分析主、左视图，作出指定位置的移出断面图(材料为钢筋混凝土)。

(1)

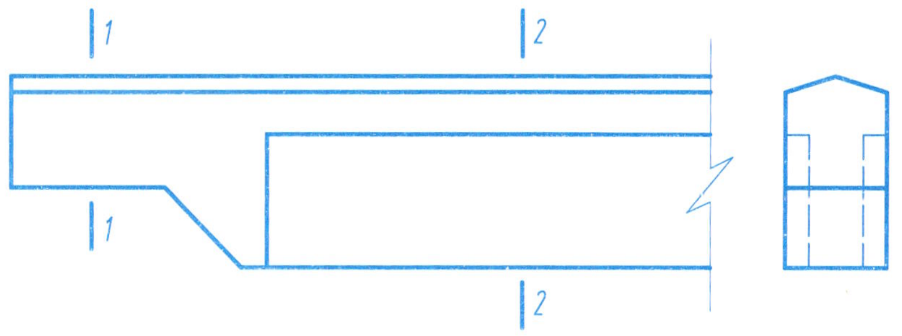

1—1

2—2

(2)

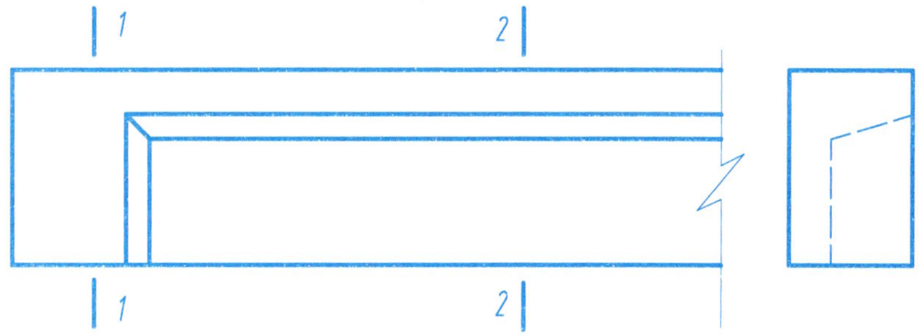

1—1

2—2

10-14 读懂所给的视图，画出指定位置的断面图。

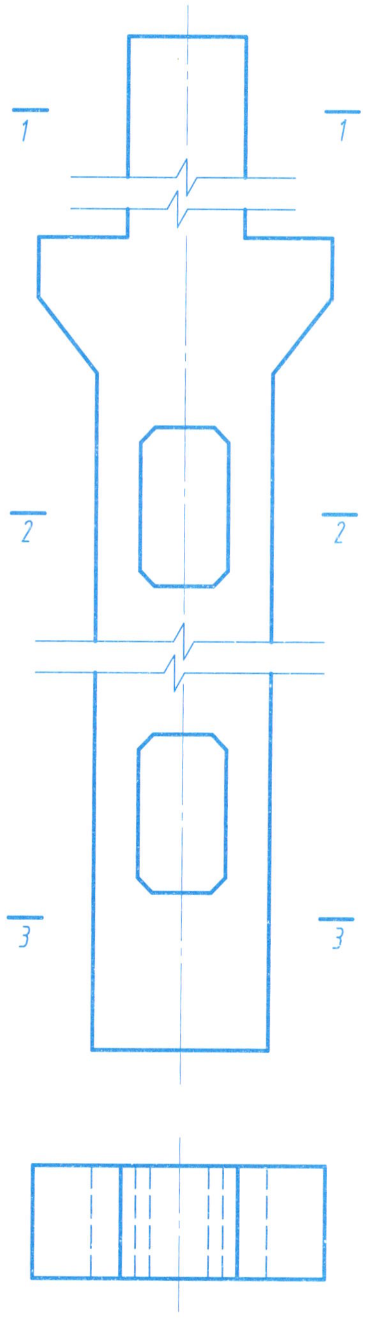

1-1

2-2

3-3

班级		学号		姓名		审核	

绘图作业 10-1　剖视图画法及尺寸标注

1. 目的

(1)学习运用形体分析法和线面分析法阅读组合体视图。

(2)学习运用形体分析法绘制组合体三视图、标注组合体尺寸。

(3)学习剖视图表达特点、画法。

2. 作业内容

(1)在 A3 号图纸上画出 10-15(1)、(2)的三视图,并画成适当剖视图。

(2)按照"正确、完整、清晰"的要求标注组合体尺寸。

3. 要求

(1)视图投影正确,剖视图画法正确无误。

(2)布图匀称。

(3)尺寸标注做到"正确、完整、清晰"。

(4)图线规范、字体工整、图面整洁。

4. 画图步骤

(1)进行形体分析,选择视图,并选择剖视方法。

(2)图面布置。

(3)轻打底稿。

(4)标注尺寸。

(5)画剖面线(符号)。

(6)检查校核,加粗描深。

(7)填写标题栏。

5. 作业说明

(1)绘图比例可根据题中说明选取。

(2)应根据图形尺寸、绘图比例、尺寸标注等因素进行图面布置,使图形、尺寸合理、匀称分布。

(3)各种线型应按规定绘制,做到粗细分明、光顺流畅、深浅一致。剖面线要求方向、间隔一致(间隔不能过大或过小,可取 2～3mm)。

(4)字符书写要工整。尺寸数字用 3.5 号字。汉字用长仿宋体,打格书写。

(5)标题栏中内容:图名:剖视图;图号:4 号;并填写绘图比例、班级、姓名、学号。图名用 10 号字,其余用 5 号字。

(6)完成作业时间:共 4 学时。

10-15　将下面两图分左右两栏在 A3 图幅上按 1 : 1 画出其三视图、并作适当剖切,同时标注尺寸。

(1)

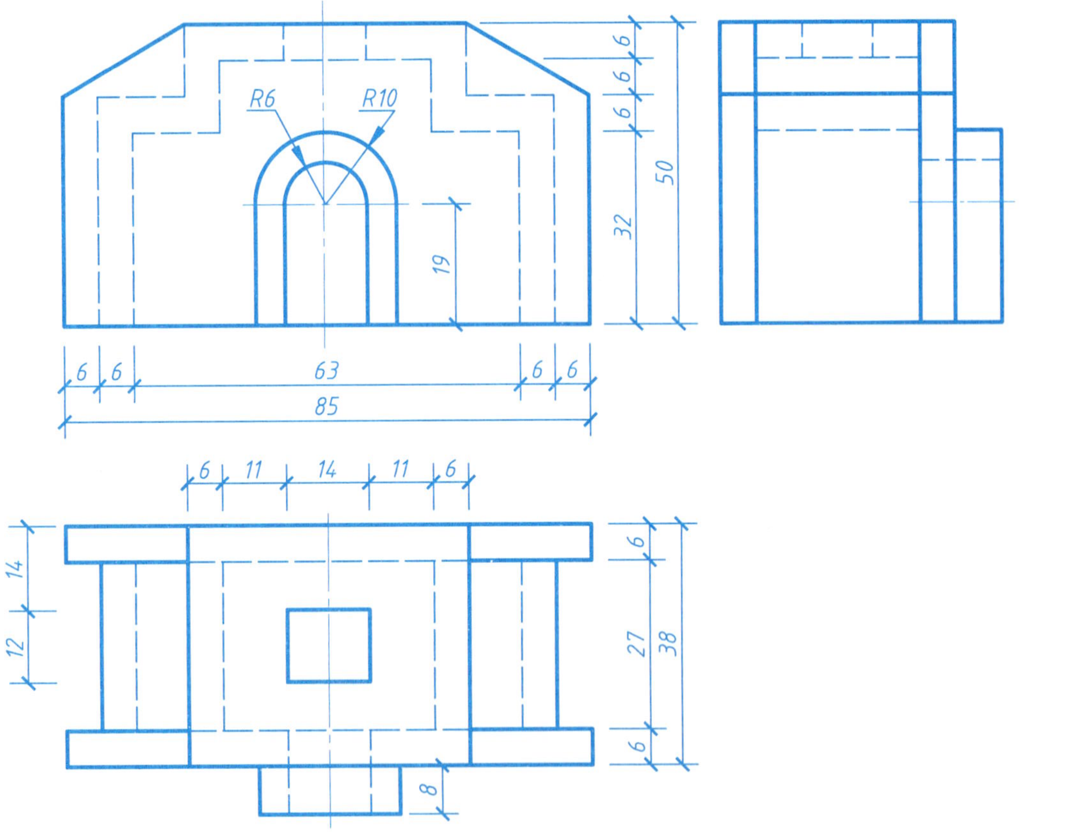

(2)

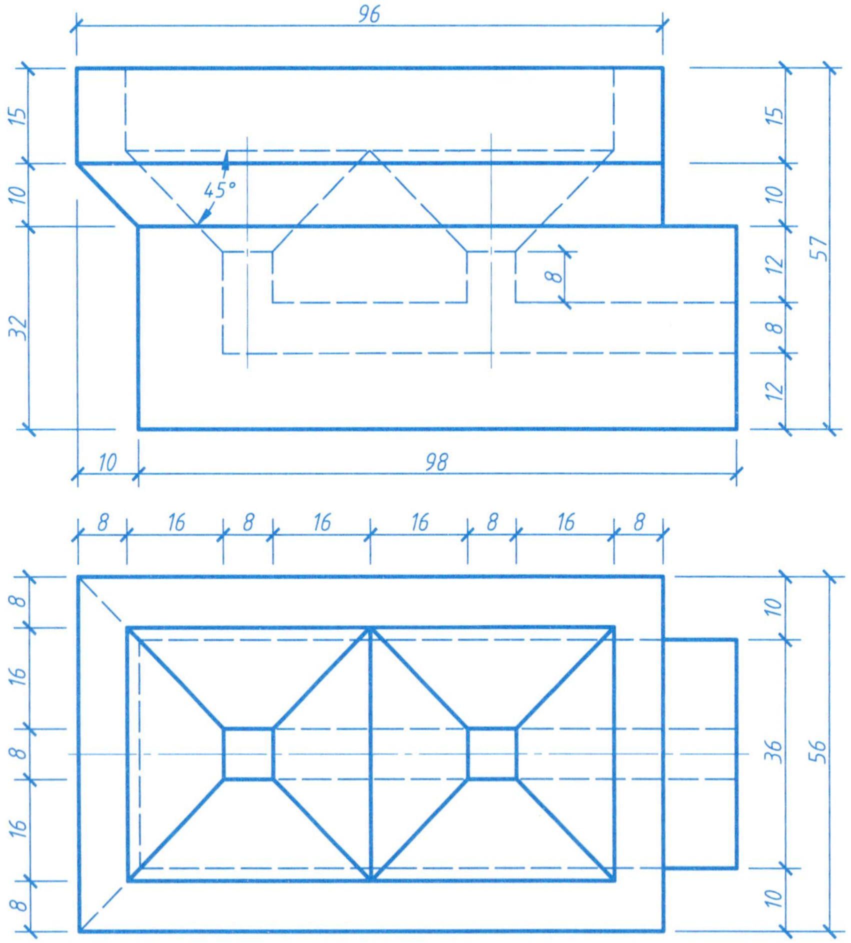

班级		学号		姓名		审核	

土木工程制图基本知识作业

1. 目的

(1)了解土木工程制图国家标准的有关图线、比例、标注等基本规定。

(2)了解土木工程制图国家标准有关材料图例符号等画法。

2. 填空题

(1)在土木工程图中,所标注的尺寸一般以________为单位。

(2)在房屋图标注坡度符号时,该符号为单面箭头,箭头应指向________方向。

(3)土木工程图中表示工程物体主要轮廓线的线型一般用________。

(4)在木木工程图中,对称符号由________线及________组成。

(5)房屋图所注比例字高应比所注图名的字高小________号或________号。

(6)在土木工程图中,表示构造层次的断开界线用________。

(7)在土木图中,应在指北针的指针头部标注________或________。

(8)在同一张图中,相同比例的各图样,选用的线宽组应________。

(9)在房屋图中地坪线宽用________ b,在道桥工程图中地坪线宽用________ b。

3. 选择题(单选、多选)

(1)绘制图样采用粗、中、细三种线宽时,其线宽比应为(　　)。

A. $1.2b$、b、$0.5b$　　B. b、$0.5b$、$0.25b$

C. $2b$、b、$0.5b$　　D. $1.2b$、$0.6b$、$0.3b$

(2)在土木工程图中,绘制构配件时常用的比例为(　　)。

A. 1 : 50、1 : 20、1 : 10　　B. 1 : 100、1 : 500、1 : 1000

C. 1 : 1、1 : 2、1 : 5　　D. 1 : 50、1 : 100、1 : 200

(3)在土木工程图中,尺寸线应采用(　　)。

A. 细实线　　B. 细虚线

C. 折断线　　D. 细单点长画线

(4)在土木工程图中,材料图例表示(　　)。

A. 混凝土　　B. 金属

C. 普通砖　　D. 玻璃

(5)在土木图中,符号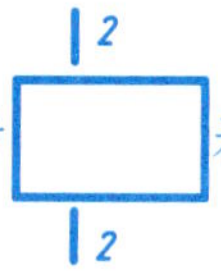

表示了剖切位置等,其意思为(　　)。

A. 剖面 2—2,向右投射　　B. 断面 2—2,向右投射

C. 剖面 2—2,向左投射　　D. 断面 2—2,向左投射

(6)在土木工程图中,用细单点长画线表示(　　)。

A. 定位轴线　　B. 可见轮廓线

C. 假想轮廓线　　D. 中心线

E. 对称线

(7)在土木工程图中,标注尺寸的组成除尺寸线外,还包括(　　)。

A. 尺寸界线　　B. 数字

C. 箭头　　D. 尺寸单位

第11章　建筑施工图	班级		学号		姓名		审核	

建筑施工图作业

1. 目的

(1)了解房屋建筑施工图的基本内容。

(2)掌握建筑平立剖及详图的表示方法。

(3)学习草图、尺规图和计算机作图的绘制方法。

2. 内容

房屋建筑施工图作业包括填空题、选择题和作图题。内容主要为建筑平面图、立面图及剖面图的图示方法，楼梯图的图示方法以及绘制建筑施工图的基本规定等。

3. 填空题

(1)房屋施工图一般分为________施工图、________施工图和________施工图。

(2)在建筑施工图中，代号 M 表示________。

(3)在总平面图中，标高应标注________标高。

(4)楼层建筑平面图实质上是经过门窗洞口的________图。

(5)建筑平面图中一般标注三道尺寸，中间道尺寸应标注________尺寸。

(6)在建筑立面图中所标注的门窗尺寸是指门窗________的尺寸。

(7)从建立立面图中可了解房屋外墙面的划分及________等情况。

(8)在建筑平、立、剖及详图中，标高以米计并在小数点后注________位。

(9)详图索引符号 $\frac{3}{6}$，对应的节点大样图编号为建施________。

(10)楼梯详图一般包括楼梯平面图、________及节点大样。

4. 选择题(单选、多选)

(1)在建筑施工图中细单点长画线一般表示(　　)。

A. 定位轴线　　B. 尺寸线

C. 可见轮廓线　　D. 不可见轮廓线

(2)房屋工程图按专业不同，一般包括(　　)。

A. 建筑施工图、结构施工图、总平面图

B. 建筑施工图、结构施工图、设备施工图

C. 建筑施工图、水电施工图、设备施工图

D. 建筑施工图、装修施工图、水电施工图

(3)建筑平、立、剖图的常用比例取(　　)。

A. 1∶5、1∶10　　B. 1∶20、1∶50

C. 1∶50、1∶100　　D. 1∶200、1∶500

(4)二层建筑平面图的水平剖切平面位置在(　　)。

A. 窗口上方、经过门窗洞　　B. 楼面上、窗台下

C. 二层楼板面处　　D. 窗洞上、顶棚下

(5)在楼梯剖面图中，应画粗实线型的为(　　)。

A. 可见栏杆、扶手　　B. 可见踏步

C. 剖面楼梯段　　D. 尺寸线

(6)总平面图表示内容包括(　　)等。

A. 房屋内部布置　　B. 房屋的位置朝向

C. 道路、绿化　　D. 地形地貌

E. 房屋的高度

绘图作业 11-1　绘制传达室建筑平、立、剖面图

根据所给某单位传达室的直观图及资料，按 1：50 的比例，使用 A3 图幅，完成传达室的平、立、剖面图。要求完成铅笔草图、尺规图和计算机绘图等 3 张图样的绘制，并标注尺寸。在图纸适当位置按 1：10 比例抄绘传达室花格墙详图。

1. 要求

草图须徒手画线，使比例基本相符并应投影正确、线型分明、表达完整。应基本做到图面布置合理、尺寸齐全、排放整齐、图线清晰，字体工整、材料符号正确。

2. 步骤

(1)熟悉 P63 ~ P67 所给资料，明确表达内容。

(2)手工绘图时先绘平面图（绘图时注意留出标注尺寸位置），再绘剖面图，根据平面图及剖面图绘出立面图，并抄绘详图。

(3)对照所给资料检查，加深图线。

(4)标注尺寸，注写文字。包括平面图中的剖切位置线、指北针、立面图、剖面图的材料符号、详图索引符号及详图符号等。

3. 注意

画图时，需按图上所给尺寸画图，不可在立体图上直接量取，剖面图应在适当位置选取阶梯剖切，并编号 1—1。

建筑平面图、立面图、剖面图布置示意图

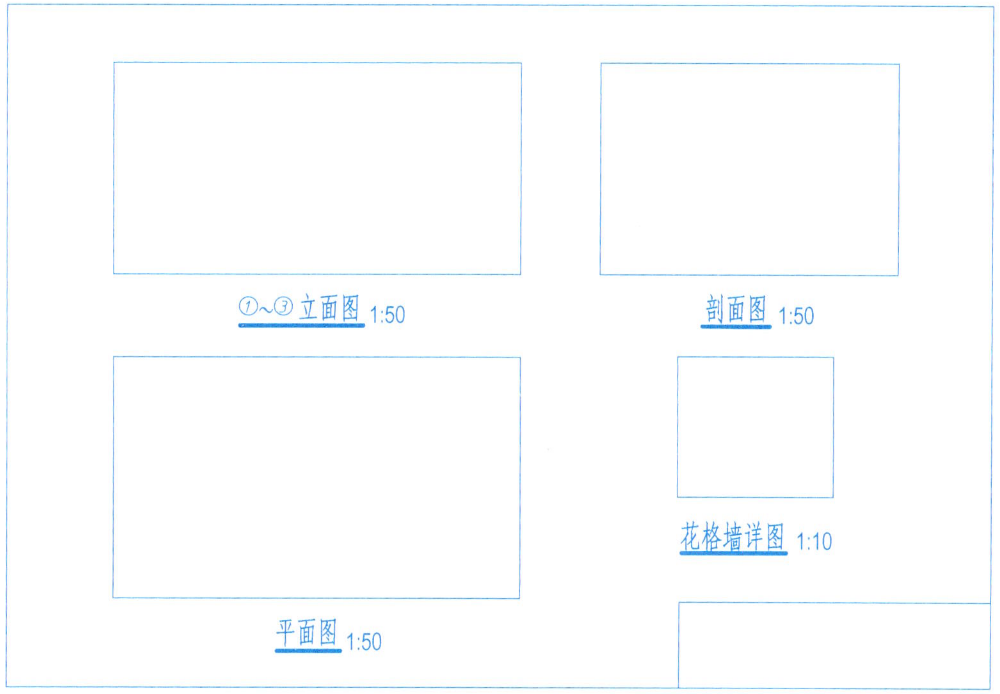

第 11 章　建筑施工图	班级		学号		姓名		审核	

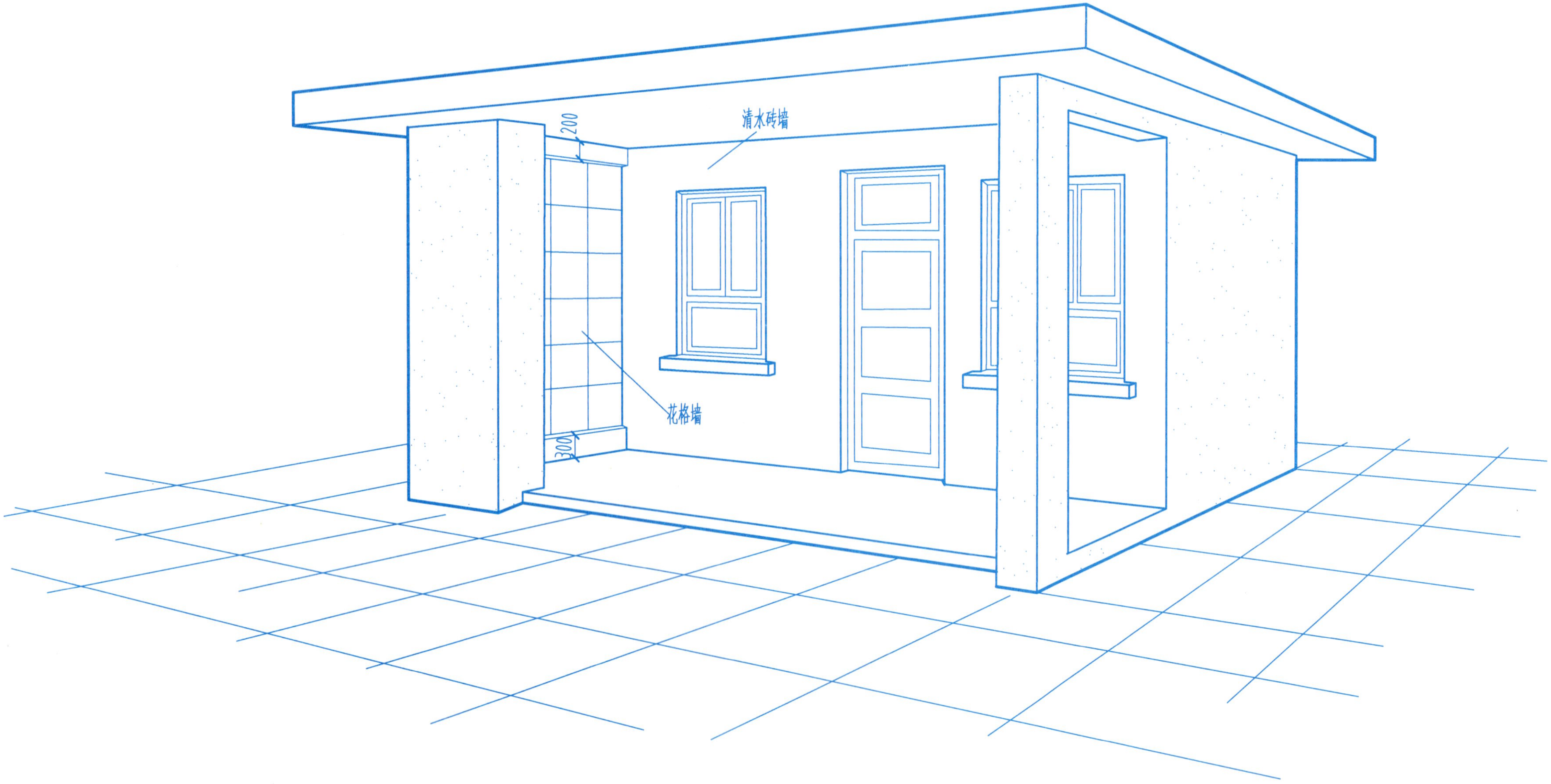

第11章 建筑施工图	班级		学号		姓名		审核	

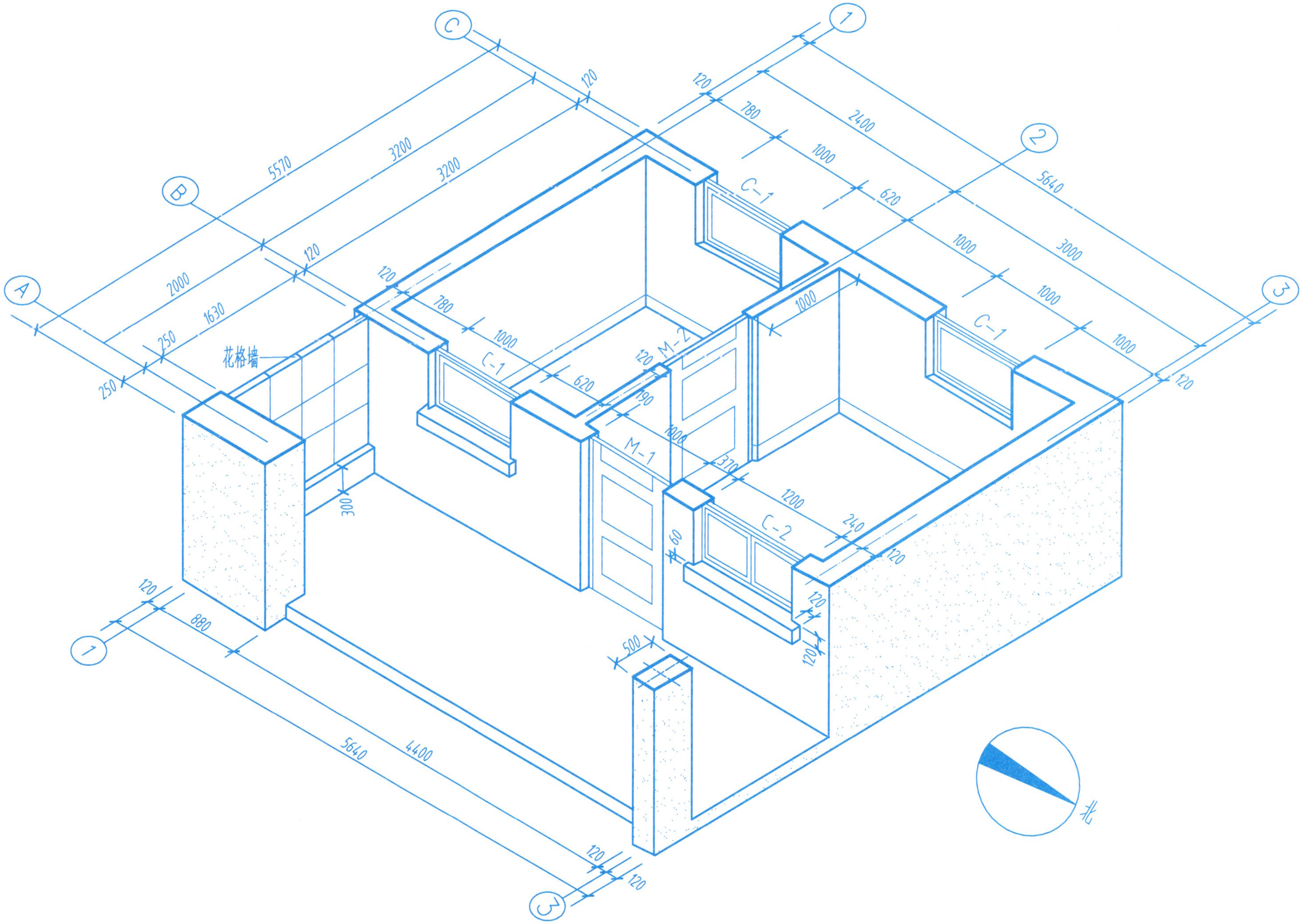
花格墙
C-1
C-2
M-1
M-2
北
5570
3200
2000
1630
5640
2400
3000
4400
880
780
1000
620
1200
1800
370
500
300
250
240
190
120
60

班级		学号		姓名		审核	

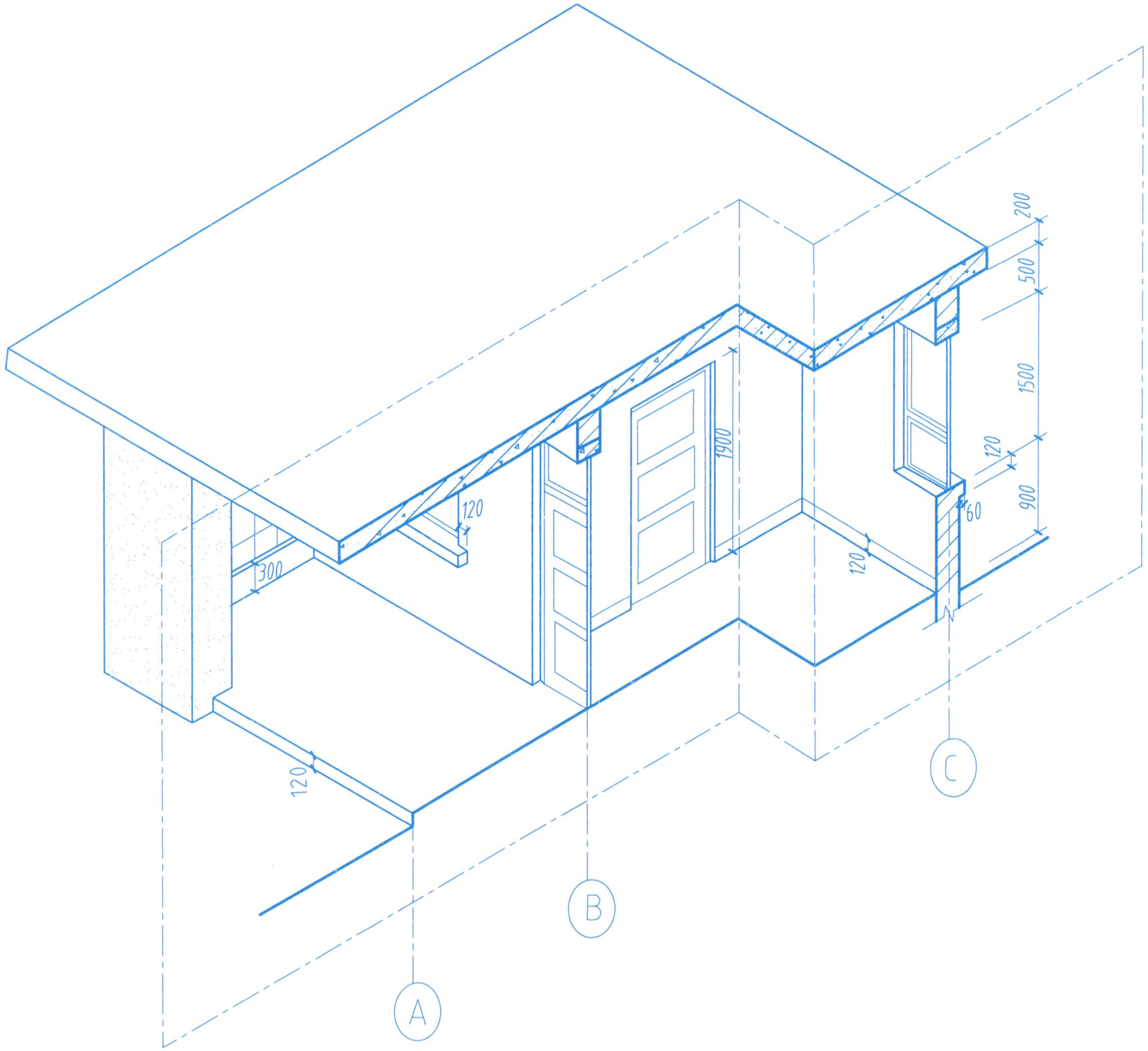

第11章 建筑施工图	班级		学号		姓名		审核	

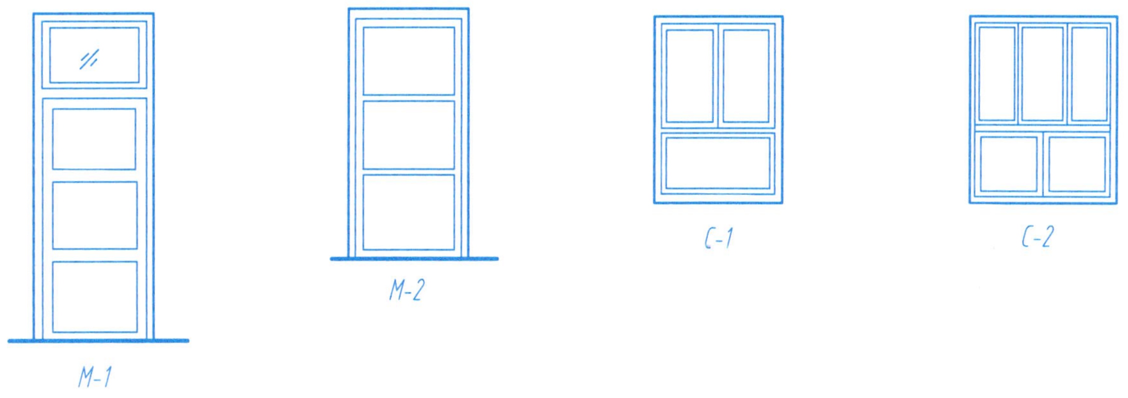

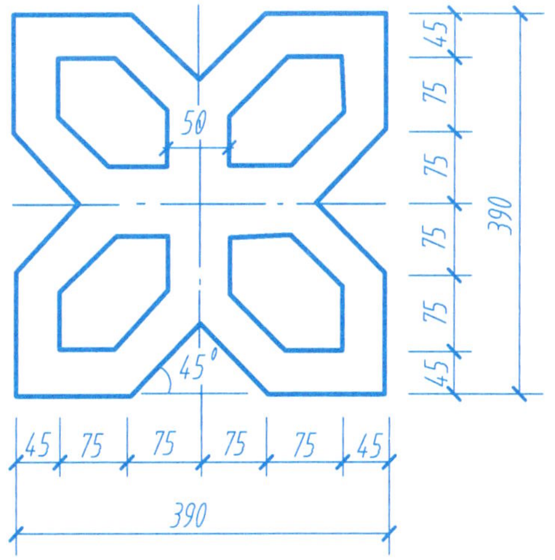

1 1:10

花格窗详图

门窗明细表

编号	宽×高	数量
M－1	1000×2400	1
M－2	1000×1900	1
C－1	1000×1500	3
C－2	1200×1500	1

资料：

1. 室内地坪标高为 ±0.000m，室外地坪标高为 −0.120m，屋面板底标高为 2.900m，板厚为 200mm。

2. 门、窗过梁高度均为 60mm。

3. 墙身为清水砖墙，柱子用水刷石粉刷。

4. 屋檐向四周均伸出 300mm。

5. 花格窗用详图索引编号引出，其厚度 δ=80mm。底部砖台高 300mm、宽 240mm。

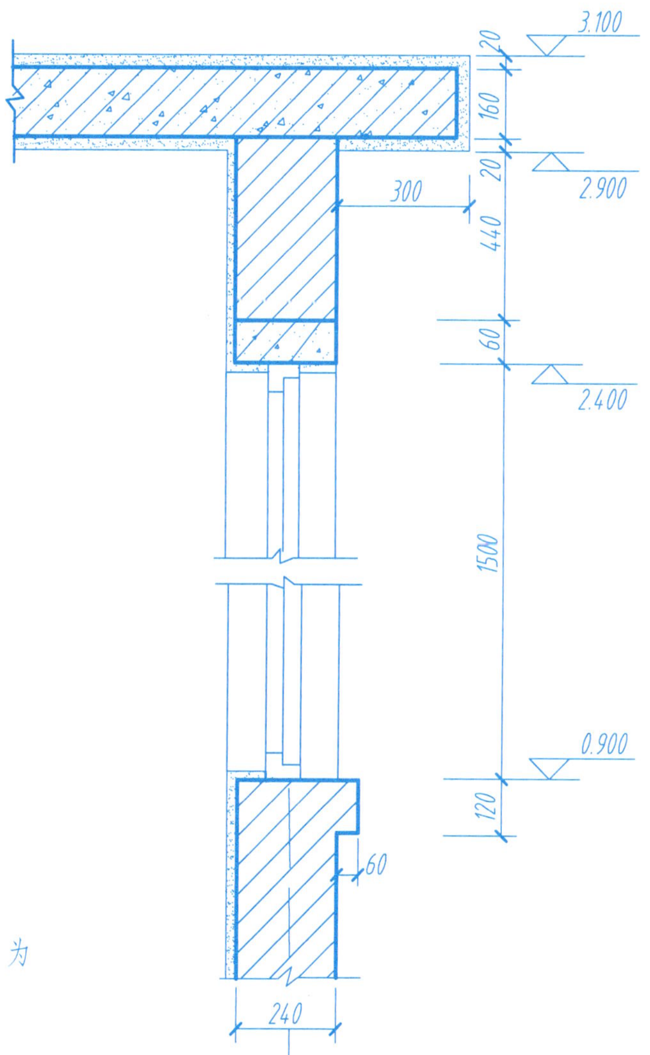

檐口及窗台详图 1:15

绘图作业 11-2　绘制住宅建筑平、立、剖面图

图示为某单元式住宅的示意图，相应平、立、剖图在后几页。通过该示意图，对单元式住宅的组成及构件有一定了解。

在作建筑(结构)图相关习题时，其空间关系可参考本示意图。

按施工图要求以 1 : 100 作图完成：

1. 平面图

标注出定位轴线编号；

在标准层平面图标注出房间名称、轴线间尺寸和总尺寸，并按窗宽度由大到小依次注写窗的代号和编号。

2. 立面图

根据所给图纸画全南立面图。

3. 剖面图

根据所给图纸画出 2—2 剖面图。

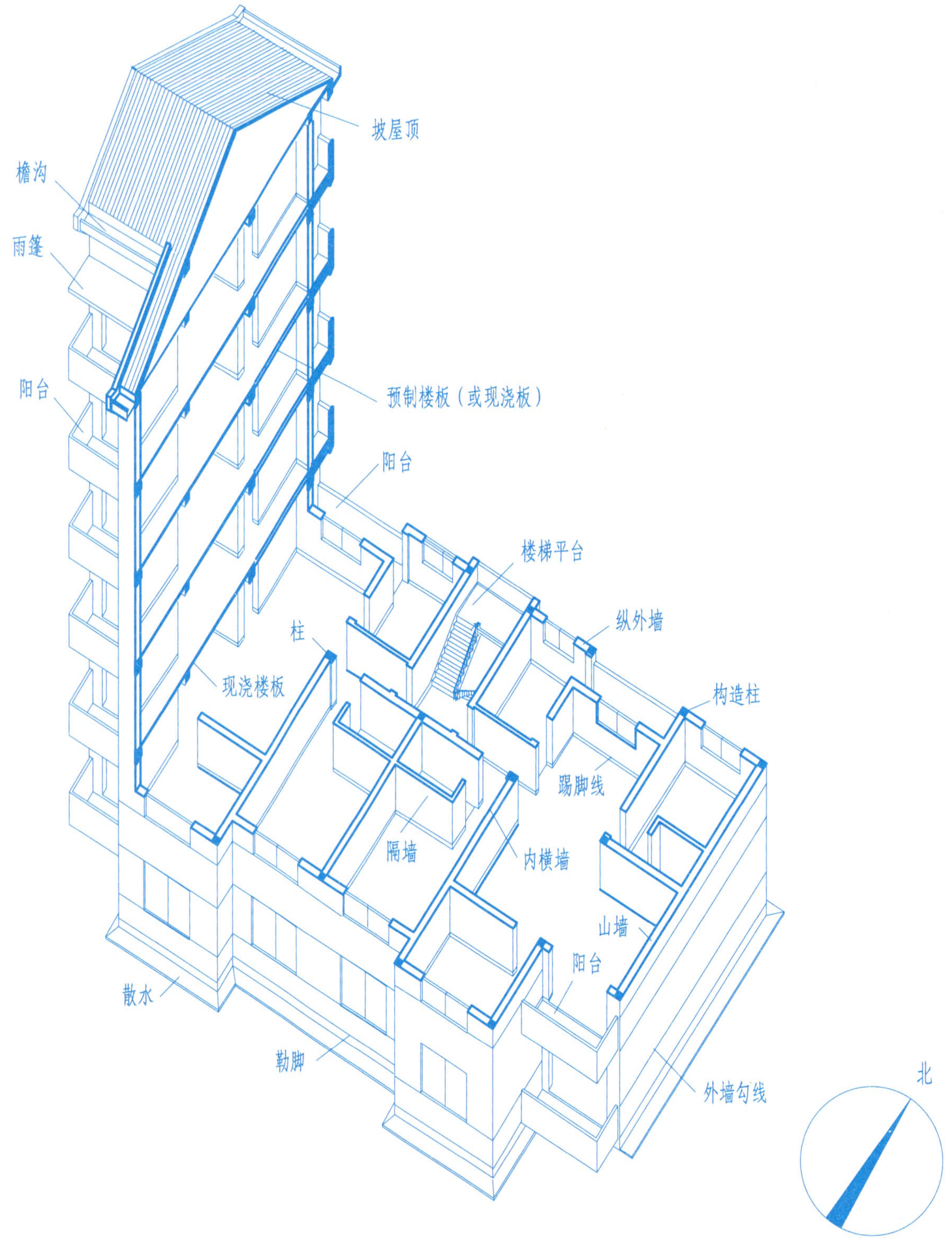

房屋组成示意图

第 11 章　建筑施工图	班级		学号		姓名		审核	

按施工图加深线型，标注出定位轴线编号；给平面图标注出房间名称、轴线间尺寸和总尺寸，并按窗宽度由大到小依次注写窗的代号和编号。

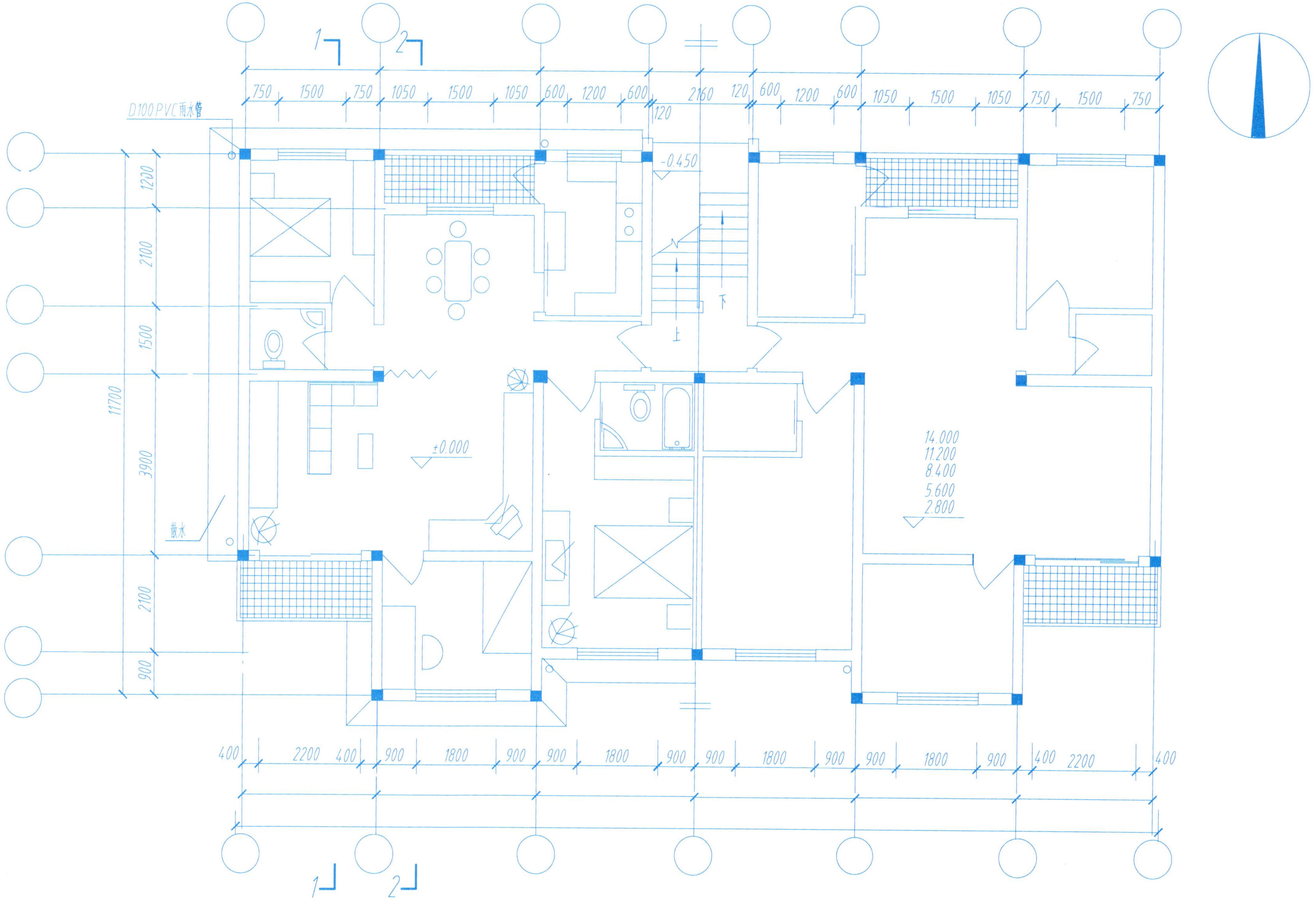

底层平面图 1:100　　　　标准层平面图 1:100

画全南立面图。

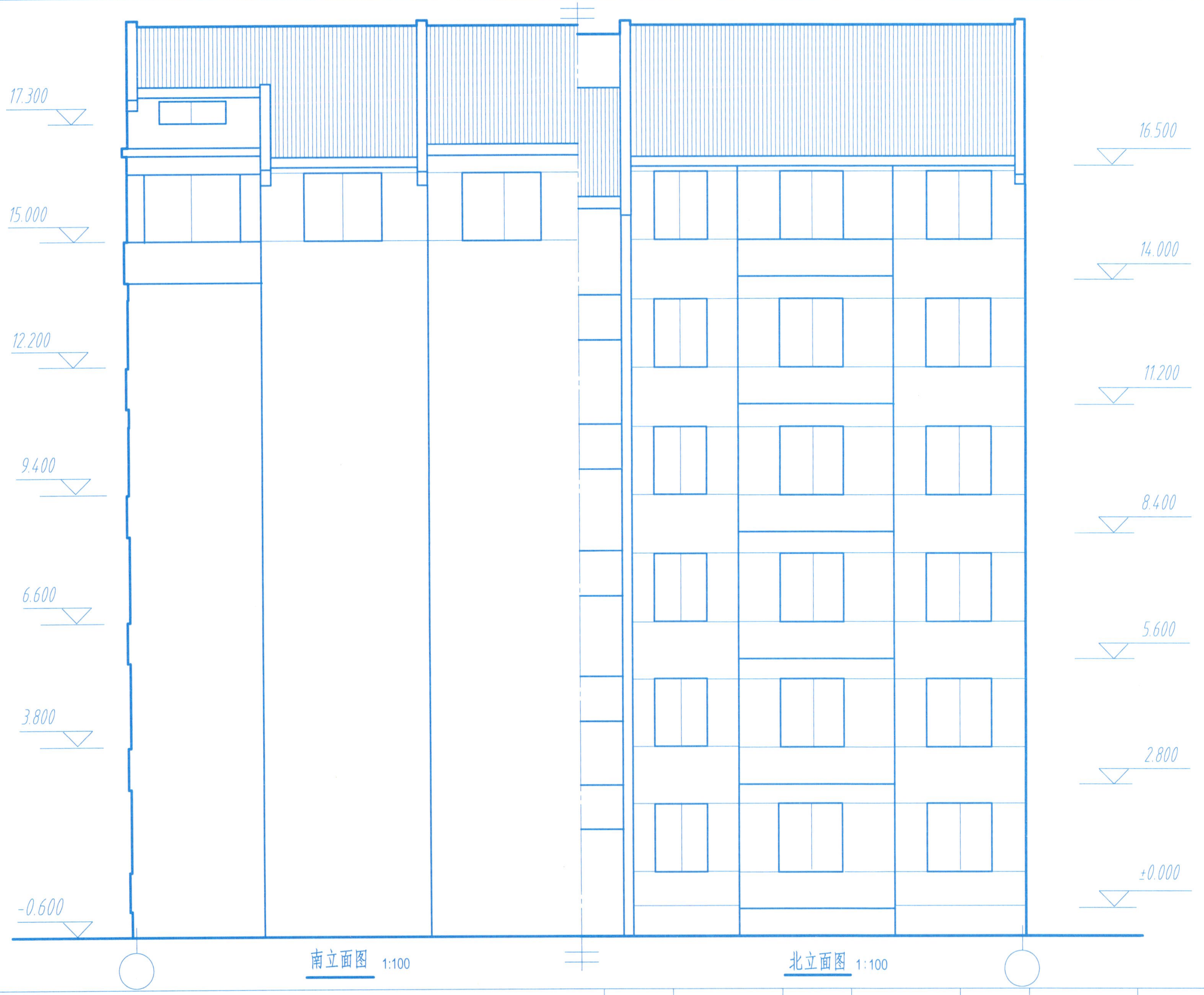

第11章 建筑施工图	班级		学号		姓名		审核	

根据平面图所示剖切位置，画出 2-2 剖面图。

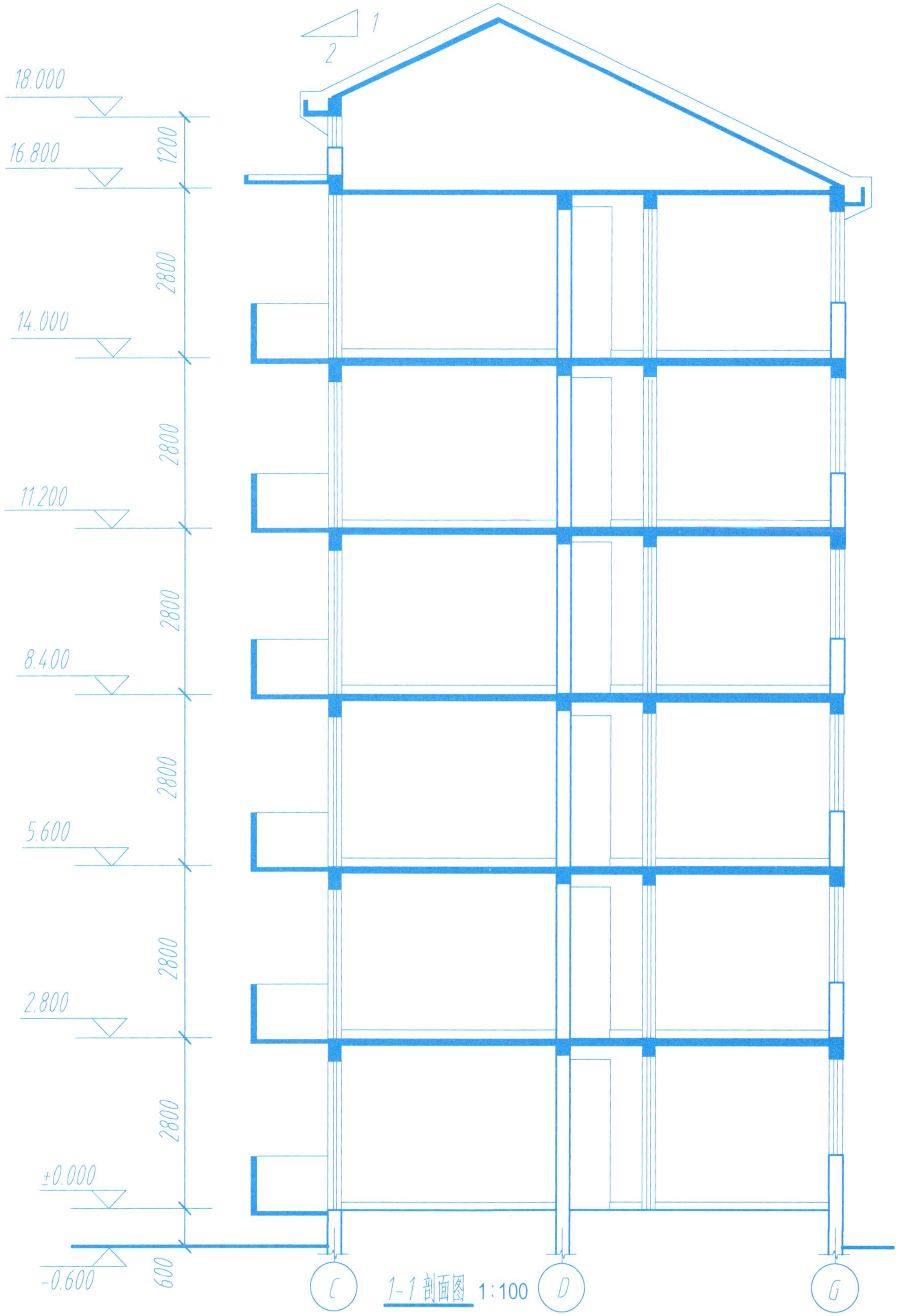

1-1 剖面图 1:100

2-2 剖面图 1:100

第 11 章　建筑施工图	班 级		学 号		姓 名		审 核	

绘图作业 11-3　求画楼梯剖面图

1. 根据所给出的楼梯平面图补全底层至二层的剖面图；底层至二层的踏步总数为 18 步。

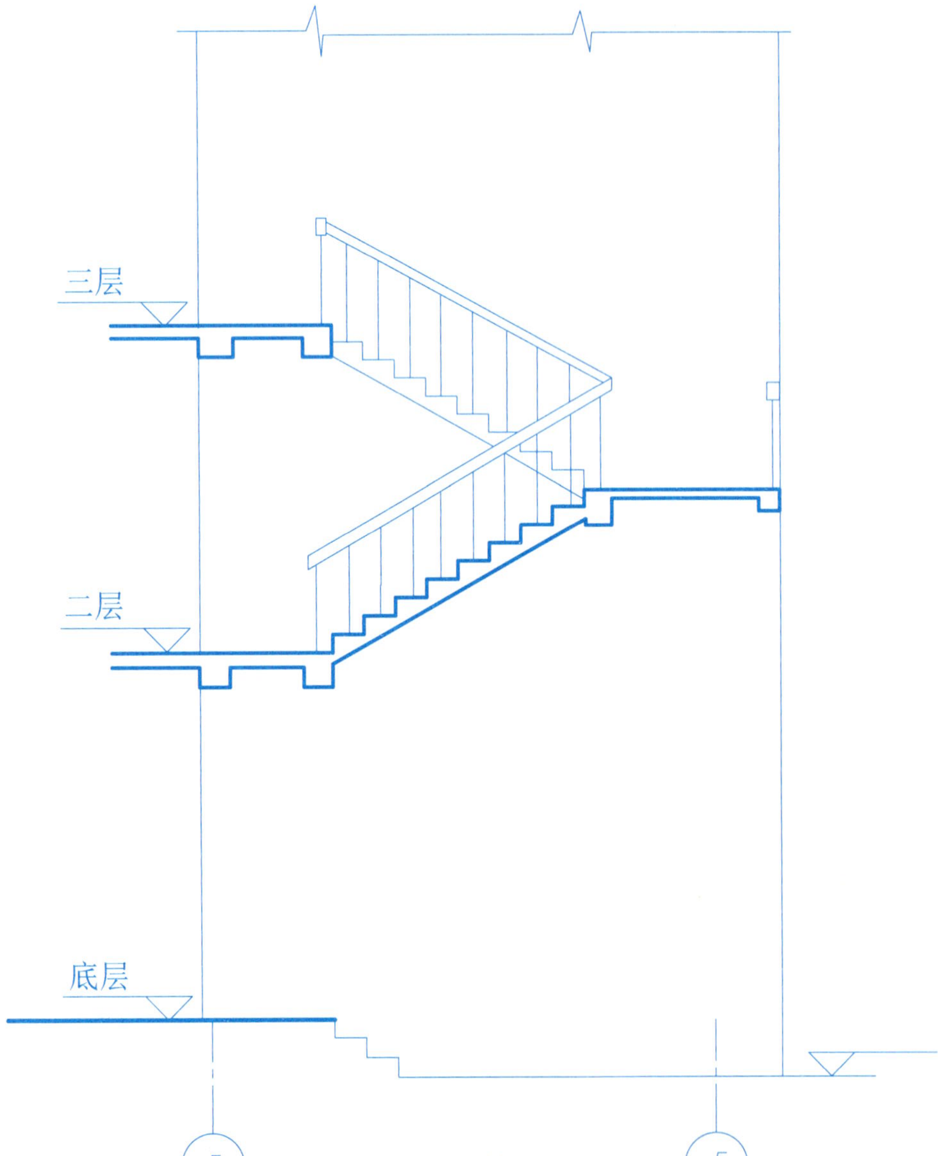

1-1 剖面图

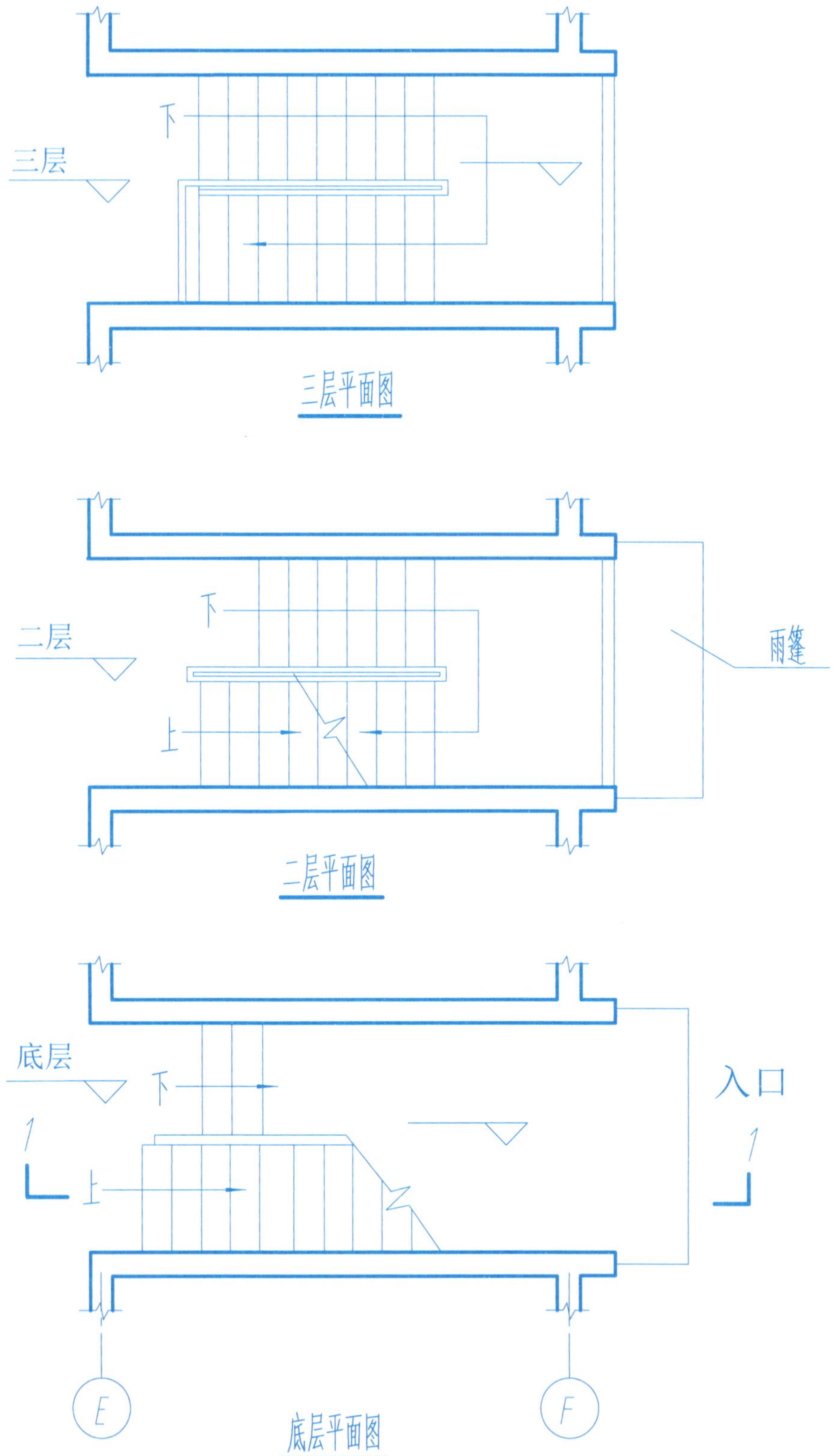

三层平面图

二层平面图

底层平面图

2. 根据楼梯平面图和 1-1 剖面图以 1∶100 画出 2-2 剖面图(踏面宽 300mm,踢面高 180mm,楼层梁和平台梁均高 400mm,宽 300mm,栏板高 1200mm)。

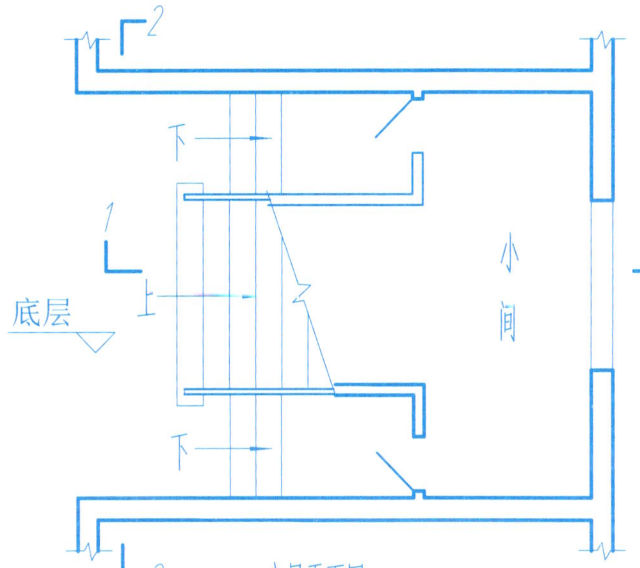

底层平面图

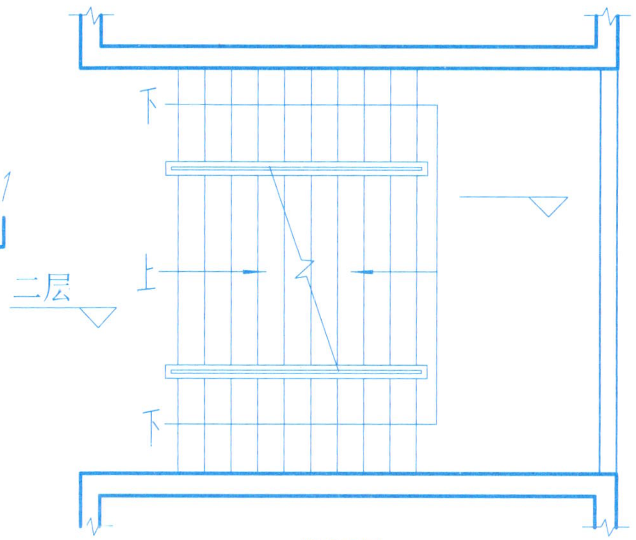

二层平面图

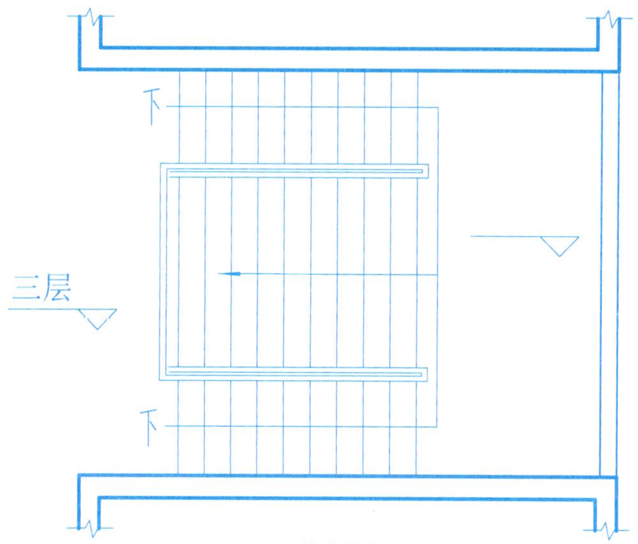

三层平面图

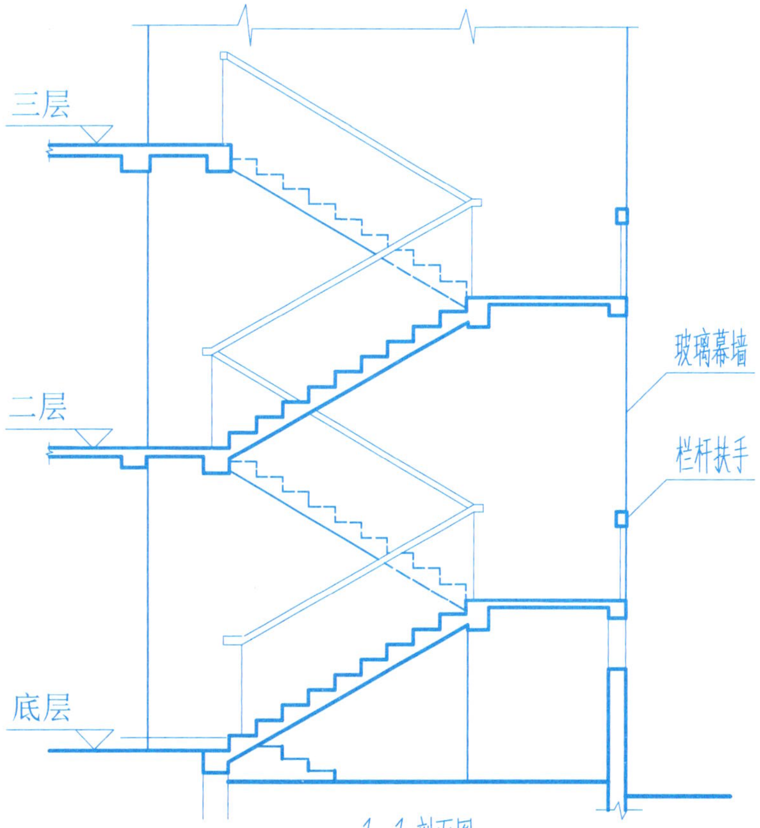

1-1 剖面图

2-2剖面图

第 11 章　建筑施工图	班 级		学 号		姓 名		审 核	

绘图作业 11-4　绘图楼梯详图

根据给出的楼梯直观图、楼梯节点详图和楼梯底层平面图，用尺规绘制指定位置的楼梯剖面图。

根据所作楼梯剖面图，分别完成楼梯标准层、顶层平面图，抄绘剖面图，完成草图、尺规图和计算机绘图 A3 图各一张。

1. 要求

(1) 楼梯平、剖面图投影关系应准确，楼梯踏面、踢面应等分均匀，楼梯扶手线、踢脚线、梯段底面轮廓线在剖面图中应相互平行。

(2) 图面应布置合理、整洁，线形分明，尺寸齐全，排列整齐，字体工整，材料符号正确。

2. 步骤

(1) 根据所给各梯段标高，计算楼梯各梯段踏步数目。

(2) 根据底层平面图及所计算的各梯段的踢面数目，画楼梯剖面图。

(3) 根据剖面图中各梯段的踏面数目画楼梯平面图。

(4) 检查、加深、标注尺寸、注定文字。

3. 资料

(1) 该楼梯为现浇钢筋混凝土楼梯。楼板、楼梯平台、梯段板等均为 100mm 厚，粉刷层均为 20mm 厚。

(2) 踏步板其踏面宽为 280mm，踢面高为 160mm。梯段宽为 1400mm，楼梯井宽为 260mm。

(3) 一层楼梯平台下设贮藏室，其门洞尺寸为 790×2000mm（宽×高），楼梯间大门尺寸为 2100×1500mm（高×宽），楼梯间窗洞尺寸为 1200×900mm（宽×高）。

(4) 楼梯间门、窗过梁厚度均为 160mm，室内踢脚线高度均为 120mm。

(5) 楼梯平台净宽为 1500mm。

楼梯图布置示意图

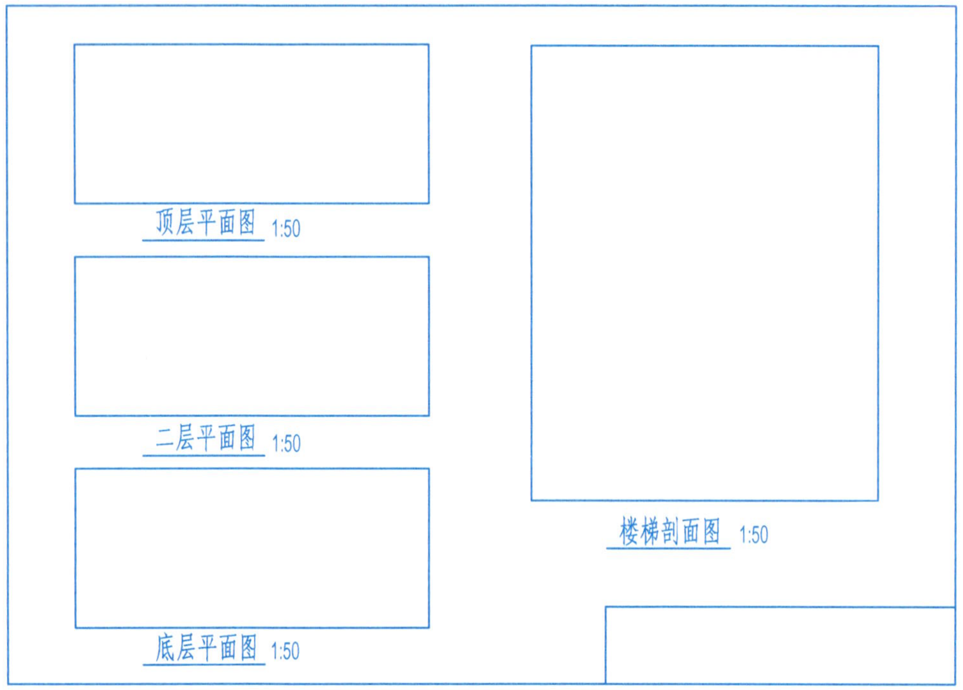

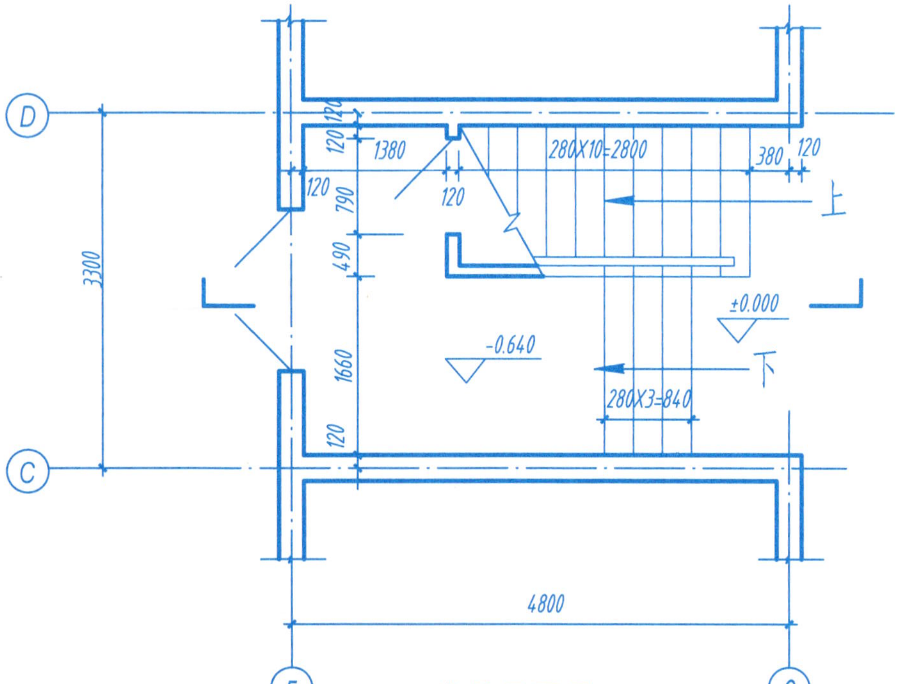

底层平面图 1:50

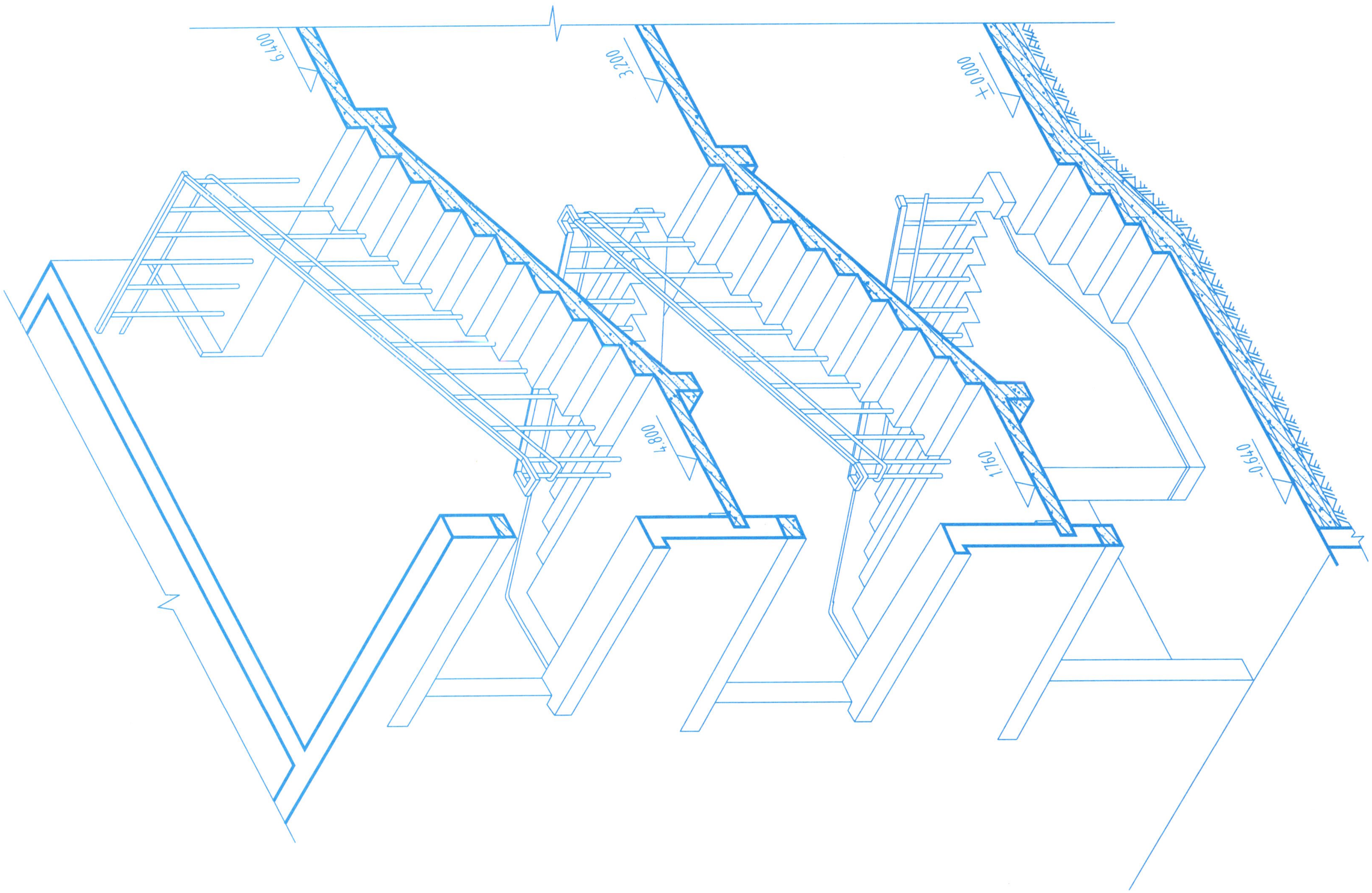

第11章　建筑施工图	班级		学号		姓名		审核	

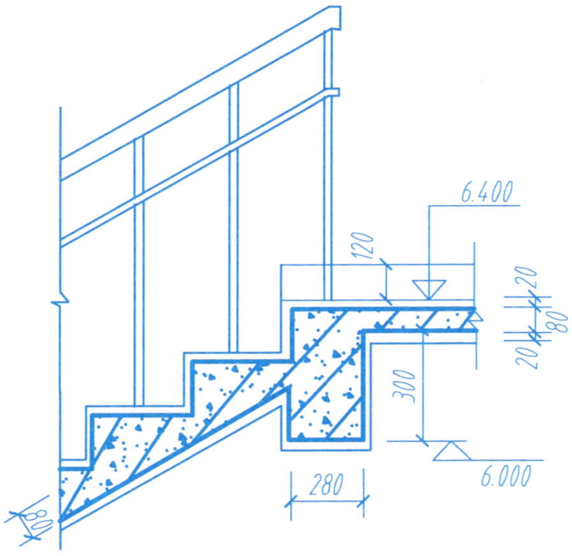

三层板梁节点详图 1:20

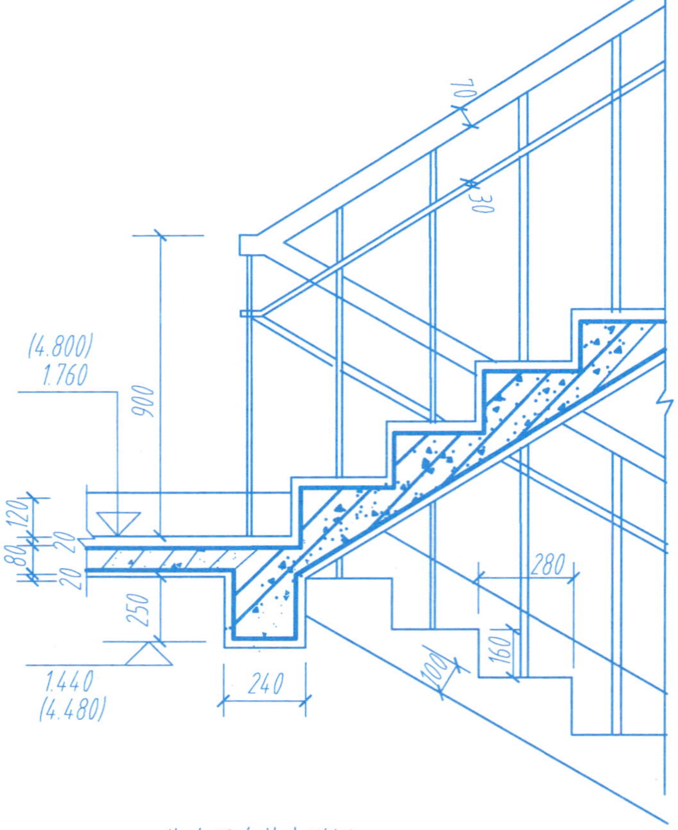

休息平台节点详图 1:20

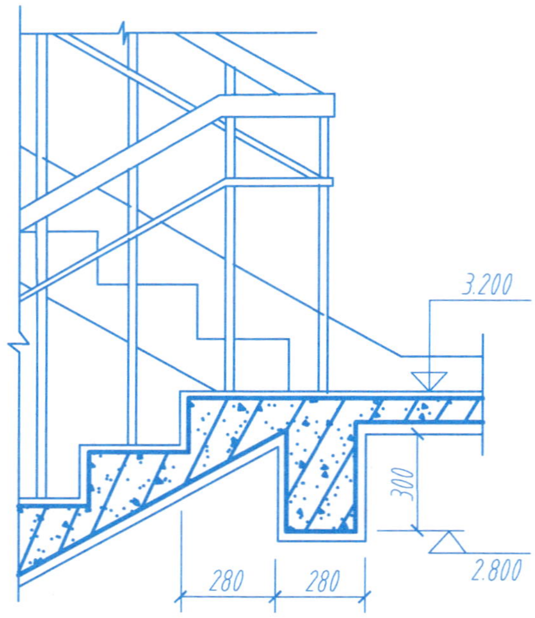

二层板梁节点详图 1:20

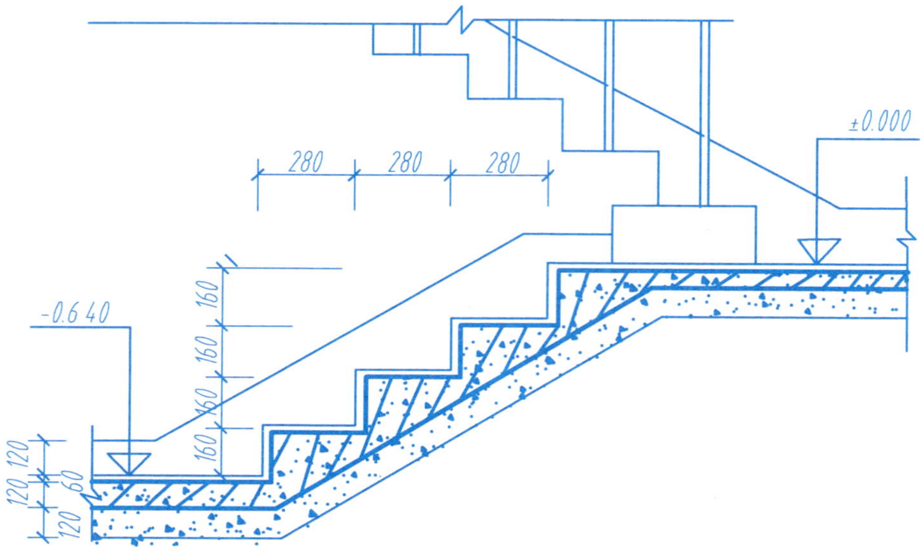

底层节点详图 1:20

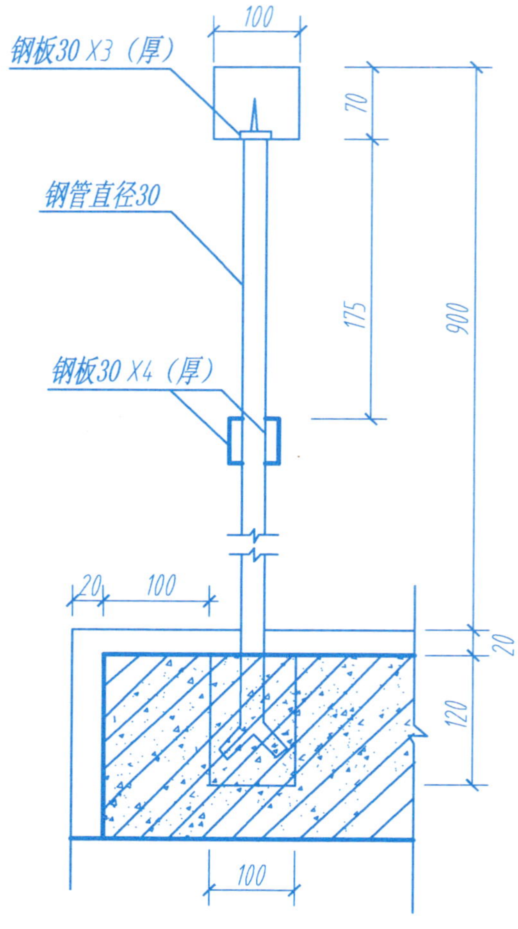

栏杆扶手详图 1:5

班级

学号

姓名

审核

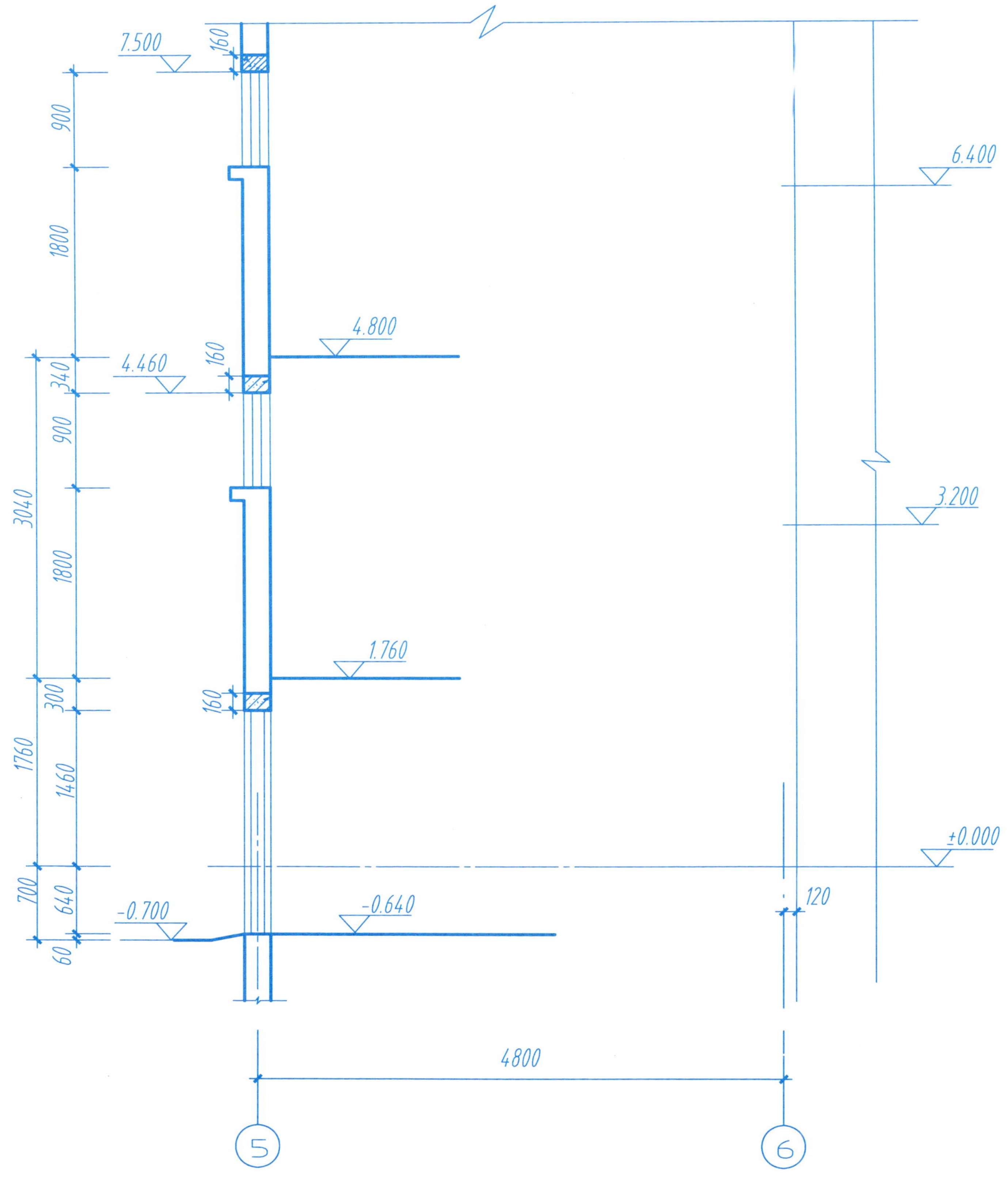

楼梯剖面图 1:50

班级

学号

姓名

审核

绘图作业 11-5　建筑平、立、剖面图总结作业

（1）读懂所给资料，明确开间、进深、墙厚等基本数据，横式布置，以 1 : 100 比例抄绘某住宅一单元平面图，并对称绘出二单元平面图，尺规或计算机绘制 A2 图一张。

（2）以 1 : 100 比例绘制一、二单元的房屋南立面图、北立面图，再根据平面图的指定剖切位置，以 1 : 100比例绘出其剖面图，尺规或计算机绘制 A2 图一张。（将 A2 图纸竖式布置）

1. 要求

（1）立面图各种线型要分明，其门、窗可自行设计。

（2）剖面图除标注足够的高度尺寸外，还需按国标要求标注标高，且标高符号画法要标准，排列要整齐。

2. 资料

（1）该建筑为五层单元式住宅。楼层层高为 2.800m，顶层净高为 3.000m。

（2）底层室内地坪为：±0.000，室外地坪为 -0.540m。屋顶檐口上皮为 14.700m。

（3）楼层板厚为 150mm，门、窗过梁、圈梁厚度均为 150mm。

（4）承重墙厚均为 240mm，隔墙厚均为 120mm。

（5）底层入口有室内踏步有 3 个，踢面高度为 180mm。楼梯踏步尺寸为 250mm × 180mm（踏面 × 踢面）。

（6）一层阳台外墙高 1.540m，其他阳台净高均为 1.000m，阳台围墙厚均为 100mm。

（7）室内高窗距地面为 1.900m，其他窗距地面 1.000m，休息平台窗底标高分别为 2.800m、5.600m、8.400m 和 11.200m，窗框宽均为 30mm。

（8）室外勒脚高度为 1.000m，室内踢脚高度为 120mm。

（9）该图为一单元平面图，其二单元与其完全对称。

（10）屋面四周伸出墙面均为 600mm。

门窗明细表

序号	编号	洞口尺寸	数量	
		宽 × 高	标准量	总数
1	M－1	900 × 2100	2	10
2	M－2	900 × 2500	5	25
3	M－3	800 × 1900	2	10
4	M－4	800 × 2500	2	10
5	M－5	800 × 1900	2	10
6	M－6	700 × 2200	2	10
7	MC－1	1500 × 2500（门宽 900，窗宽 600）	2	10
8	C－1	1500 × 1500	2	10
9	C－2	1200 × 1500	3	15
10	C－3	600 × 1500	2	10
11	C－4	900 × 900	1	4
12	C－5	900 × 600	2	10
13	C－6	600 × 600	2	10

第 11 章　建筑施工图	班 级		学 号		姓 名		审 核	

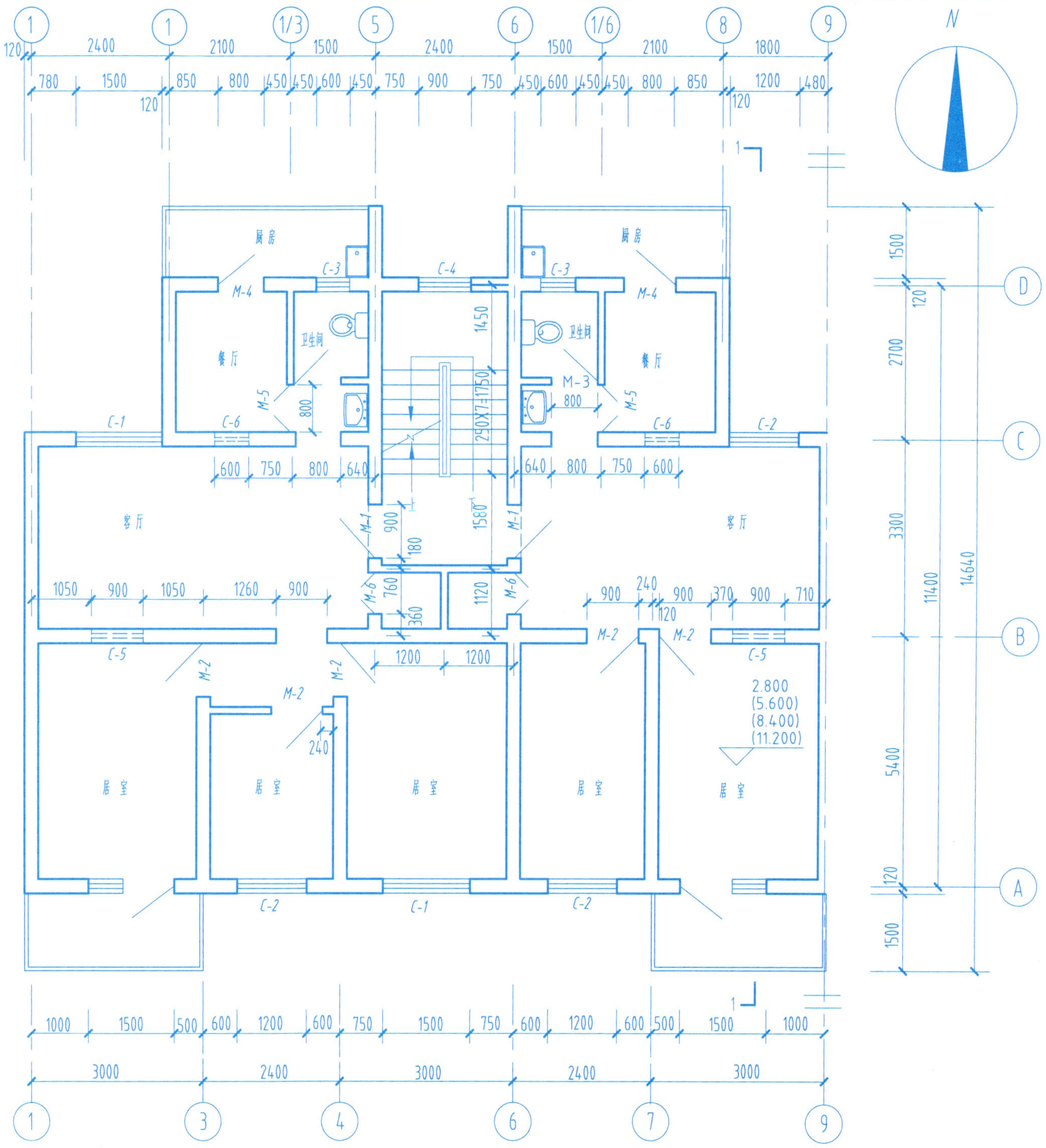

一单元标准层平面图 1:100

第11章 建筑施工图

班级		学号		姓名		审核	

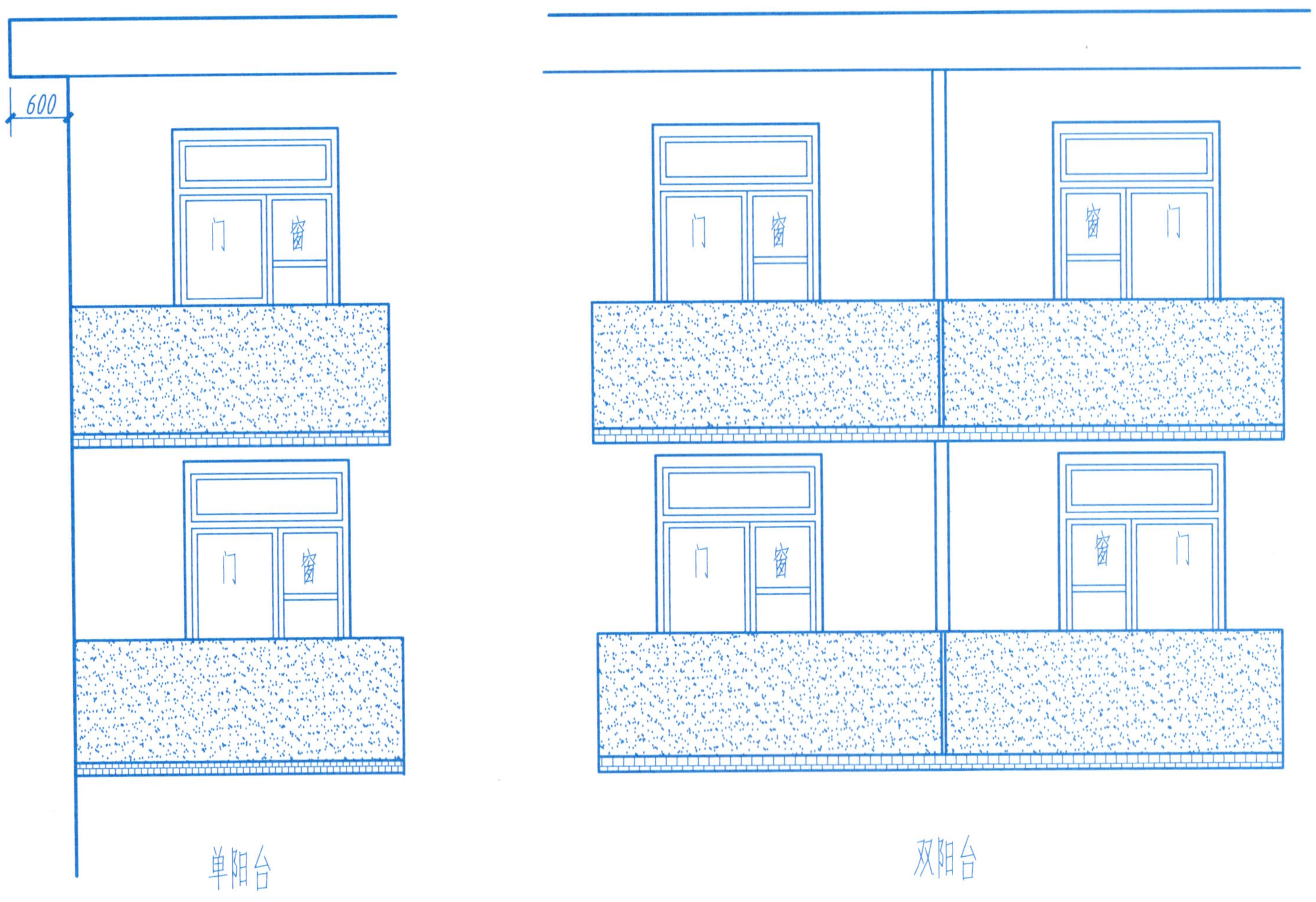

南阳台立面图 1:50

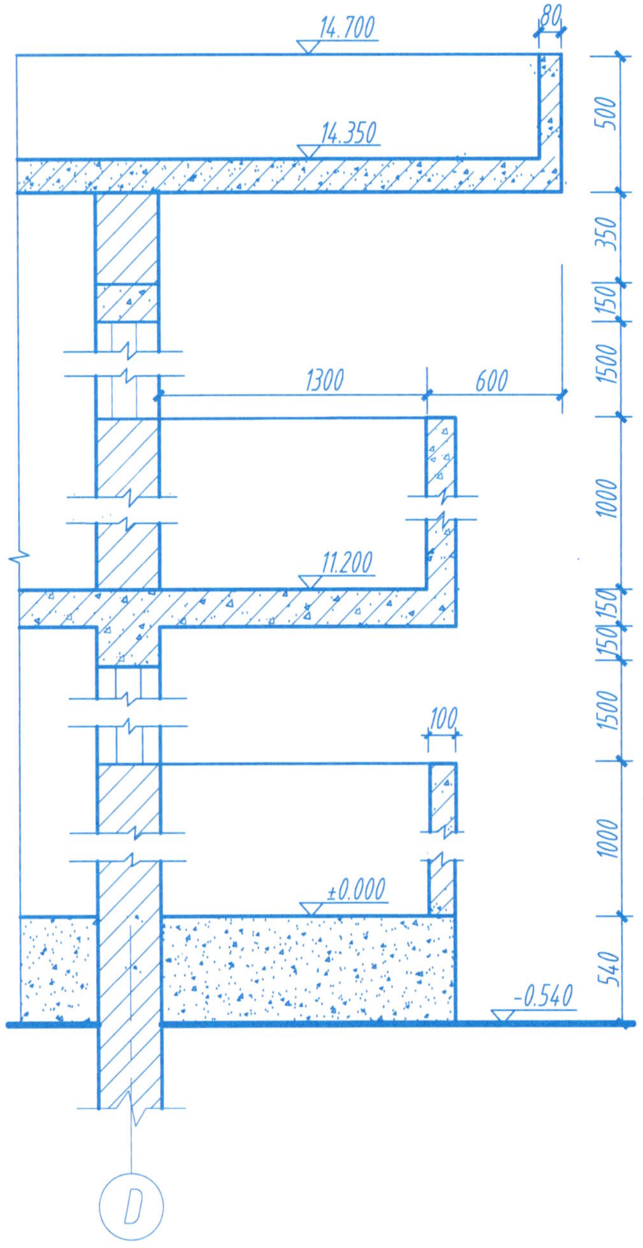

南阳台底层及顶层剖面图 1:50

第11章 建筑施工图 | 班级 | 学号 | 姓名 | 审核

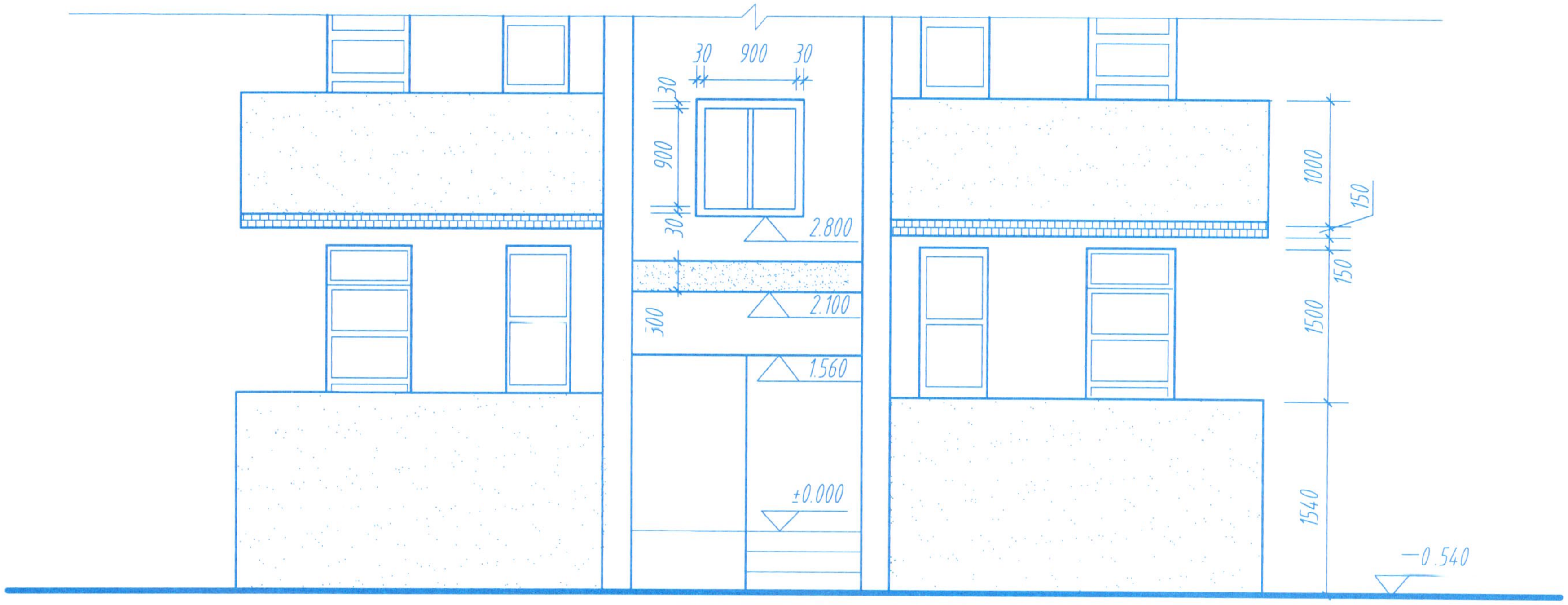

北入口立面图 1:50

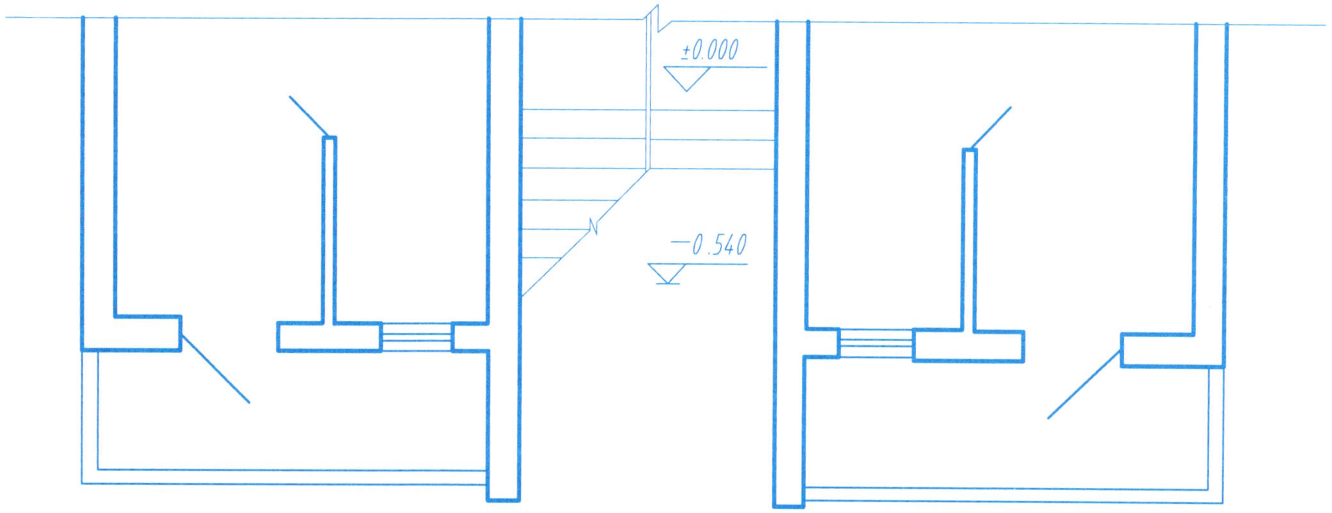

北入口平面图 1:50

第11章 建筑施工图	班级		学号		姓名		审核	

结构施工图基本知识作业

1. 目的

(1)了解房屋结构施工图的基本内容。

(2)掌握钢筋混凝土梁板图的表示方法。

2. 内容

结构施工图作业包括填空题、选择题和作图题。内容主要为钢筋混凝土梁板详图的图示方法,楼梯结构图的图示方法以及绘制结构施工图的基本规定等。

3. 填空题

(1)结构施工图中的轴线编号应与________一致。

(2)在结构施工图中,代号 YPL 表示构件________。

(3)在梁的平面表示法中,可以用________注写方式或________注写方式表示。

(4)在钢筋混凝土结构详图中,标写 2⏀20 其意义为________。

(5)钢筋混凝土结构模板图主要表示构件的形状尺寸和________。

(6)基础详图通常用基础在________方向的断面图来表示。

(7)结构平面图中表示双层配筋时,底层钢筋的弯钩应向上或________。

(8)在柱平法中柱段起止标高是指从________起以变截面为界或截面未变但________改变处为界。

4. 选择题(单选、多选)

(1)在结构施工图中,尺寸线或标注引出线一般用( )表示。

A. 细实线　　B. 中实线
C. 虚线　　D. 细单点长画线

(2)在结构平面图中,构件代号 YTB 表示( )。

A. 楼梯板　　B. 预制板
C. 阳台板　　D. 雨篷板

(3)楼层结构平面图的水平投影形成位置在该层的( )。

A. 楼面处　　B. 窗洞上
C. 窗台上　　D. 楼板下

(4)在钢筋混凝土结构图中,符号为⏀的钢筋为( )级钢筋。

A. HPB235　　B. HRB335
C. HRB400　　D. RRB400

(5)在结构详图中构件代号 M 表示( )。

A. 门　　B. 米
C. 预留孔　　D. 预埋件

(6)绘制结构平面图的常用比例为( )。

A. 1∶5、1∶10　　B. 1∶10、1∶20
C. 1∶50、1∶100　　D. 1∶200、1∶500

(7)房屋结构施工图包括( )等。

A. 施工说明　　B. 基础图
C. 装修图　　D. 构件详图
E. 楼层结构平面图

(8)在钢筋混凝土结构施工图中用细实线表示的包括( )。

A. 定位轴线　　B. 尺寸线
C. 构件轮廓线　　D. 可见钢筋
E. 主钢筋

第12章　结构施工图	班级		学号		姓名		审核	

绘图作业 12-1　用平法表达钢筋混凝土板的配筋

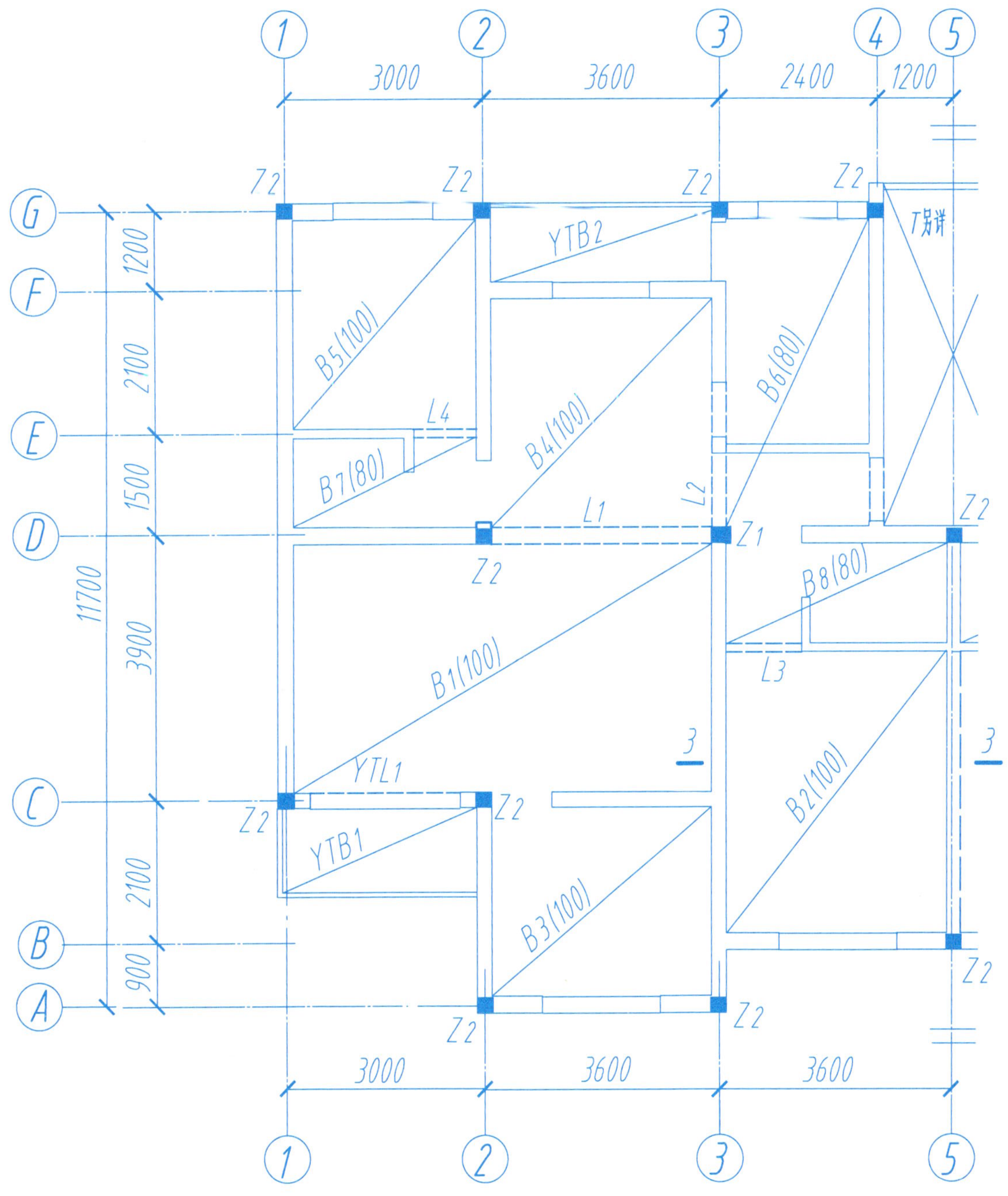

标准层结构平面图

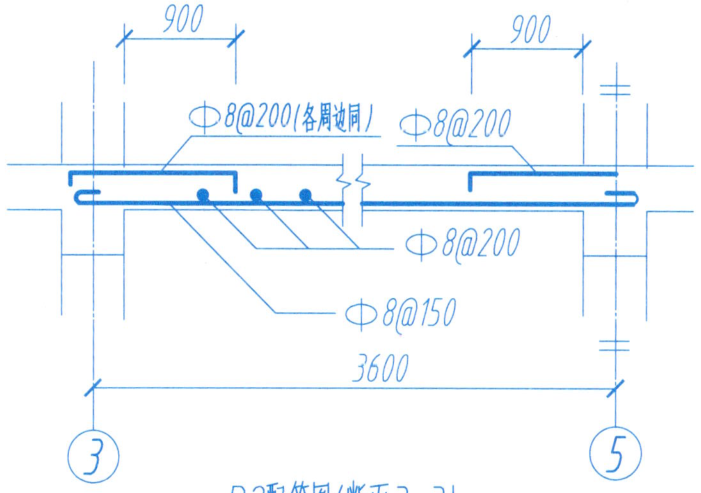

B2配筋图(断面3-3)

钢筋混凝土板详图

图示为某单元式住宅的结构布置简图，其中B2配筋图由断面图给出，试用平面表示法在结构平面图中直接表示出B2的配筋。

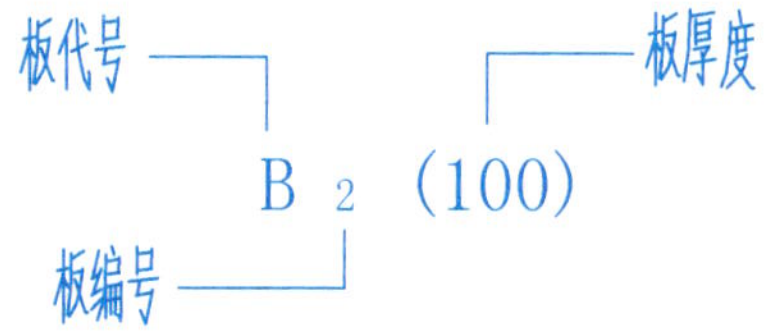

班 级		学 号		姓 名		审 核	

绘图作业 12-2　求画钢筋混凝土板断面图

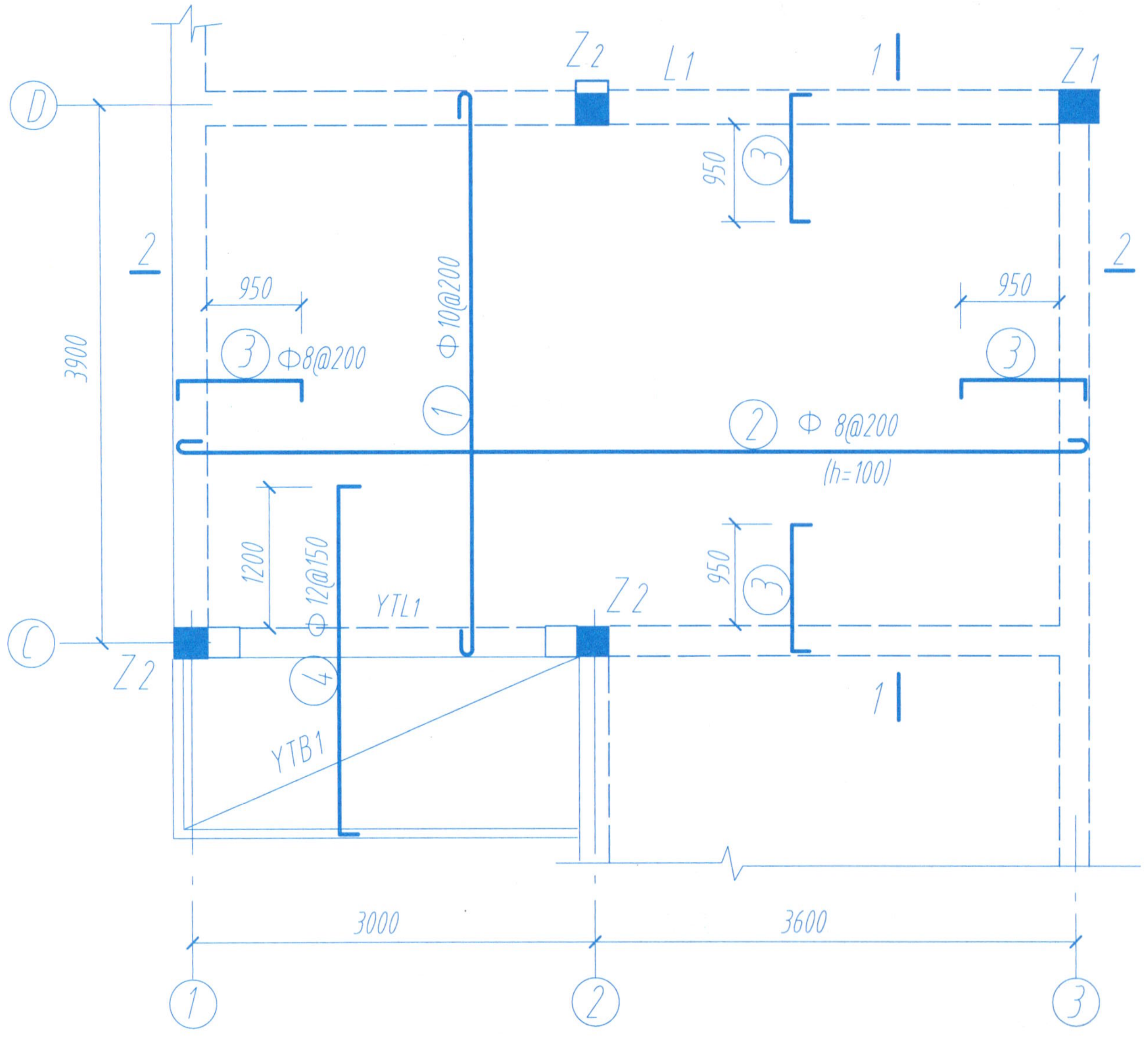

B配筋 1:50

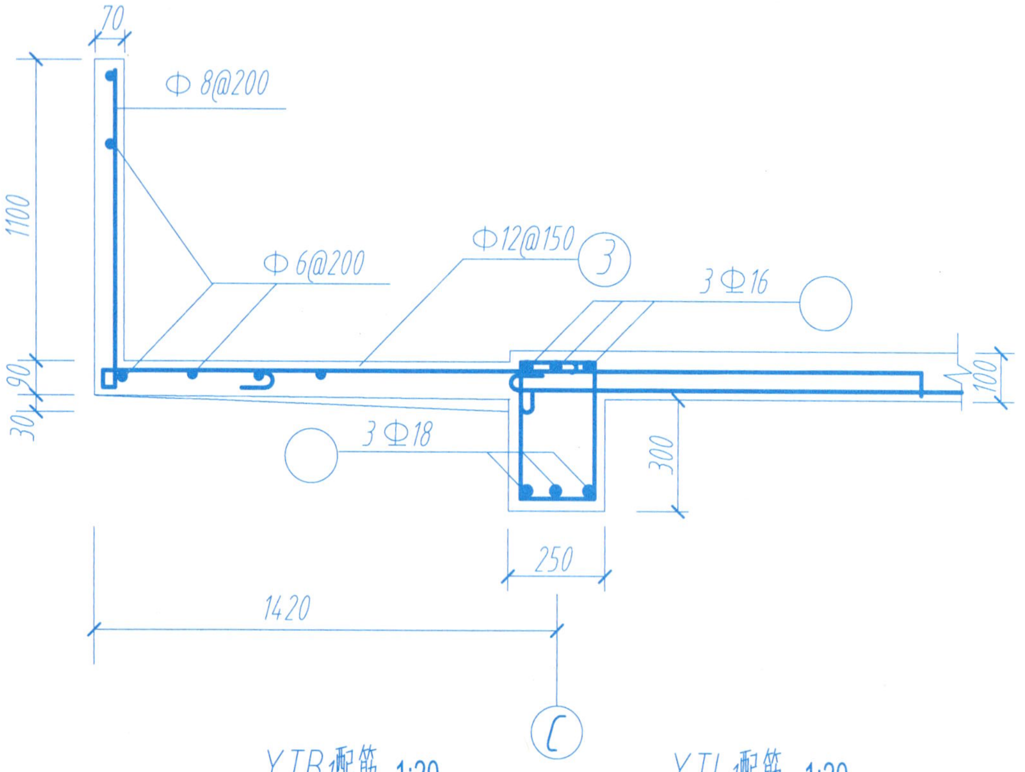

YTB配筋 1:20　　YTL配筋 1:20

1-1断面

2-2断面

图示为某单元式住宅的钢筋混凝土板局部结构配筋图，图中用平面表示法表示了 B_1 的配筋图，YTL_1、YTB_1 由断面图给出，试以1-1、2-2 断面图表示出 B_1 的配筋（板长取1 : 50比例，板厚取 1 : 20 比例）。

第12章　结构施工图	班级		学号		姓名		审核	

绘图作业 12-3　求画钢筋详图

根据钢筋混凝土梁详图画出钢筋详图(不注尺寸)。

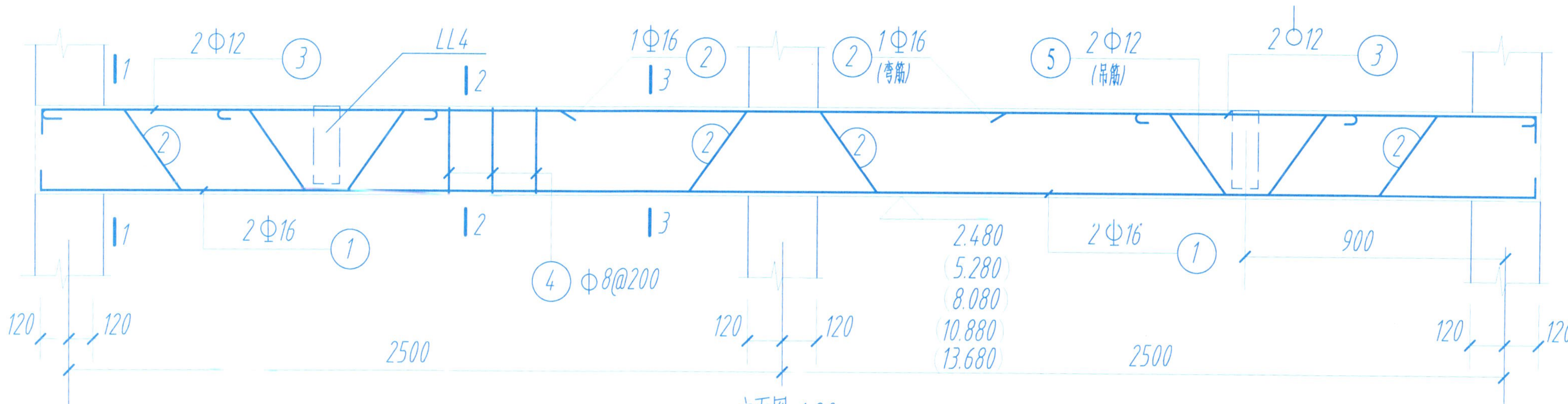

立面图 1:20

钢筋详图 1:20

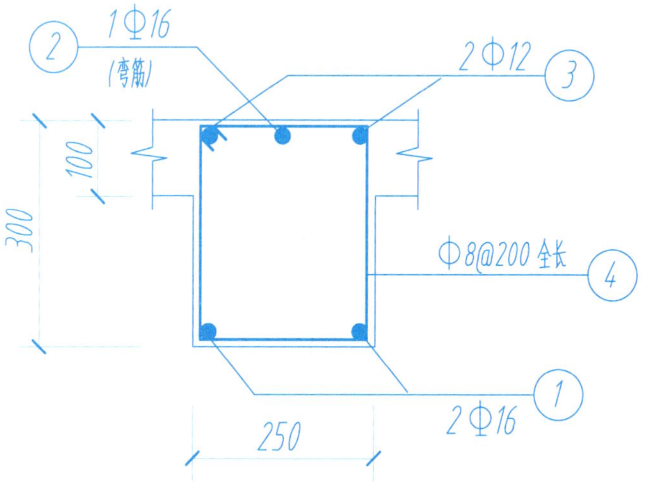

1-1断面 1:10

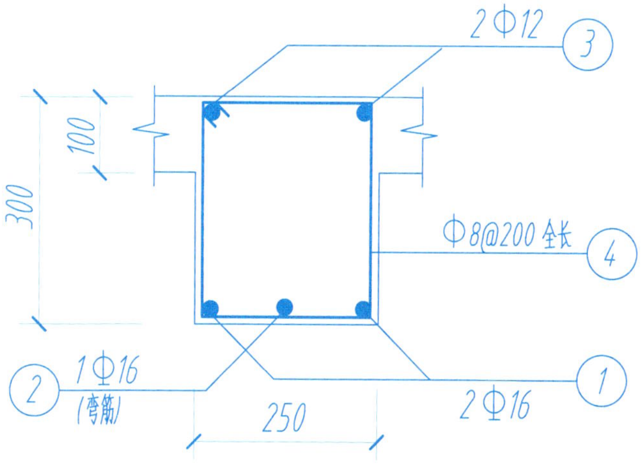

2-2断面 1:10

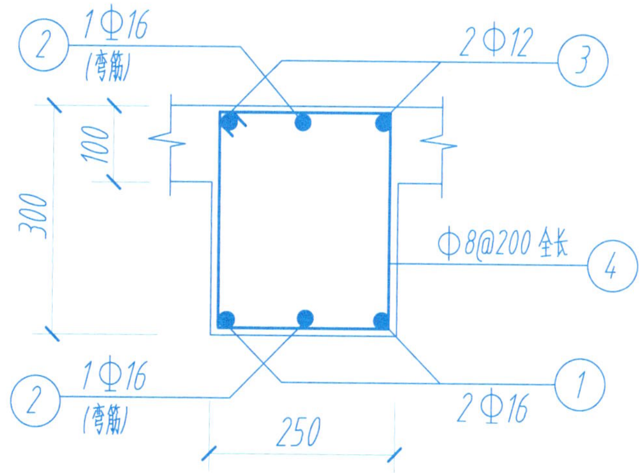

3-3断面 1:10

保护层均为25mm

第12章　结构施工图	班级		学号		姓名		审核	

绘图作业 12-4　补全梁的断面图

根据钢筋混凝土框架梁 KL10 的平面表示配筋详图，补全 2-2、4-4 断面图。

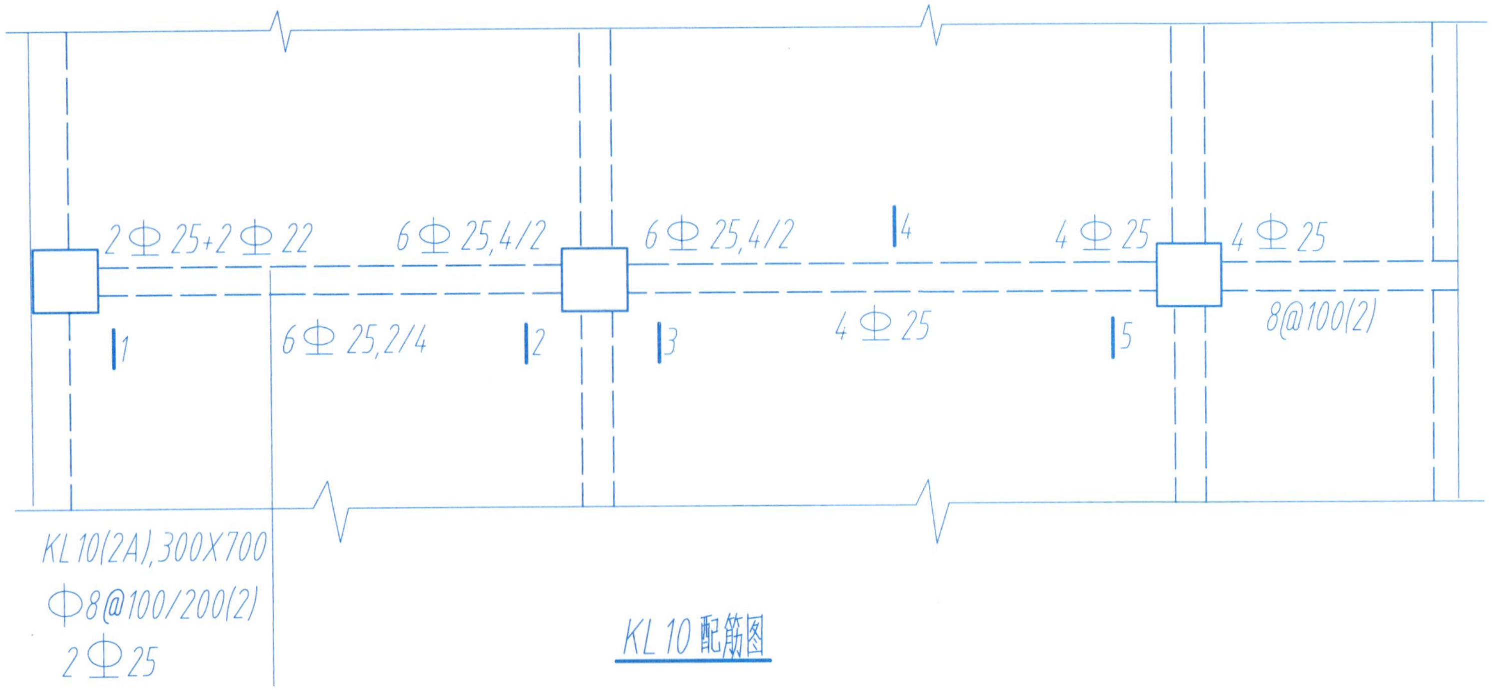

KL10 配筋图

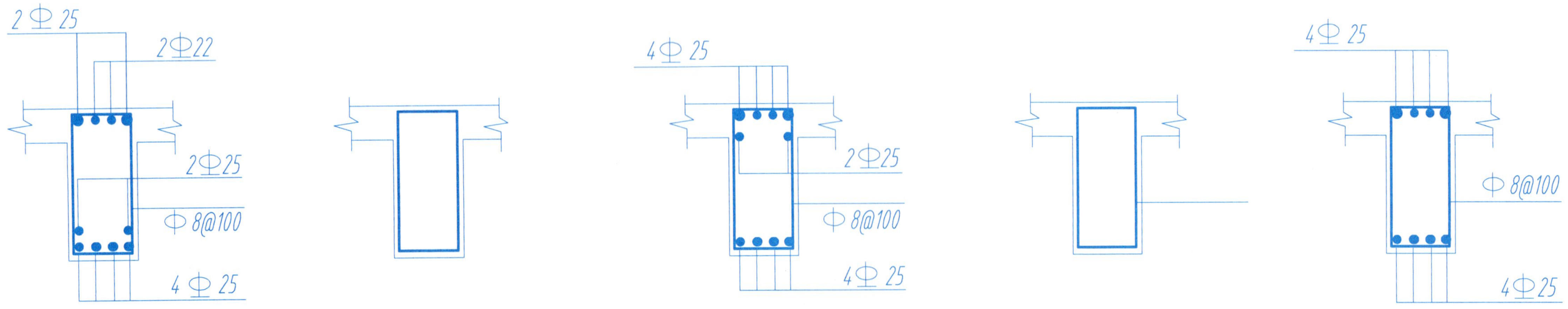

1-1 断面　2-2 断面　3-3 断面　4-4 断面　5-5 断面

班级		学号		姓名		审核	

绘图作业 13-1　室内给水排水施工图作业

1. 目的

初步掌握室内给水排水平面图和系统图的作图方法及尺寸标注方法。为今后学习专业课打下必要的基础。

2. 内容

参照学生宿舍楼卫生间的室内给水排水管路实例，完成一幢六层学生宿舍楼室内给水排水平面图及给水排水系统图。

采用 1∶50 比例，完成 A2 尺规图、计算机图各一张。

3. 步骤

(1) 在建筑平面图上按室内管道布置原则画出管道平面图。

(2) 根据平面布置图画出系统图。

4. 室内管路布置原则

(1) 管道应沿墙角、柱、梁、地面布置，尽量使管道简短，以降低造价。

(2) 主要管道应靠近用水量大的设备。管道应少拐弯，少穿越墙、楼板，避免管道穿越卧室。同时要考虑到使用、检修、施工的方便，并适当注意美观。

5. 说明

(1) 卫生间楼层的大便器用 P 型存水弯，底层选用 S 型存水弯。

(2) 楼房层高为 3.200m，室内地坪为 ±0.000。

(3) 给水引入管标高为 −1.050m，排水排出口管标高 −1.050m。

(4) 盥洗槽水龙头，小便槽多孔冲洗管距室内地坪为 1.200m。

(5) 大便器水箱高为 2.200m。

(6) 距 B 轴线 3m 有一条室外污水管，距 B 轴线 2m 有一条室外给水管。

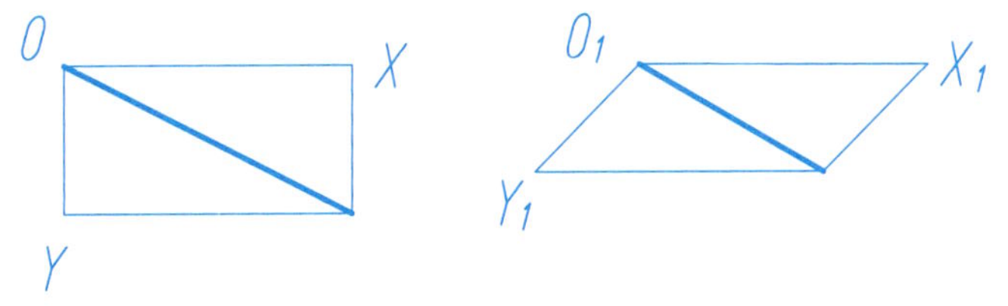

WL－3 中水平管的轴测画法

班级		学号		姓名		审核	

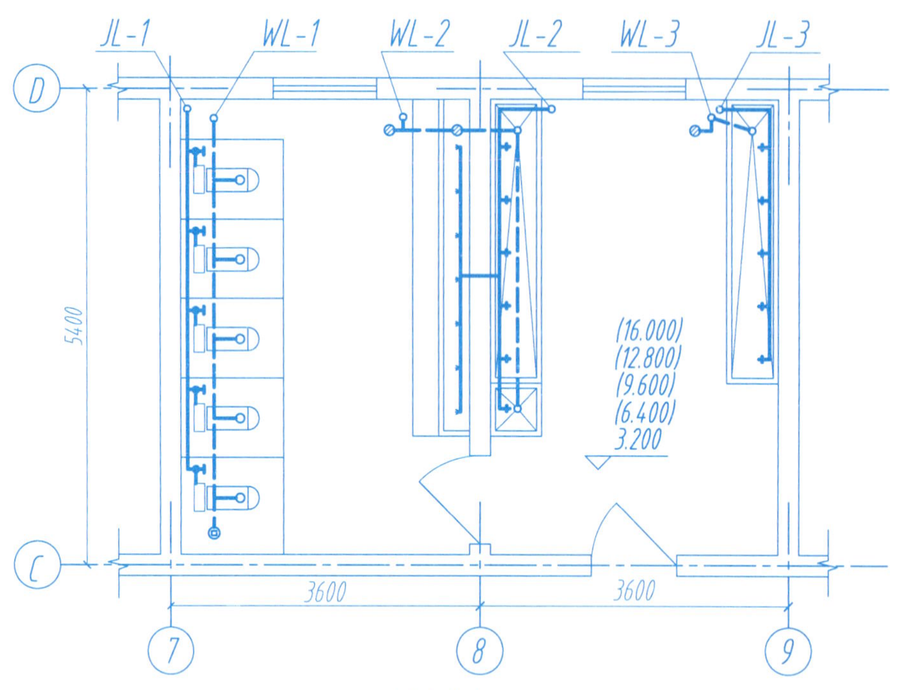

2～6层给水排水平面图1:100

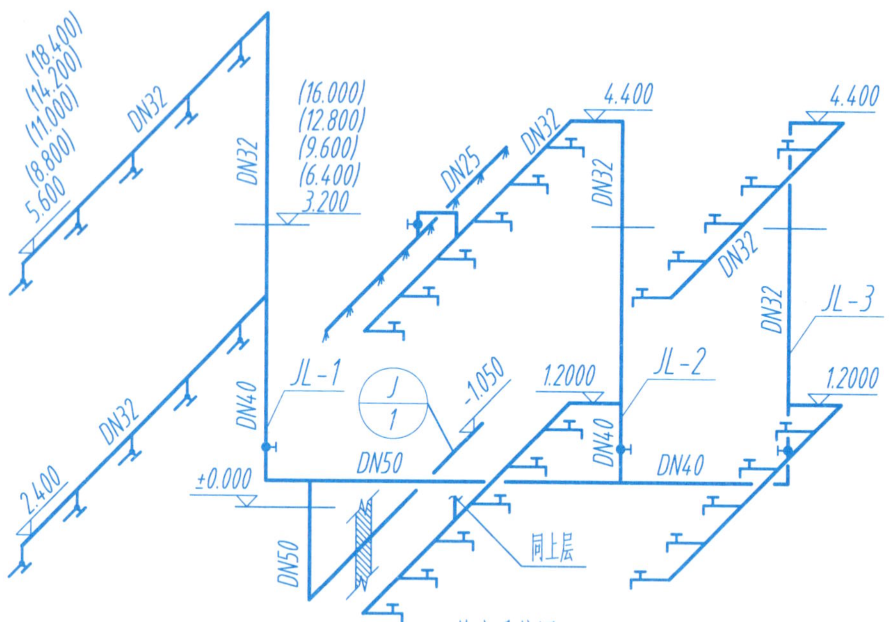

给水系统图 1:100

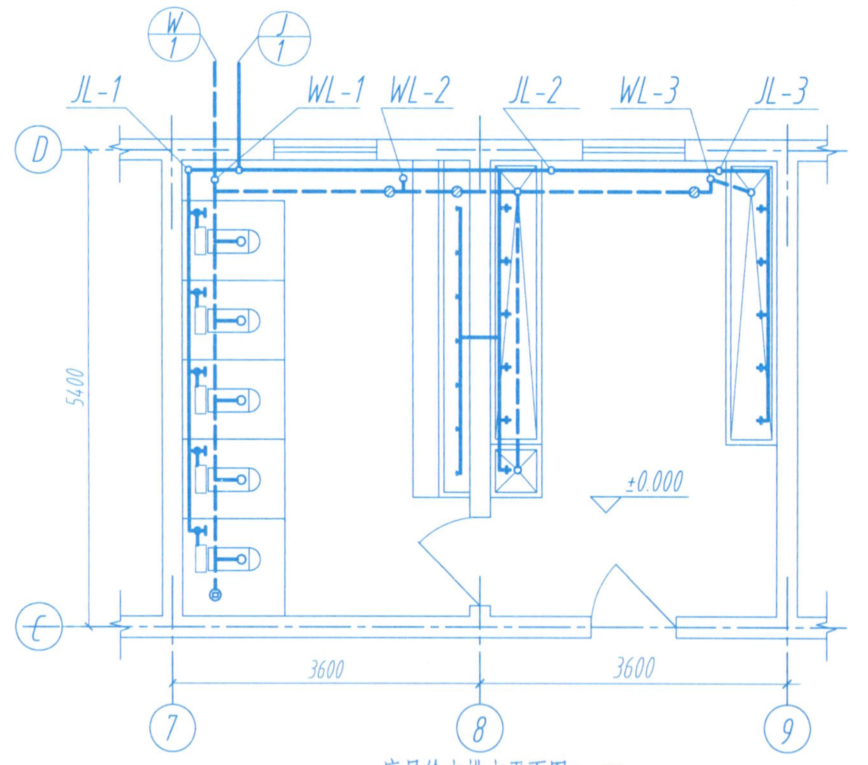

底层给水排水平面图 1:100

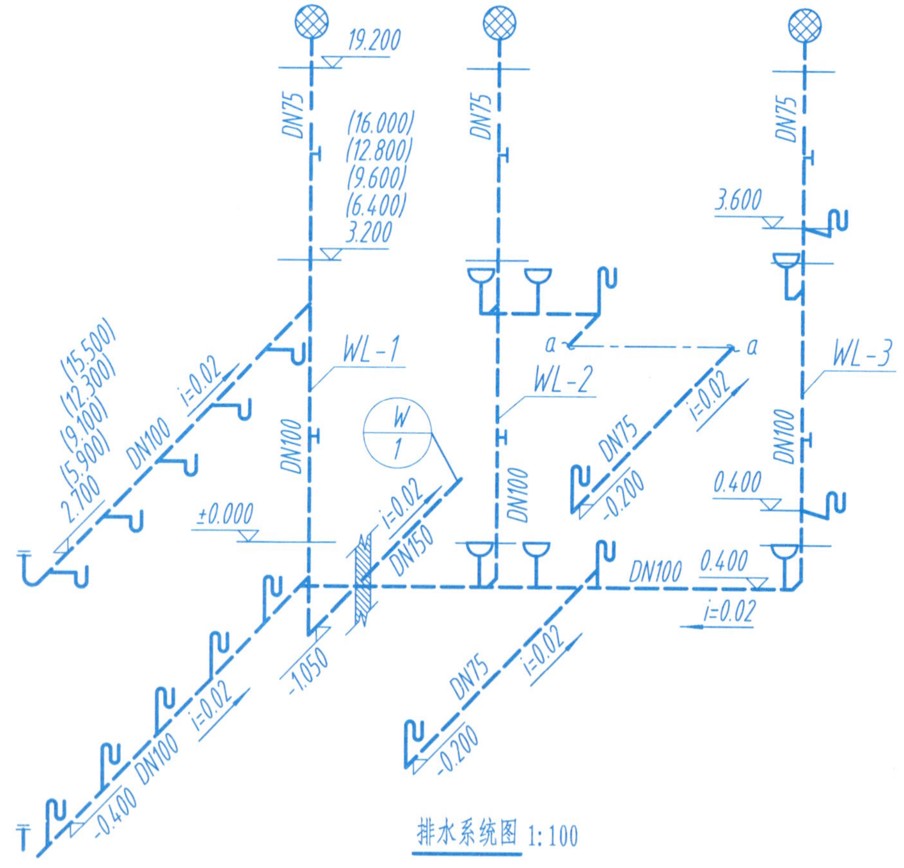

排水系统图 1:100

班级		学号		姓名		审核	

路桥工程图基本知识作业

1. 目的

(1)了解道桥工程图的基本内容。

(2)掌握道桥施工图的表示方法及图示特点。

2. 内容

该章作业包括填空题、选择题和作图题。内容主要为道桥施工图的图示方法及特点，绘制建筑施工图的基本规定等。

3. 填空题

(1)在道桥构件详图中，当不标明尺寸单位时，单位以________计。

(2)在道桥工程图中，标高以________计；里程以________计。

(3)在地形图中用方向指北针或________表示区域的方位及路线的走向。

(4)路线纵断面图包括图样和________两部分内容组成。

(5)在钢筋混凝土桥梁构件图中，符号为Φ的钢筋为________级钢筋。

(6)路基路面施工图是采用________图示方式来表示的。

(7)公路路线图一般包括平面图、________和横断面图。

(8)桥梁工程图可分为桥位平面图、地质剖面、总体布置图以及________等。

(9)在路线纵断面图下方的测设数据表的平曲线栏中，¬_⌐表示________。

(10)表示圆曲线起点、中点和终点分别用________、________和________。

4. 选择题

(1)在路线平面图中，设计路线应采用(　　)来表示。

A. 细实线　　B. 粗实线

C. 细虚线　　D. 粗虚线

(2)桥梁构件图的常用比例为(　　)。

A. 1 : 10 ~ 1 : 50　　B. 1 : 100 ~ 1 : 200

C. 1 : 200 ~ 1 : 500　　D. 1 : 500 ~ 1 : 1000

(3)在公路路线平面图中，图例==========表示(　　)。

A. 围墙　　B. 小路

C. 铁路　　D. 大车道

(4)在公路线纵断面图中，原地面线应采用(　　)来表示。

A. 粗实线　　B. 粗虚线

C. 细实线　　D. 细虚线

(5)公路基横断面图可用来(　　)。

A. 计算土石方的依据　　B. 了解沿线构造物

C. 了解线路的方向　　D. 作为路基施工的依据

E. 反映设计路基横断面情况

(6)公路路线平面图主要表示(　　)等。

A. 沿线工程设施　　B. 沿线人工构筑物

C. 地形地物的相对关系　　D. 挖填土方量

E. 公路平面位置及线型走向

(7)下列标注中与圆曲线有关的包括(　　)。

A. ZH　　B. ZY

C. QZ　　D. YZ　　E. JD_1

(8)桥梁总体布置图主要表示(　　)等内容。

A. 桥梁的形式、特征　　B. 水文地质情况

C. 总体尺寸、各部标高　　D. 构件相互关系

E. 材料数量及技术总说明

绘图作业 14-1　绘制桥梁总体布置图

用 1 : 200 的比例抄绘桥梁总体布置图。

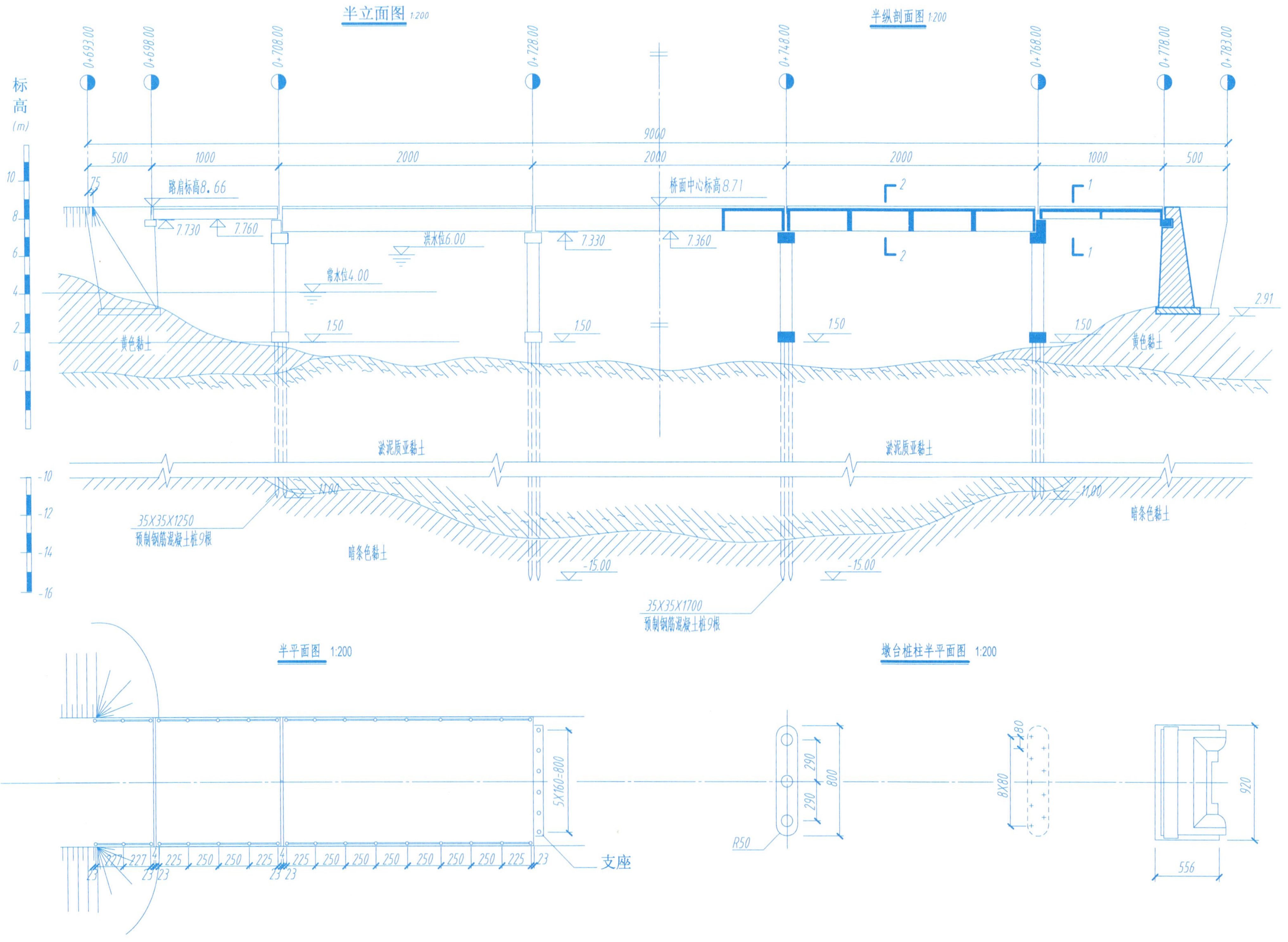

第 14 章　道路桥梁工程图	班 级		学 号		姓 名		审 核	

15-1 用计算机将下列平面图形绘制在 A3 图幅中(先设置图层,要求绘图要精确)。

(1)

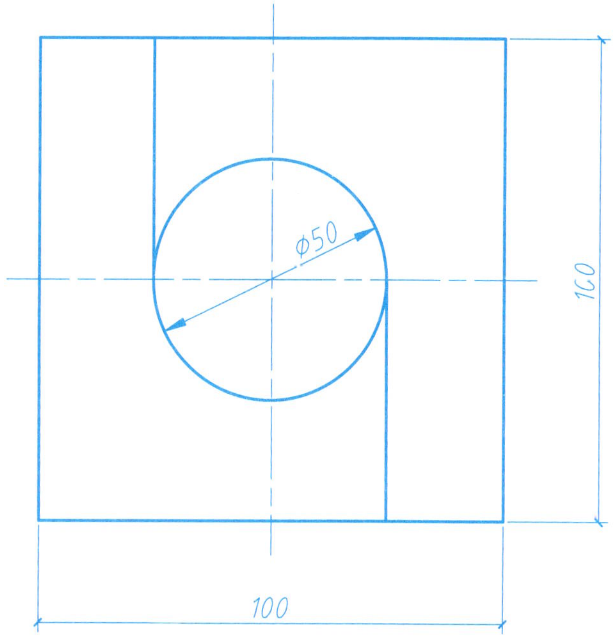

(2)

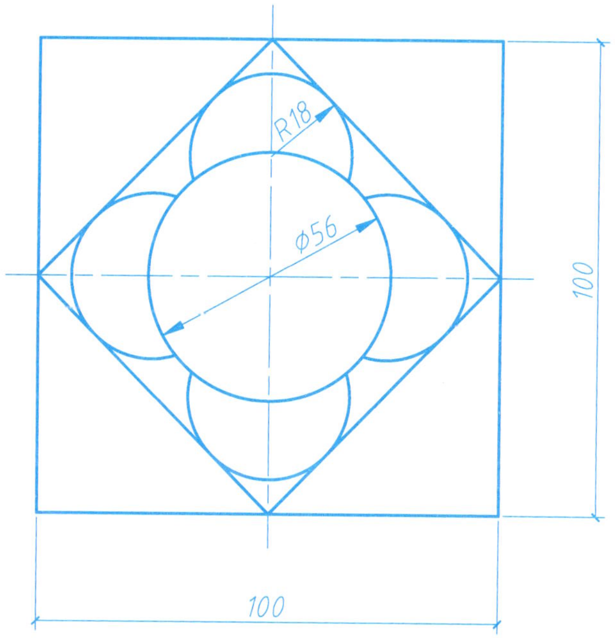

(3)

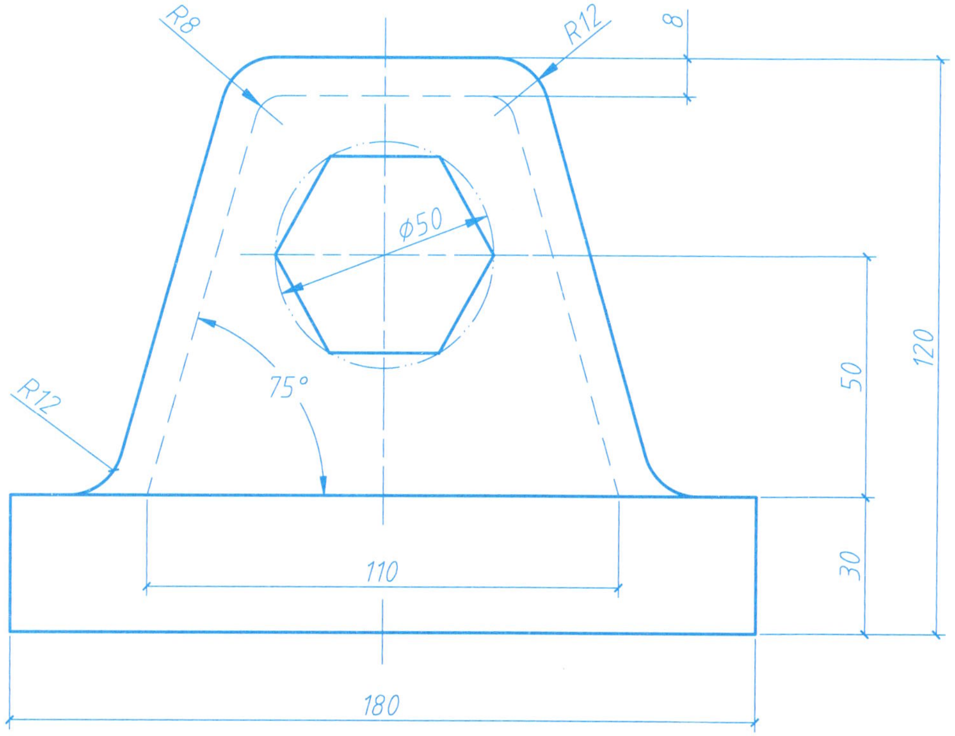

(4)填充图案(椭圆长轴 120,短轴 70。六边形尺寸自定)。

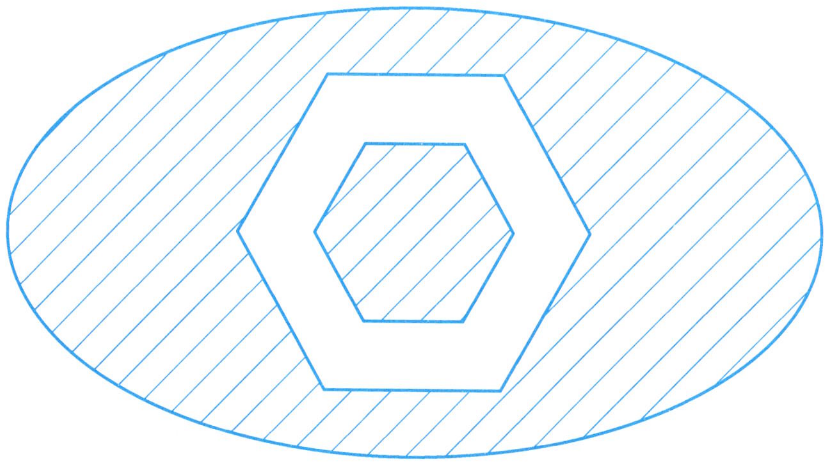

班级		学号		姓名		审核	

15-2 用计算机将下列平面图形绘制在 A3 图幅中并标注尺寸。

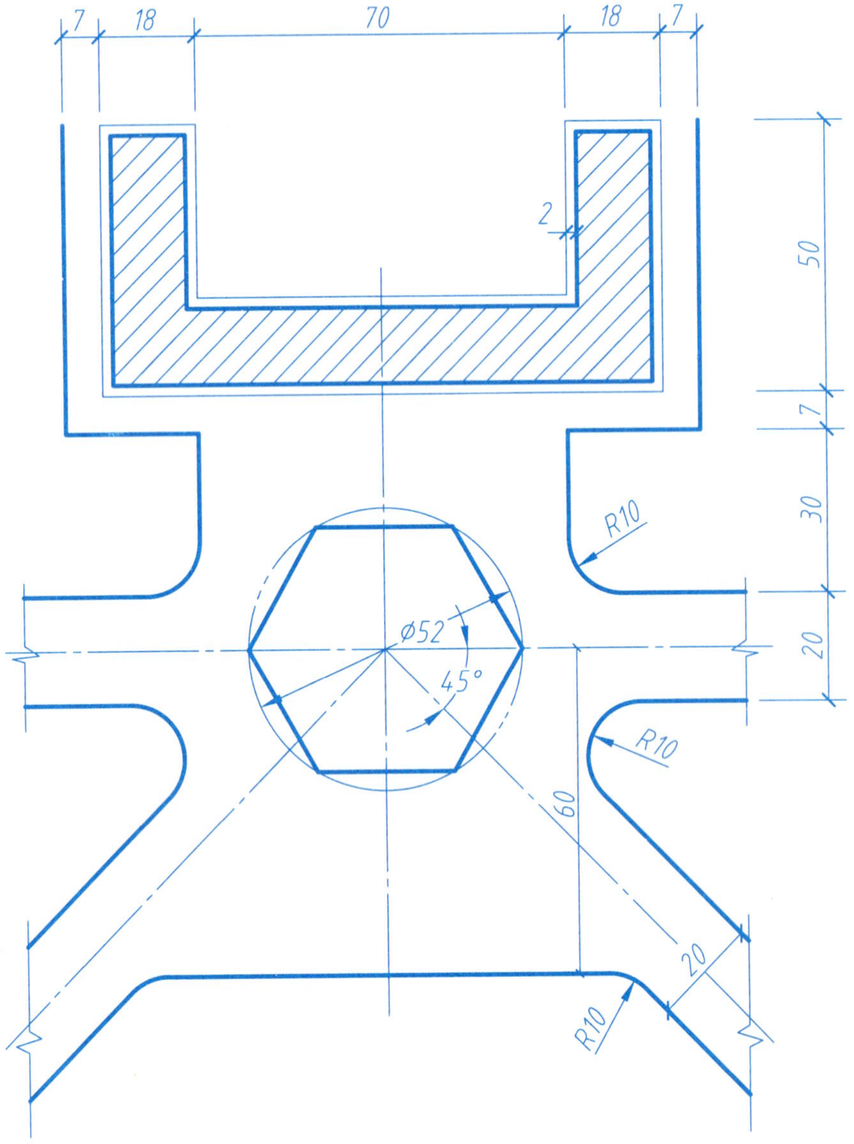

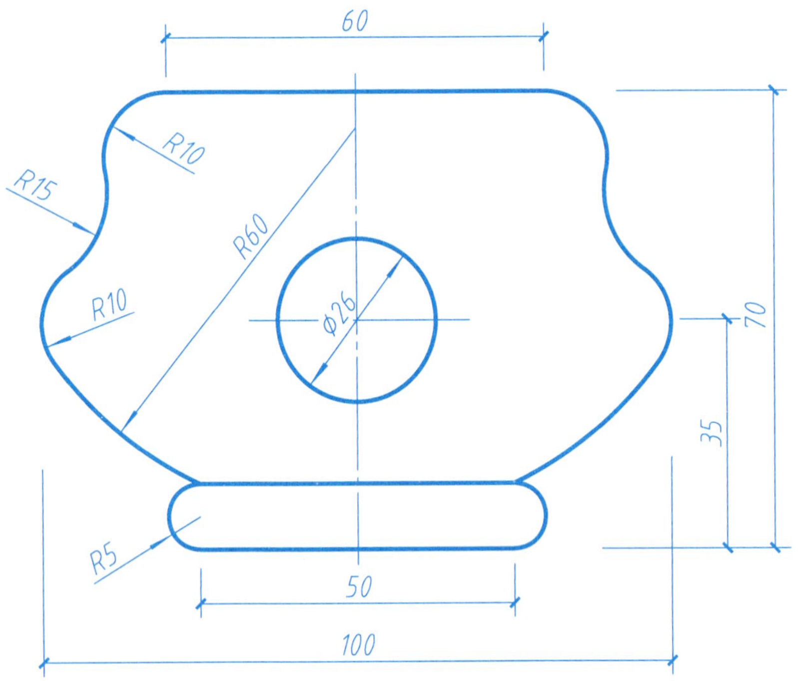

班级		学号		姓名		审核	

(TU-1567.02)

土木工程制图习题集（第二版）

科学出版社互联网入口

科学出版社　工科分社
联系电话：010-64005312
销售电话：010-64031535
E-mail：gk@mail.sciencep.com

www.sciencep.com
ISBN 978-7-03-053453-8
9 787030 534538
定价：89.80元（含习题集）

15-3　用计算机抄绘如下建筑施工图并标注尺寸。

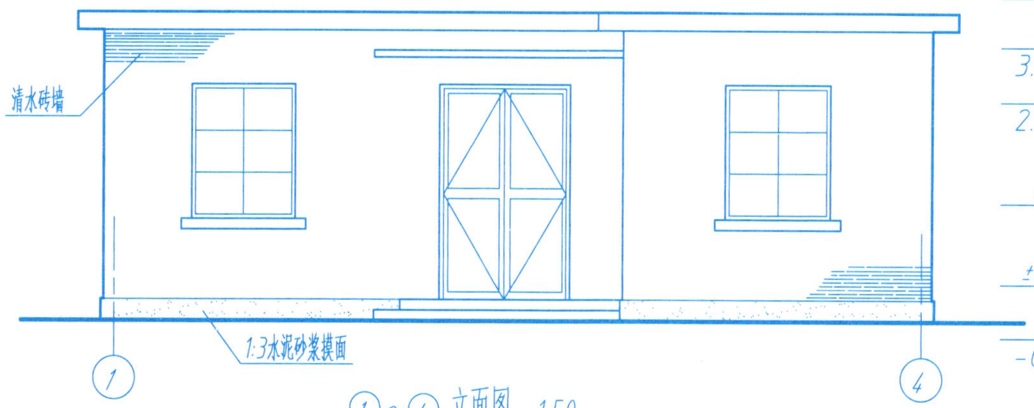

①～④立面图　1:50

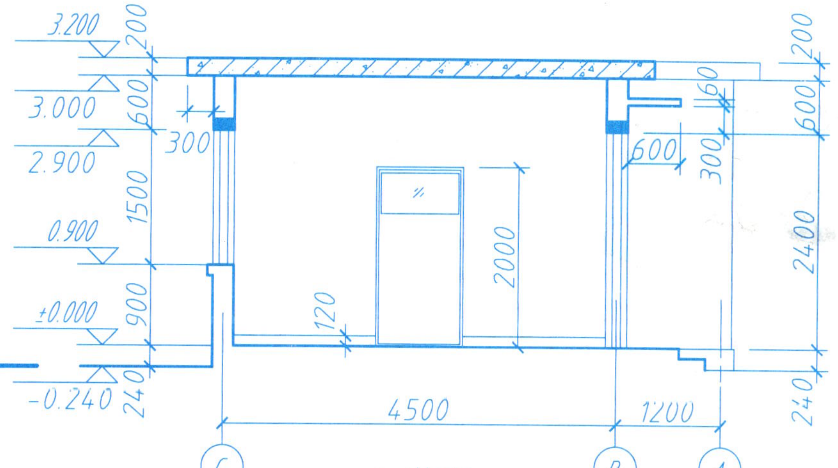

1-1剖面图　1:50

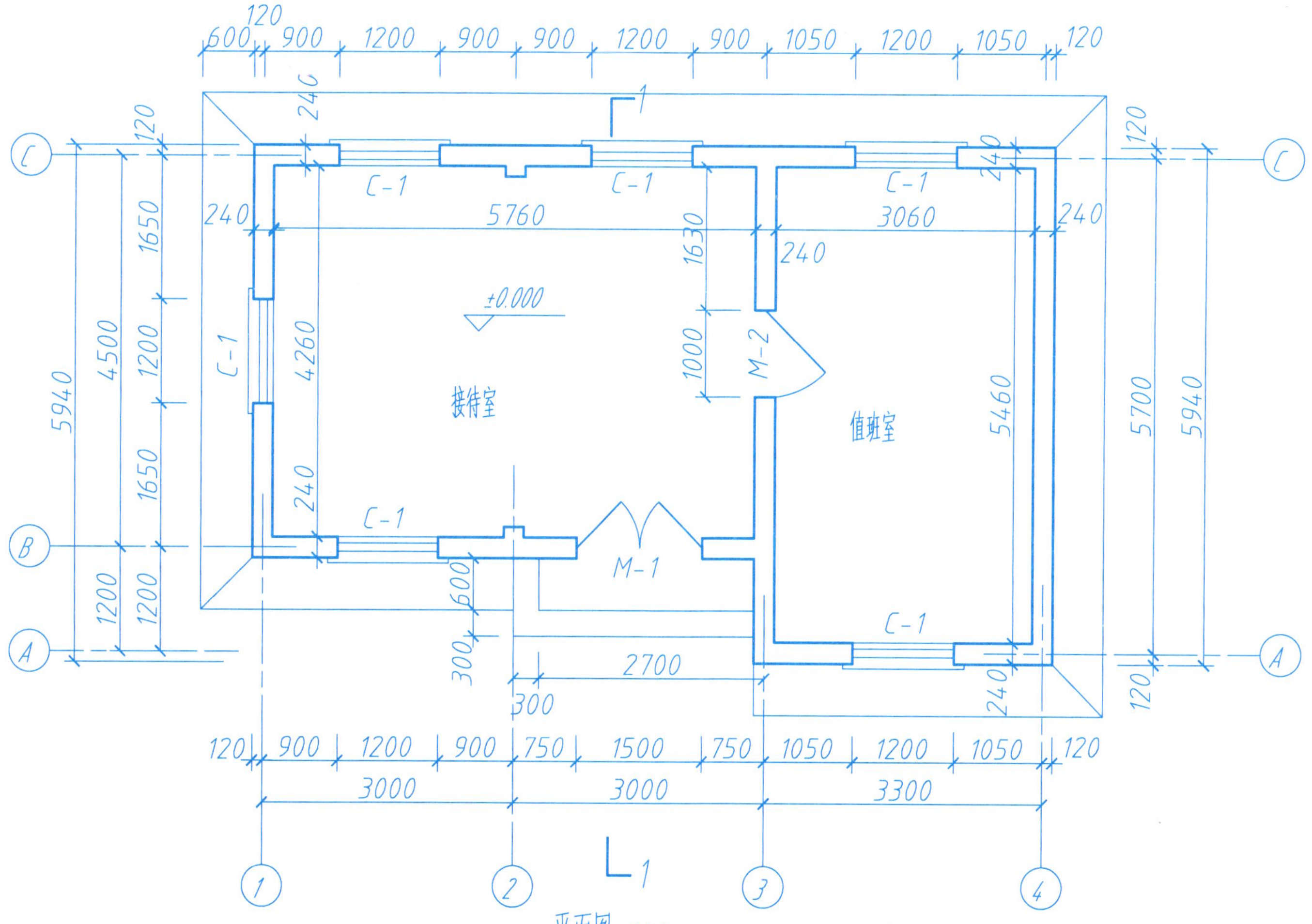

平面图　1:50

15-4 根据下列平面图形所示尺寸建立三维实体模型。

(1)

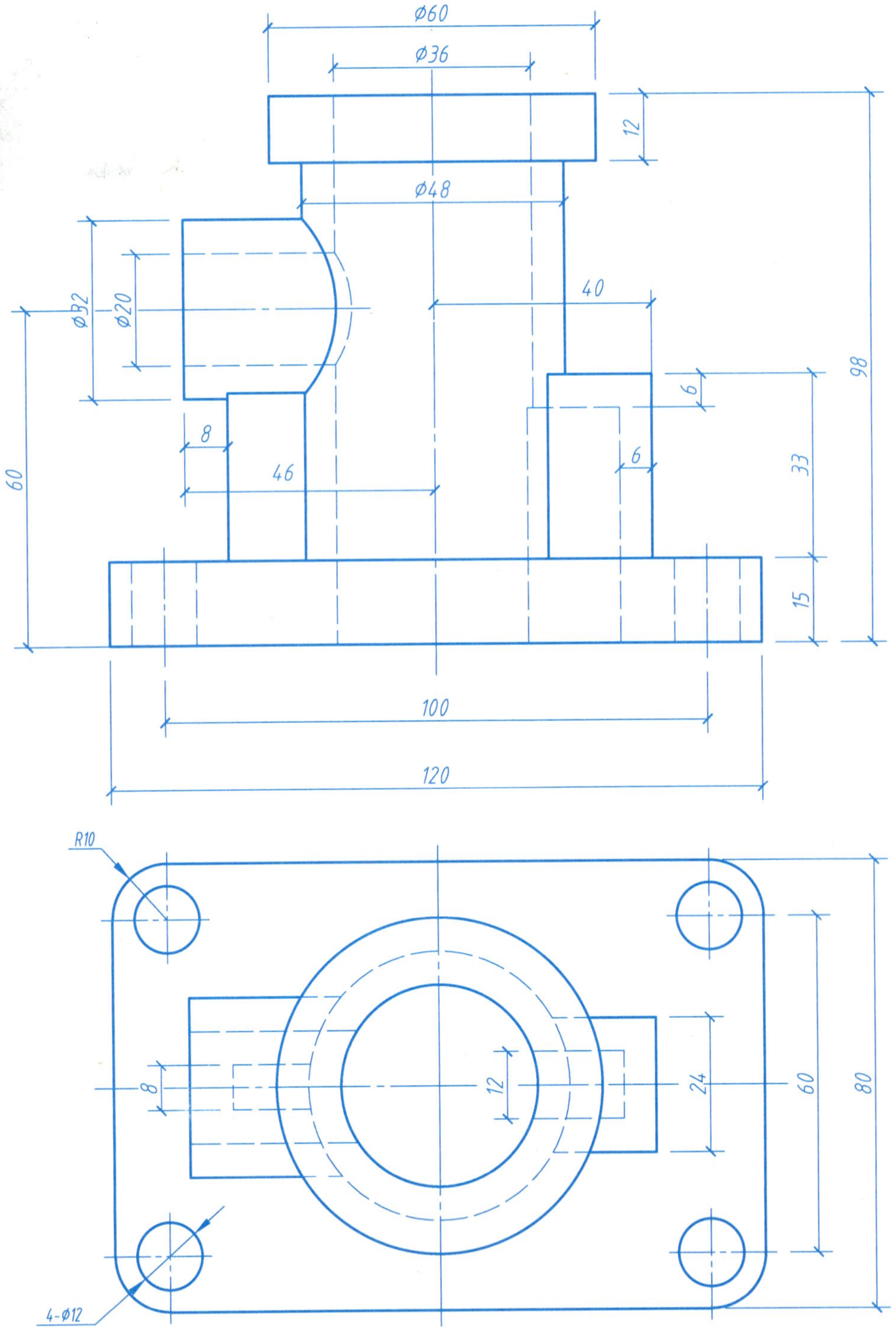

(2)

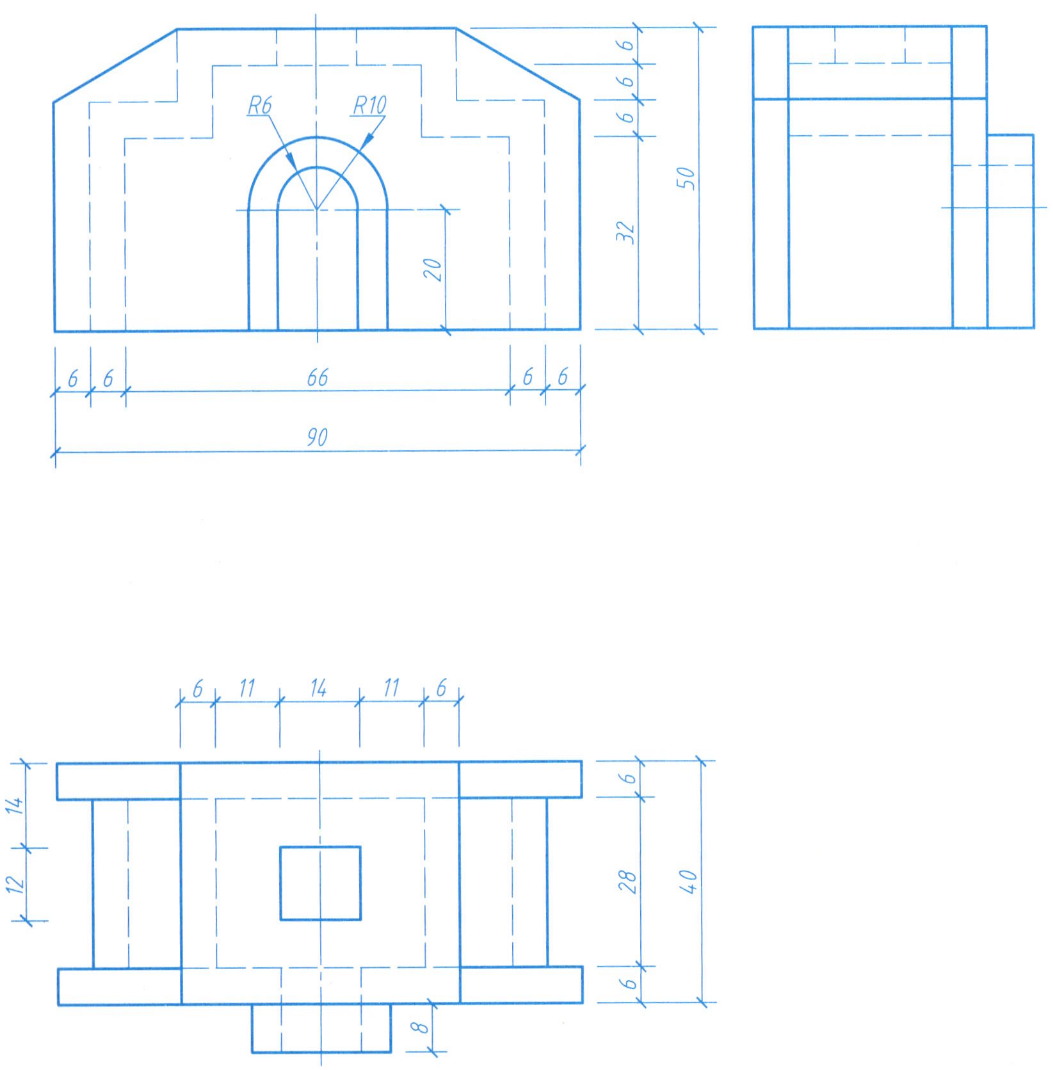

第 15 章 计算机绘图基础

班 级		学 号		姓 名		审 核	

普通高等教育“十三五”规划教材

土木工程制图习题集（第二版）

西安建筑科技大学　北京建筑大学　西安理工大学　合　编

科学出版社